看见科学

科学探索中的
视觉之美

SEEING
SCIENCE
The Art of Making the
Invisible Visible

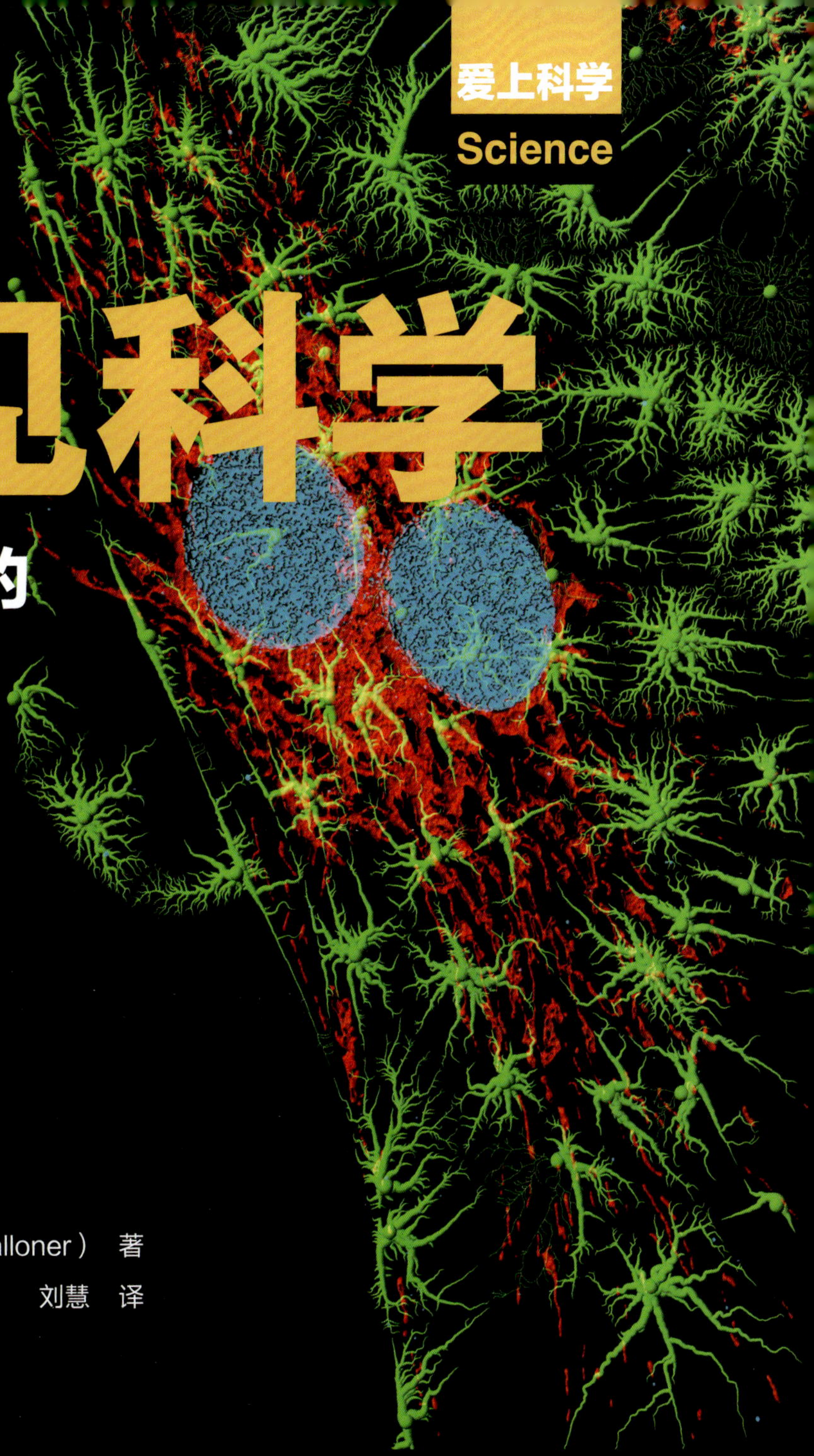

［英］杰克·查洛纳（Jack Challoner） 著

刘慧 译

人民邮电出版社
北 京

图书在版编目（CIP）数据

看见科学：科学探索中的视觉之美 /（英）杰克·查洛纳（Jack Challoner）著；刘慧译. -- 北京：人民邮电出版社，2025.2

（爱上科学）

ISBN 978-7-115-63459-7

Ⅰ. ①看… Ⅱ. ①杰… ②刘… Ⅲ. ①科技成果—世界—普及读物 Ⅳ. ①N11-49

中国国家版本馆 CIP 数据核字（2024）第 024562 号

版权声明

内容提要

本书对物理、生物、化学、地理等科学领域进行了可视化的呈现和描述，解释了科学家如何将这些成果以可视化的形式表现出来。书中通过 160 余幅令人赞叹的科学图像，以图形化的方式向读者呈现了那些不可直接观察的科学成果，从极致的显微世界到深不可测的宇宙，从宇宙大尺度暗物质动力学到晶体结构等，作者用清晰、简洁、易懂的方式将科学从不可见变得可见，令读者感受科学的神奇与美丽。本书适合对科学感兴趣的读者阅读。

◆ 著　　　　　［英］杰克·查洛纳（Jack Challoner）

译　　　　　刘　慧

责任编辑　　胡玉婷

责任印制　　马振武

◆ 人民邮电出版社出版发行　　北京市丰台区成寿寺路 11 号

邮编　100164　电子邮件　315@ptpress.com.cn

网址　https://www.ptpress.com.cn

北京华联印刷有限公司印刷

◆ 开本：787×1092　1/16

印张：16.5　　　　　　　　2025 年 2 月第 1 版

字数：405 千字　　　　　　2025 年 2 月北京第 1 次印刷

著作权合同登记号　图字：01-2022-3085 号

定价：159.80 元

读者服务热线：**（010）53913866**　印装质量热线：**（010）81055316**

反盗版热线：**（010）81055315**

审图号：**GS 京（2024）1233 号**

目 录

引言：可视化的重要性

达·芬奇曾经写道：

"如果你是一位诗人，必须用文字展示一场充满杀戮的战斗，你就只能描写那些可怕且致命的武器制造的烟尘和昏暗的空气，以及因害怕死亡而惊慌失措的人群。在这种情况下，画家将比你更占优势，因为在你用语言描述一个复杂的内容时，你会感到口渴、舌头干涩，也会感到困意和饥饿，但画家不会，他仅用一幅画就可以表示所有的内容。"

1911 年，《纽约晚报》的编辑亚瑟·布里斯班在向一群广告商发表讲话时以更简洁的方式表达了同样的观点："一图胜千言。"如今这个说法已成为一种共识，但我们也会被图像困扰，这些图像进入我们的大脑，塑造我们的欲望，远比文字来得更直观、更迅速。图像之所以具有如此强大的功能，有一个原因可能是它们包含的信息是"并行"的，也就是同时传递的。

文字则恰恰相反，无论是口头的还是书面的，都需要在一个接一个地传递后才能被理解。一幅图像包含许多细节，如颜色、形状、不同远近的物体、物体的集合、面部表情、身体姿势、位置和状态。我们的大脑能够以惊人的速度理解这些信息。在 2014 年的一项实验中，即使图像在眼前迅速闪过，志愿者也能够识别出图像中的物体，最短的闪现时间仅为 13 毫秒。图像比相应的词语更容易被记住，这就是所谓的图像优势效应。

图像如此有效和强大，并且消耗了如此多的大脑能量，所以视觉通常被认为是最主要的感觉官能（尽管一些研究人员认为其他感觉可能在某些文化中占主导地位）。我们拥有如此良好的视觉能力，可能是因为它有助于我们的祖先存活下来从而得以进化。研究表明，在灵长目动物（我们人类即属于这个目）中，大脑尺寸的变化与视觉的特化有关。快速捕捉整个场景的能力可以帮助我们的祖先找到

大脑和眼睛的解剖学艺术
施普林格·梅迪津，日期不详
这张示意图从大脑下方以仰视的角度展示了与视觉相关的基本解剖结构。当图像落在每只眼睛后部的视网膜上，那里的感光细胞会产生神经冲动。一些基本的图像处理，尤其是对线条和边缘的识别，实际上都发生在视网膜中。每只眼睛每秒沿视神经（图中显示为亮黄色）可以发送大约 9 兆比特的数据。视神经中的一部分纤维在视交叉处交错，使得视野左侧的信息可以到达大脑右侧，视野右侧的信息可以到达大脑左侧。最终，这些神经冲动到达视觉皮层（图中用红色突出显示的区域）并在这里被处理，视觉皮层同时也接收来自长期记忆、联络皮质和额叶皮层中信号处理区域的信息。

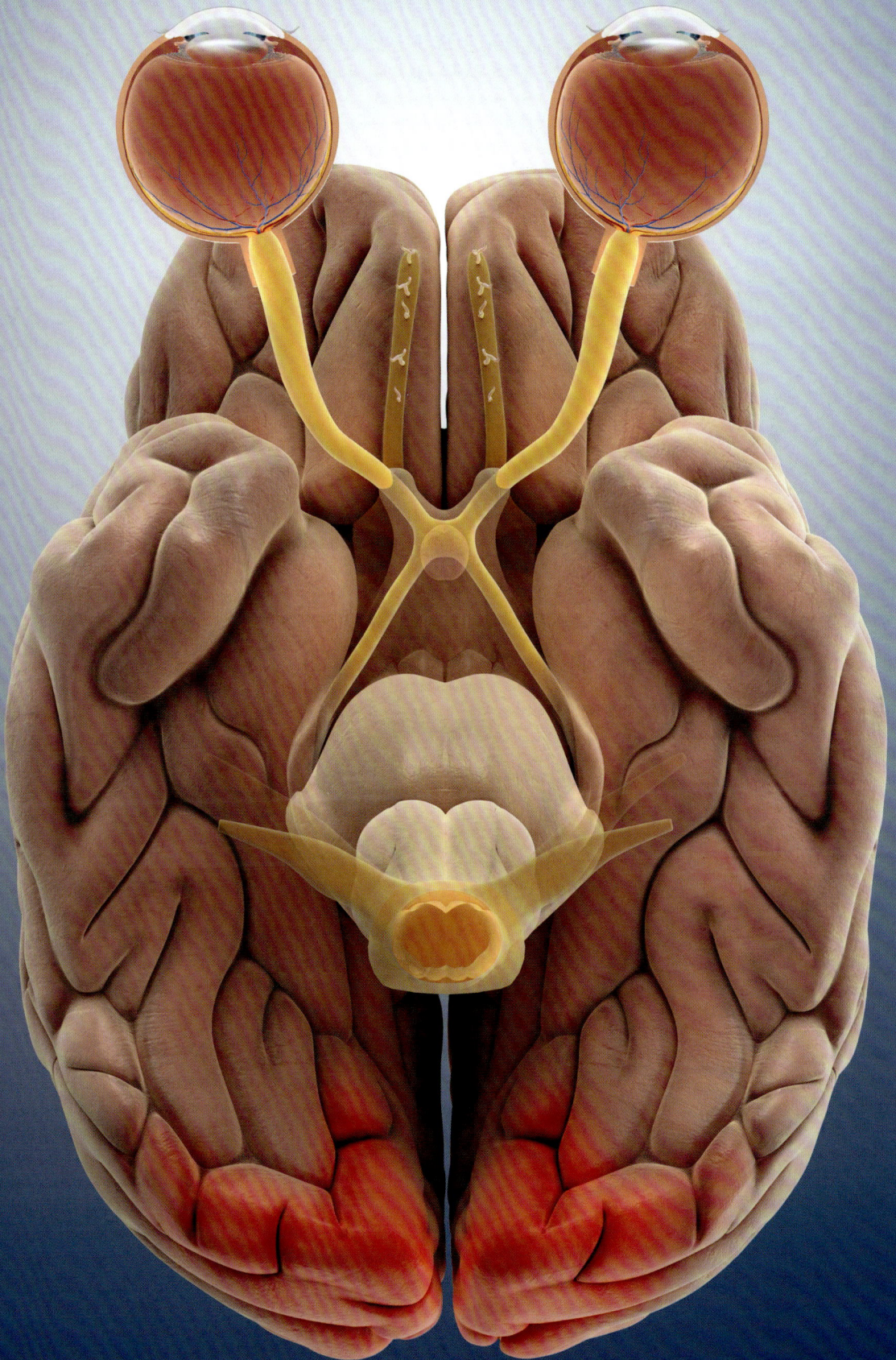

食物,越过复杂地形(包括提前规划路线),当然还有警惕潜在的威胁。我们只能品尝和触摸我们近旁的东西,闻到附近的和来自上风向的味道,听到响亮的或附近的声音,但在合适的条件下,我们可以举目千里。

图像在广告设计中具有特殊魅力,在科学中亦是如此。本书收录了超过 160 个实例,并借此探讨图像在科学中的重要性和应用。只不过这些图像试图"兜售"的是知识,就这一点而言,它们可以达到许多不同的目的。比方说,图像可以展示不可见的事物,使它们更容易被理解。这一点很重要,正如建筑师、发明家和未来学家巴克敏斯特·富勒所说的:"99.9% 的现实是人类感官无法理解的"。想要创建图像来展示肉眼通常看不见的事物,首先必然涉及使这些事物变得可见的设备,如显微镜、望远镜、红外相机或高速相机。使用这些设备制作出来的图像便是本书第 1 章的主题。

数据的收集是几乎所有科学行为的重要组成部分。在大多数情况下,这些数据以数字的形式出现,数字本身并没有什么意义。图表和其他结构使科学家能够看到数据中的趋势,使它们可以像广告一样直观而清晰。第 2 章总结了数据可视化的使用,同时也研究了如何使用图像来表示科学产生的信息和知识。

有时候科学家得到的数据来自数学模型。这对一些特殊情况尤为有用,例如在天体物理学中,虽然无法进行实验,但仍需要验证假说的真伪。数学模型的视觉输出,尤其是由超级计算机进行模拟产生的数据的可视化图像,是第 3 章的主题。

第 4 章探讨了艺术家在科学中所扮演的角色。一些艺术家可能会与科学家合作,通过创建的场景将那些我们肉眼无法看到的主题的相关知识整合在一起,例如来自遥远过去的场景或是外太空中的物体。除了这些艺术作品,艺术创作还有助于将科学知识传播给更广泛的受众,使复杂的主题更容易被理解。一些艺术家会更抽象地表达科学思想,唤起人们对科学发现的感受。

虽然每幅图像都讲述了一个故事,但几乎无一例外,必须结合某些解释性的文字,人们才能理解这个故事到底讲了什么。甚至亚瑟·布里斯班(前文提到的《纽约晚报》的编辑)也建议广告商应该"在一幅图像中使用 5 个单词"。因此,本书中的每幅图像都有文字说明,提供有关图像来源的信息并解释图像所描绘的内容。

艺术家对宇宙的印象

巴勃罗·卡洛斯·布达西，2012年

这幅令人惊叹的图像，在对数尺度上展示了跨越时间和空间的整个宇宙。位于中心处的是目前已知的太阳系，而位于外部边缘的是在时间开始时产生的高能等离子体。这幅图像正好对应了本书的内容：以人眼看不到的事物为主体（第1章），基于真实数据（第2章）及一个在对数尺度上重建的数学模型（第3章），并且是由一位艺术家创作的（第4章）。

注：对数尺度是一个非线性的测量尺度，通常在数值差异较大时使用。

我们生活在看不见的模式中，它们虽然不可见，但在各个尺度上都充满了精致之美和微妙的混沌。我们沐浴在不可见的辐射和粒子中，同时也淹没在遍布整个空间不断变化的场域中。我们的细胞是精细且复杂的分子机器，但它们太小了，所以以肉眼无法看到，人类起源的故事可以追溯到很久以前，其时间久远得超乎想象。所以理解科学发现的唯一方法是在我们的脑海中或者眼前描绘它们。

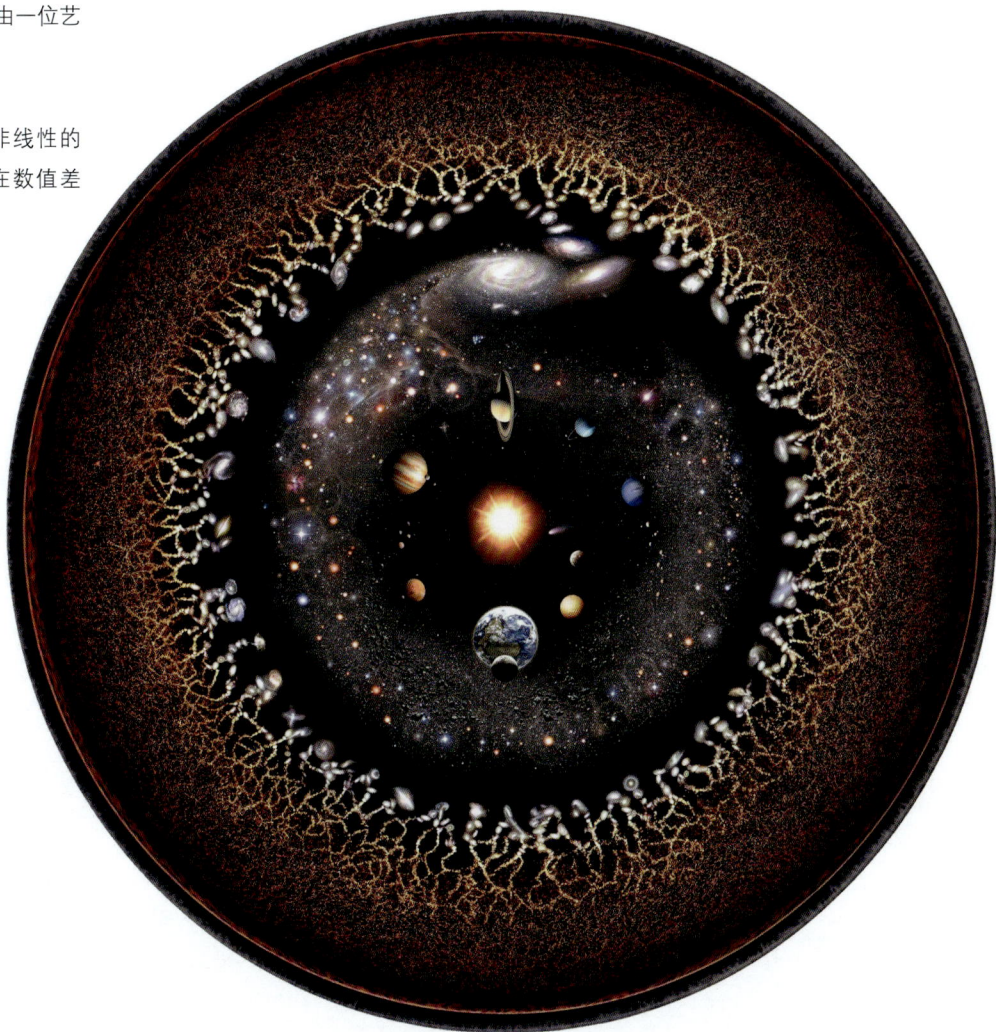

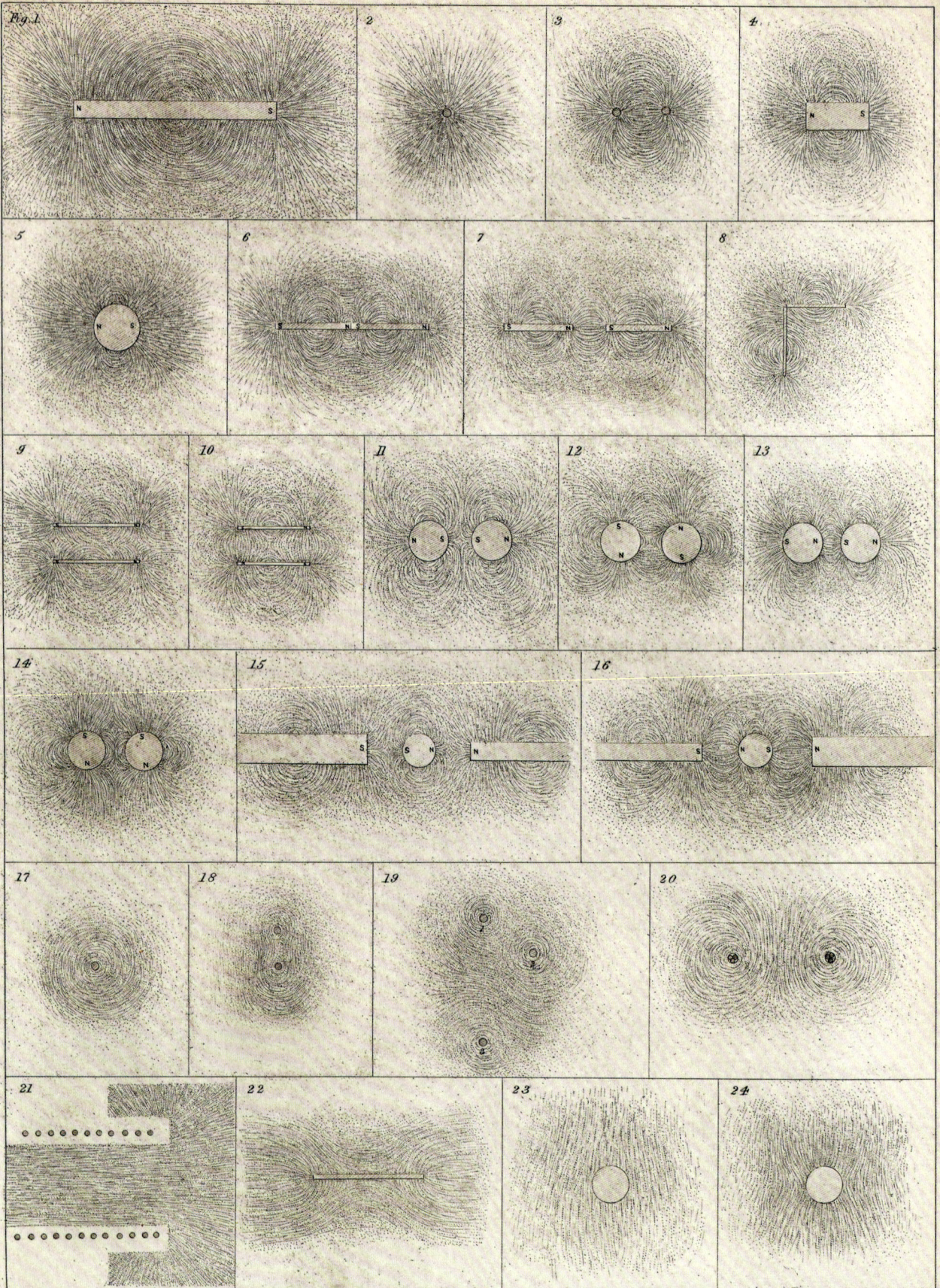

J. Basire sc.

第1章
使不可见变得可见

现实远远超出我们目之所及。我们周围的空气中充满了微小的粉尘颗粒和水滴，而空气本身也是由无数的原子和分子构成的，它们大多数在飞快地运动，速度比喷气式飞机的速度还要快；超出可见光谱的射线正在以光速从你身边路过；宇宙粒子正从你的身体中穿过，比灼热的刀片丝滑无阻地切过黄油都容易；电磁场遍布每一处空间。我们的周围正发生着无数的进程，但是它们要么太快，我们根本感觉不到；要么太慢，我们完全注意不到。本章介绍一些使无形之物变得可见的方法，其中包括科学仪器的使用和其他科学技术。

磁场的描绘

迈克尔·法拉第，1852 年

第 10 页展示的是由物理学家和化学家迈克尔·法拉第绘制的图（于 1852 年发表在《英国皇家学会学报》上），他用铁屑图案将周围看不见的磁场呈现了出来。法拉第既是一位实验者，也是一位理论家，他依靠视觉化思维从一个学科跨界到另一个学科。法拉第正是在做了 30 多年的电磁实验之后才创造了"场"这个概念。

显微镜和望远镜

人类眼睛的局限

人类的眼睛很了不起，但是它们有 3 个关键性的局限之处，这使得我们周围的世界有很大一部分对人类来说是不可见的。首先，根据其定义，我们的眼睛只对可见光（电磁波谱中很小的一部分；参见第 48 页）敏感。其次，人眼只能识别一定亮度以上的可见光，亮度太暗时眼睛是看不到的。譬如说，即使在最黑暗最晴朗的夜晚，肉眼可见的星星也大约只有 6000 颗，实际上天空中的星星有很多很多，只不过它们发出的光比较微弱。望远镜的光圈比眼睛的瞳孔要大，所以其聚光的能力也更强。1610 年，伽利略·伽利雷看到了"许多遗漏在非辅助视力之外的星星，它们的数量如此之多，令人难以置信"。

人眼的最后一个局限之处和"敏锐度"也就是辨别细节的能力有关。这也就意味着非常小的事物或者距离眼睛非常远的事物，于我们而言都是不可见的。这个局限之处的原因之一是衍射，光的传播方式是由它的波动性决定的。光线在穿过瞳孔的时候会从瞳孔的边缘扩散出去，就像水波穿过港口岸壁上的一个缺口时会扩散开来一样。所以，当光照在视网膜（眼睛后部的感光表面）上时，来自一个物体上任何一点的光线都会形成一个模糊的小圆盘（被称为艾里斑[注1]），而不是一个清晰的圆点。在视网膜上成像时，如果两个点离得太近，它们对应的艾里斑会重合在一起，于是人眼便无法分辨这两个点。

视觉的敏锐度还取决于视网膜上感光细胞的密度——就像一台数码相机的分辨率取决于它的图像传感器上光敏元件的数量一样。视网膜上的感光细胞大约有一亿个。人眼敏锐度最高的地方也是感光细胞密度最高的地方，这些细胞集中在一个被称为中央凹的很小的区域内。在中央凹的中心，每平方毫米有超过 15 万个细胞。

视觉的敏锐度

视觉的敏锐度因人而异，并且随年龄而变化，它的测定是标准视力测试（被称为史乃伦测试[注2]）的主要目标。正常的视力通常被定义为"6/6"，第一个数字代表的是在进行史乃伦测试时受试者离视力表的距离为 6 米。第二个数字是一个视力正常的人坐着能看清（视力表上）细节的距离，所以如果一个人的

注 1：艾里斑是以 19 世纪天文学家乔治·比德尔·艾里的名字命名的。

注 2：史乃伦测试是以 19 世纪验光师赫尔曼·史乃伦的名字命名的。

视力正常，这个距离也应是 6 米。视觉敏锐度最高的纪录是 6/2.4，具有这样视力的人在 6 米外便能看清的字母，对于正常视力的人而言，需要坐在距离视力表 2.4 米外的地方才能勉强辨认出来。这种视力敏锐的观察者可以分辨出相距 0.4 角分（1/150 度）的物体。这是一臂距离之外人类一根头发的宽度所对应的角度。而视力正常的人的分辨力大约是 1 角分（1/60 度）。

放大图像

  这种感知精微细节上的局限性可以通过放大视网膜上的图像来克服。一个小物体距离眼睛更近，它在视网膜上呈现的图像就更大。所以，即使是图像上最精微的细节也会占据更多的感光细胞，这样就解决了衍射的问题。但这里也有一个局限之处：为了看清非常微小的物体，需要使它们距离眼睛非常近，但当物体距离眼睛太近时反而无法聚焦。因此，肉眼永远无法看清小于 0.06 毫米的物体。

  显微镜可以呈现细小物体的放大图像，而望远镜则可以呈现远处物体的放大图像。目镜呈现放大的图像供眼睛观看，此时呈现在视网膜上的图像比以肉眼直接观看同一物体时呈现在视网膜上的图像大得多。这便是显微镜和望远镜使人类能够观察肉眼无法直接看清的事物的原理。显微镜是在 16 世纪末期前后被发明的，望远镜是在 1608 年被发明出来的，毫无悬念，它们在未来几十年和几个世纪科学的崛起中起到了关键作用。

对细菌的首次描绘

安东尼·范·列文虎克，1676 年

作为显微学的先驱，安东尼·范·列文虎克是第一个看到细菌的人。他制造了显微镜，他的每个显微镜都有一块强力透镜。与同时代其他人的制品相比，他的显微镜放大倍数要高得多，将近 100 年之后才有人再次观察到细菌。直到 19 世纪，科学家们才开始了解细菌在疾病中的重要性，并且直到 20 世纪他们才开始意识到这些看不见的单细胞生物在进化和生态学中的重要性。

PLATE XXIV

fig: A

fig: B C D

fig: E

fig: G

fig: F

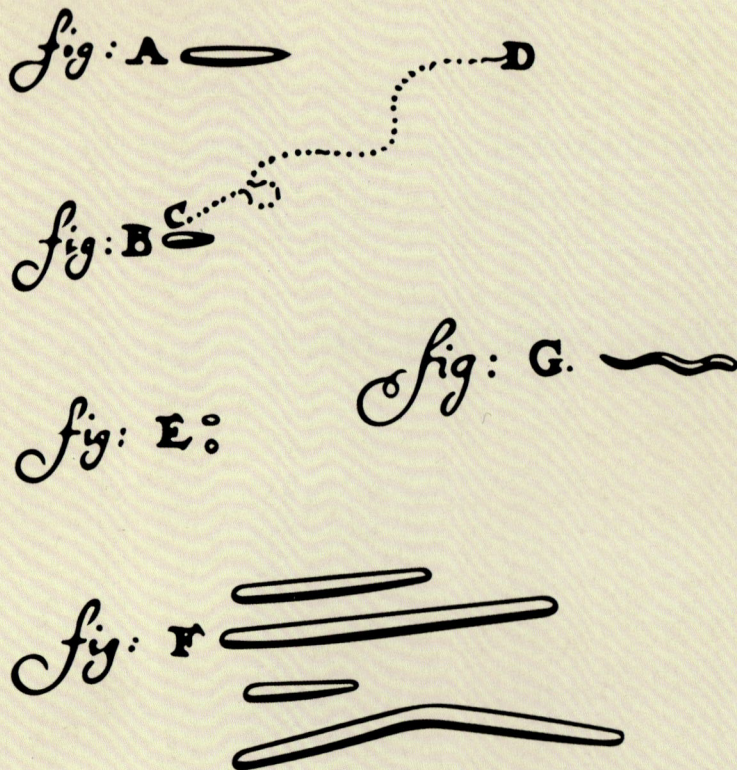

注：fig = 图（后文所有图中 fig 皆作此解）

对精子的首次描绘

安东尼·范·列文虎克，1677 年

1677 年，一位名叫约翰·汉姆的医学生告诉列文虎克，他在精液中观察到了"微动物"（微动物是列文虎克创造的一个词，用来指代他观察到的微小的生物）。列文虎克在他自己的精液样本中观察到了精子，然后在其他几种动物的精液中也发现了精子。下图是他研究兔子的精子（编号 1~4）和狗（编号 5~8）的精子时的发现。他是第一个提出当精子细胞进入卵细胞时会发生受精的人，尽管他自己从未直接观察到这一现象。17—18 世纪，几位研究显微镜的学者发现了那个用肉眼看不见的微小世界，列文虎克便是其中之一。

"显微图谱"

罗伯特·胡克，1665 年

罗伯特·胡克在 1665 年发表了他的畅销书《显微图谱：一些用放大镜对微小物体作出的生理描述，以及据此进行的观察和探究》，其中的插图记录了这些来自"毛芸豆"豆荚（左）和蜜蜂蜇伤（右）的毛发（参见第 16 页）。胡克是显微学的另一位先驱，与列文虎克同属一个时代。在这本书的序言中，胡克写道：他发现了一个"全新的、看得见的世界"，他的作品意味着"（人类）感官的扩大"。请注意，豆荚的细毛和蜜蜂的蜇针实际上并不是看不见的，准确地说，是它们表面的精微细节超出了肉眼的分辨能力。

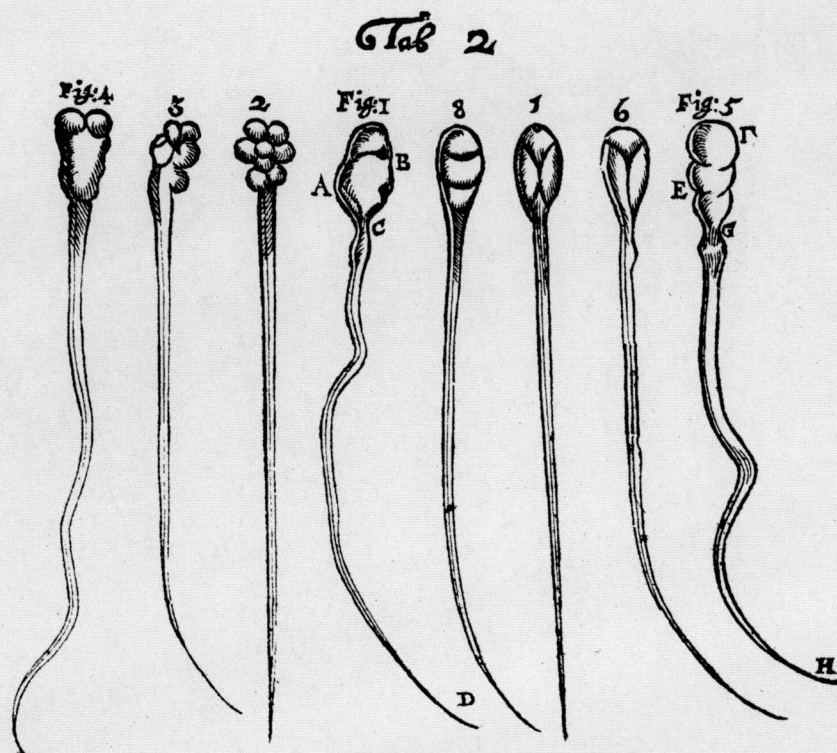

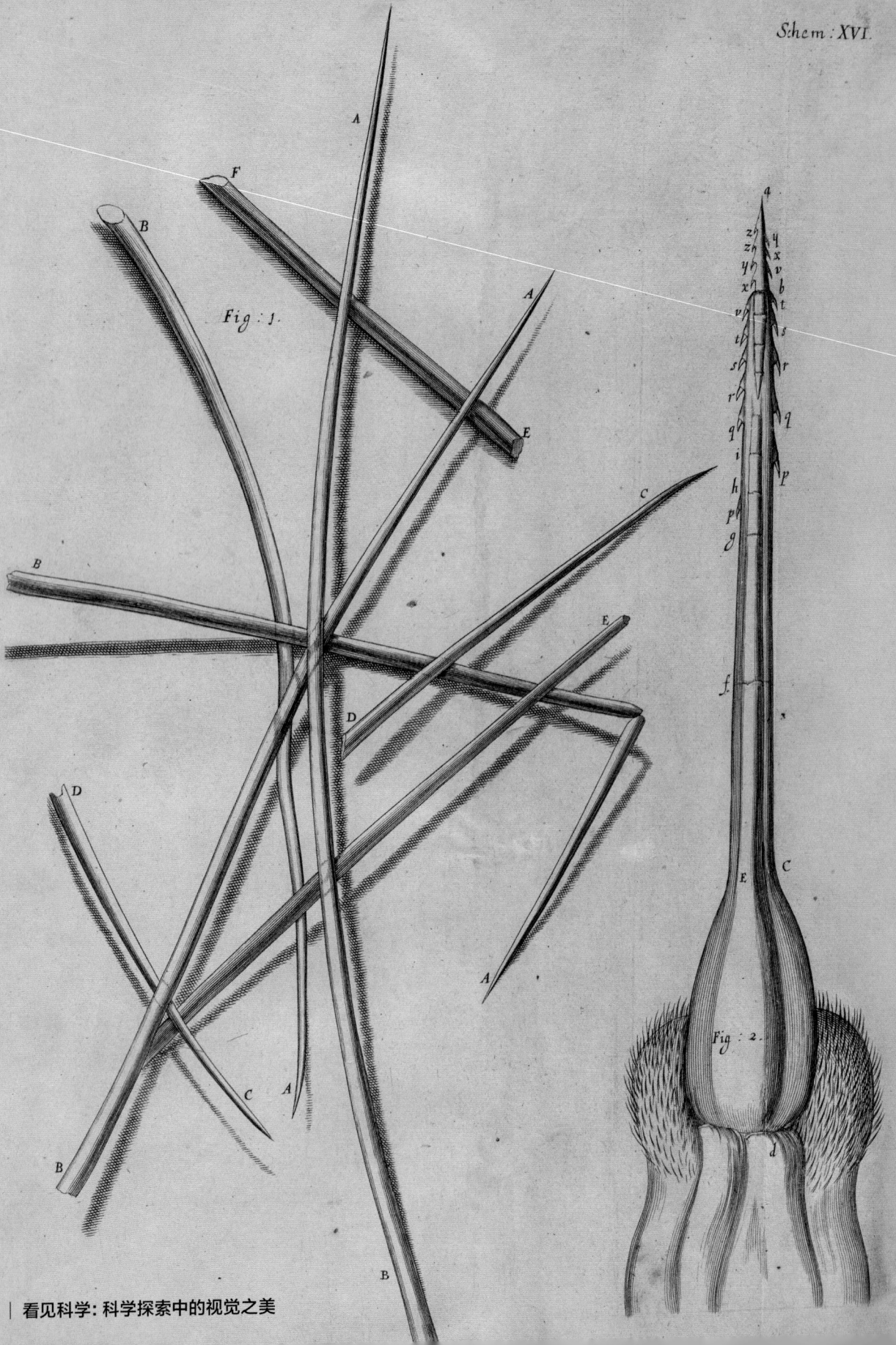

Fig: 1.

Fig: 2.

对染过色的神经元的描绘

圣地亚哥·拉蒙·卡哈尔，1890 年

在 19 世纪下半叶，微生物学家开始使用各种颜料对特定细胞或细胞的特定部分进行"染色"。染色可以提高对比度，这在观察细胞时至关重要，因为细胞的成分通常是无色的。卡米洛·高尔基在 19 世纪 80 年代发明了一种染色剂，可以随机附着在整个神经元（神经细胞）上，由此可以清晰地看到大脑中纠缠在一起的神经元密集而复杂的结构。圣地亚哥·拉蒙·卡哈尔是一位具有开创性精神的神经科学家，他利用高尔基染色法深入研究了大脑结构。

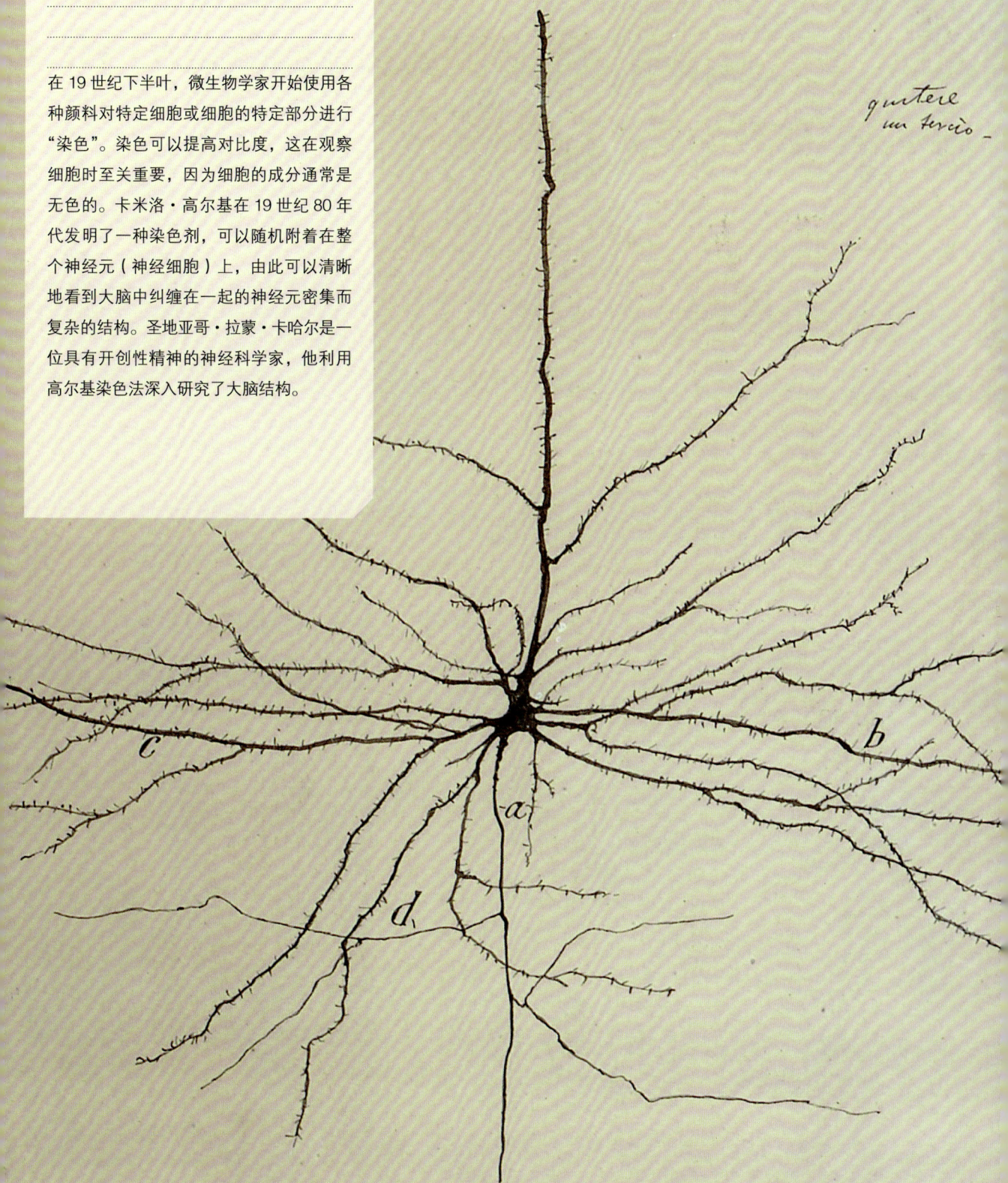

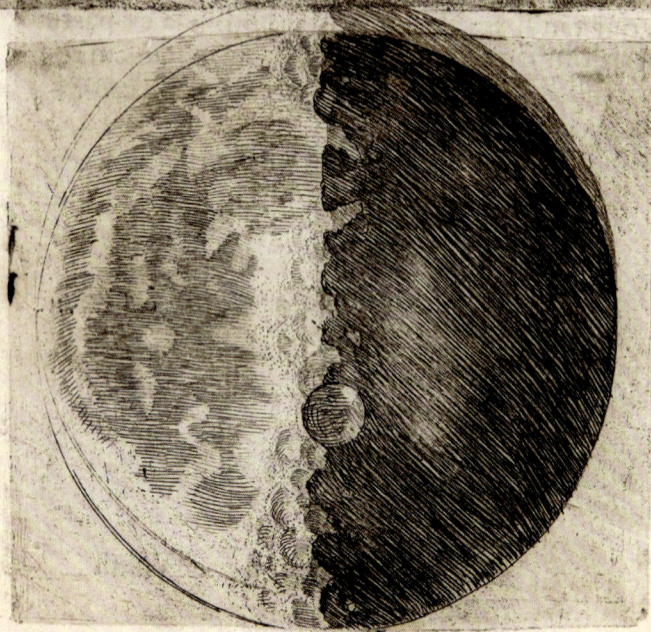

月球图像，展示了月球上的陨击坑

伽利略·伽利雷，1610 年

有时候，发现熟悉的事物以前不为人知的细节可以推翻长久以来的假说。例如，数百年来，学者们一直认为月球是一个完美且光滑的球体。当伽利略在 1609 年用他自制的望远镜对准月球时，他观察到了崎岖的山脉和陨击坑。他在 1610 年出版的《星际信使》一书中描述了他观察到的细节，并附以他精心绘制的图像。这本书还描绘了围绕木星轨道运行的 4 颗卫星，这一发现有助于挑战另一个确立已久的假说，即太空中的所有物体都在围绕地球的轨道上以地球为中心运行。

银河中恒星的图像

伽利略·伽利雷，1610 年

夜空中恒星的亮度以星等的形式表示，在晴朗、漆黑的夜晚，肉眼可见的最暗的恒星为 6 等星（比较奇怪的是，越亮的恒星其星等数字越小）。银河是夜间一个常见的景观，之所以这样称呼是因为它看起来像一条银色的河流横贯天空。通过望远镜，伽利略看到银河系并不是混沌的连续体，而是充满着无数颗独立的恒星的，但由于它们太暗所以人眼无法察觉。他在《星际信使》一书中记录了这些观察结果。

摄影和电子显微镜

捕捉图像

　　在望远镜和显微镜被发明出来之后的 200 多年里，科学家们只能通过绘画和书写文字来记录他们的观察结果。在 19 世纪 20 年代摄影术被发明出来之后不久，科学家们便可以将照相机连接到仪器上，从而如实地记录下观察结果。第一批天体照片（通过望远镜拍摄的天体照片）拍摄于 1840 年（参见第 26~33 页），而第一批显微照片（通过显微镜拍摄的照片）也大约是在这一段时期拍摄的。

　　摄影术还具有其他优势，如长时曝光聚集了更多的光线，这使晦暗的物体变得可见（参见第 29 和 32 页）；极短时曝光或者极快帧速率的电影可以捕捉到飞速发生的事件，它们转瞬即逝，所以我们无法察觉（参见第 34~37 页）；而延时摄影则可以揭示异常缓慢的过程中细节的变化（参见第 38 页）。

　　无论有没有照相机，光学显微镜的分辨能力都是有限的，就像人眼的分辨能力是有限的一样（参见第 12 页）。这都是因为光的波动性，当用光来观察一个物体时，只要它小于光波波长的一半就不可能被拍摄到。可见光的波长在 400~700 纳米（0.0004~0.0007 毫米）的范围内，所以一台光学显微镜，无论它的分辨率有多高，从理论上来说，都不可能从中观察到小于 200 纳米的图像。最近几十年里出现了一些创新性的技术，使得光学显微镜的这一限制稍微有所突破，当然还有一些替代品可以从本质上突破这一限制，比如电子显微镜。

电子显微镜

　　电子显微镜的发明伴随着量子力学的发展，该学科在原子和亚原子水平上研究光和粒子的行为。量子力学的一个重要发现是微小的物体（例如电子）具有粒子性但同时又表现出波动性（与之相反,光具有波动性但又表现出粒子性）。在一台电子显微镜内部，一束电子照射到一个物体上时，电子会穿过这个物体或者被反射出去，这些电子会被机器检测到，这样就形成了一幅图像。电子的波长比可见光的波长要小得多，所以电子显微镜在分辨率上受到的限制远小于光学显微镜。如此一来，电子显微镜可以达到 50 000 000 倍的放大倍数，而光学显微镜最多只能达到 2000 倍的放大倍数。

以达盖尔银版法拍摄的人类血液细胞的照片

阿尔弗雷德·多恩和他的学生莱昂·傅科，1845 年

阿尔弗雷德·多恩于 1840 年发明了显微照相术，这个时候照相术本身还处于"婴儿期"。他将这些照片收录在他自己写的《显微镜课程》这本书里。这些照片以达盖尔银版法（也称为银版摄影法）拍摄而成，该工艺通过把银版暴露在碘或溴蒸气中使其产生光敏性，是由路易·达盖尔在 19 世纪 30 年代发明的。多恩在这本书的介绍中陈述了照相术在显微领域的重要性："在描述我们眼睛看到的事物之前，在从观察得出结论之前，我们应该遵循自然本来的样子。"

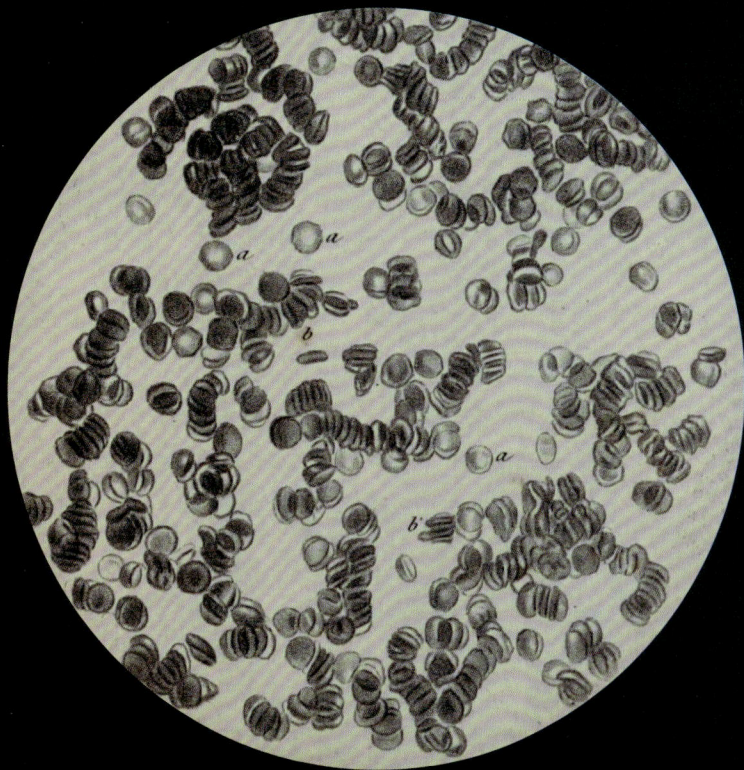

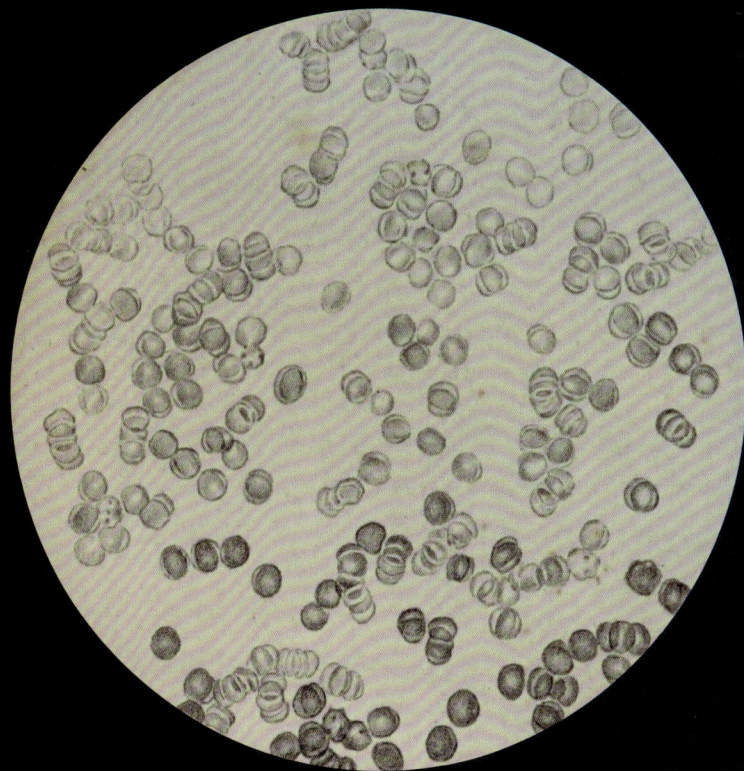

放射虫的照片

安德烈亚斯·德鲁斯，2017 年

这张照片中展示的是由博物学家恩斯特·海克尔于 1887 年发现的放射虫。放射虫是单细胞海洋浮游生物，有一层二氧化硅形成的复杂的外壳，这层外壳起到保护作用。令人惊讶的是，作为单细胞生物，放射虫居然是捕食性动物，它们可以通过外壳上的孔洞伸出伪足吞食其他单细胞生物。放射虫的数量非常庞大，所以它们在海洋食物网甚至生态学、地质学和全球气候中都发挥着至关重要的作用。由于显微镜的景深非常有限，所以这张照片是由几幅图像合并而成的，每幅图像的聚焦平面都略有不同。

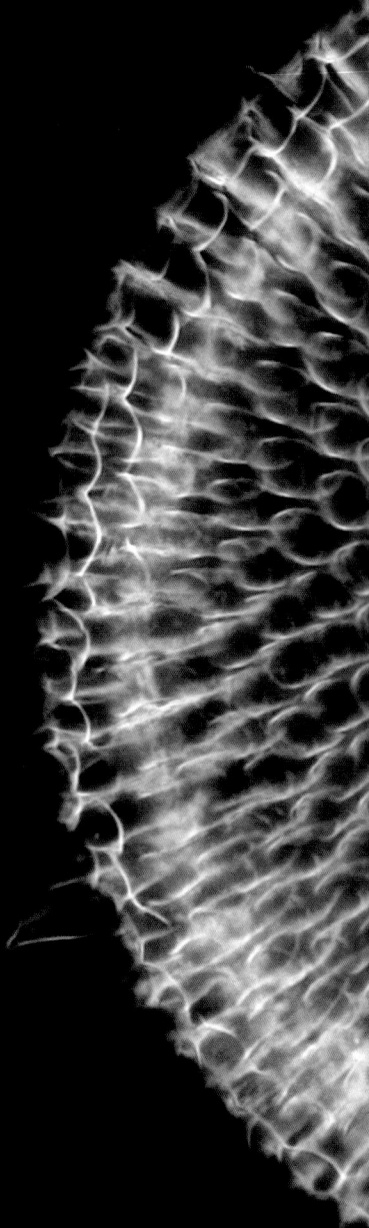

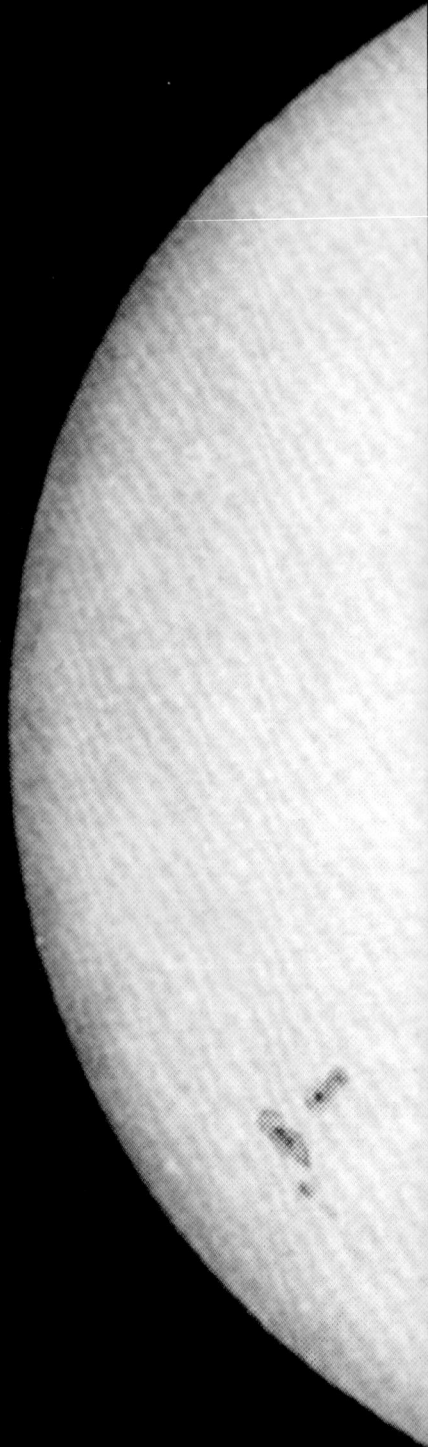

用银版摄影法拍摄的太阳的照片，显示了太阳黑子

莱昂·傅科和希波利特·菲索，1845 年

人类的肉眼看不见太阳黑子，但不是因为它们太暗而看不见（太阳黑子很亮，只是不如太阳表面其他的部分亮）。只要将太阳的图像投影到一张纸上便可以看到太阳黑子，因此这张照片显示出太阳黑子并不稀奇。但值得注意的是，这是有史以来拍摄的第一张太阳的天文照片。这张照片是用银版摄影法（参见第 21 页）拍摄的，直径为 12 厘米。照片的曝光时间为 1/60 秒。

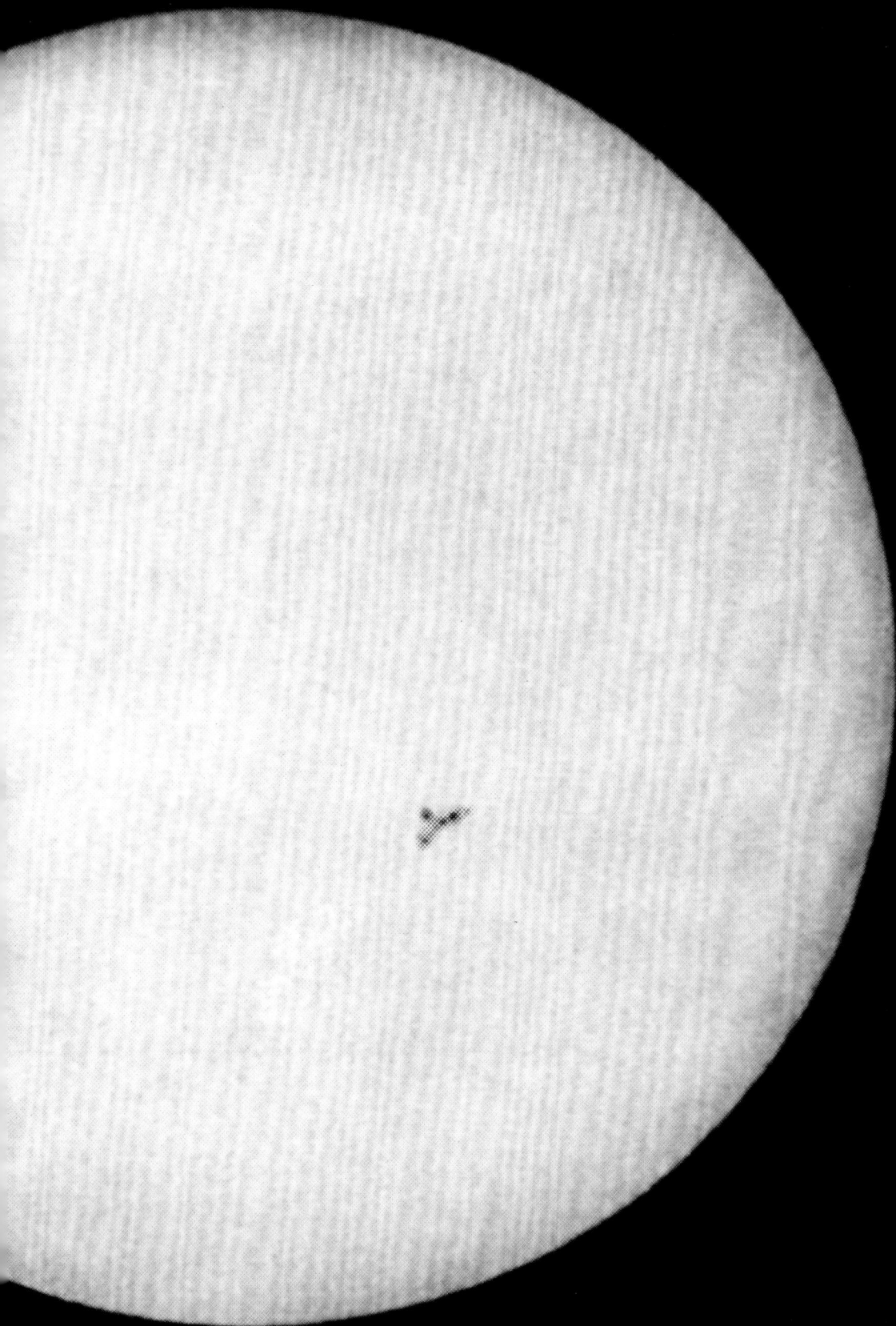

仙女座星系的天文照片

哈勃空间望远镜（美国国家航空航天局），
2015 年

这张照片只是有史以来最大的空间望远镜——哈勃空间望远镜拍摄的图像的一部分。完整的数字图像文件大小为 4.3 GB。这张照片只显示了仙女座星系的一部分，尽管这个星系距离我们超过 200 万光年，但仍然可以看到其中闪烁的数百万颗恒星。在新闻稿中，美国国家航空航天局将此图的清晰度比作能够分辨海滩照片中的沙粒。这张照片不仅仅是一张"快照"，它是由成千上万幅图像拼接而成的，其中每幅都是在超过 400 个不同的"指向"上捕获的单幅图像。图像中的颜色和人眼在现实生活中所能看到的是一样的。

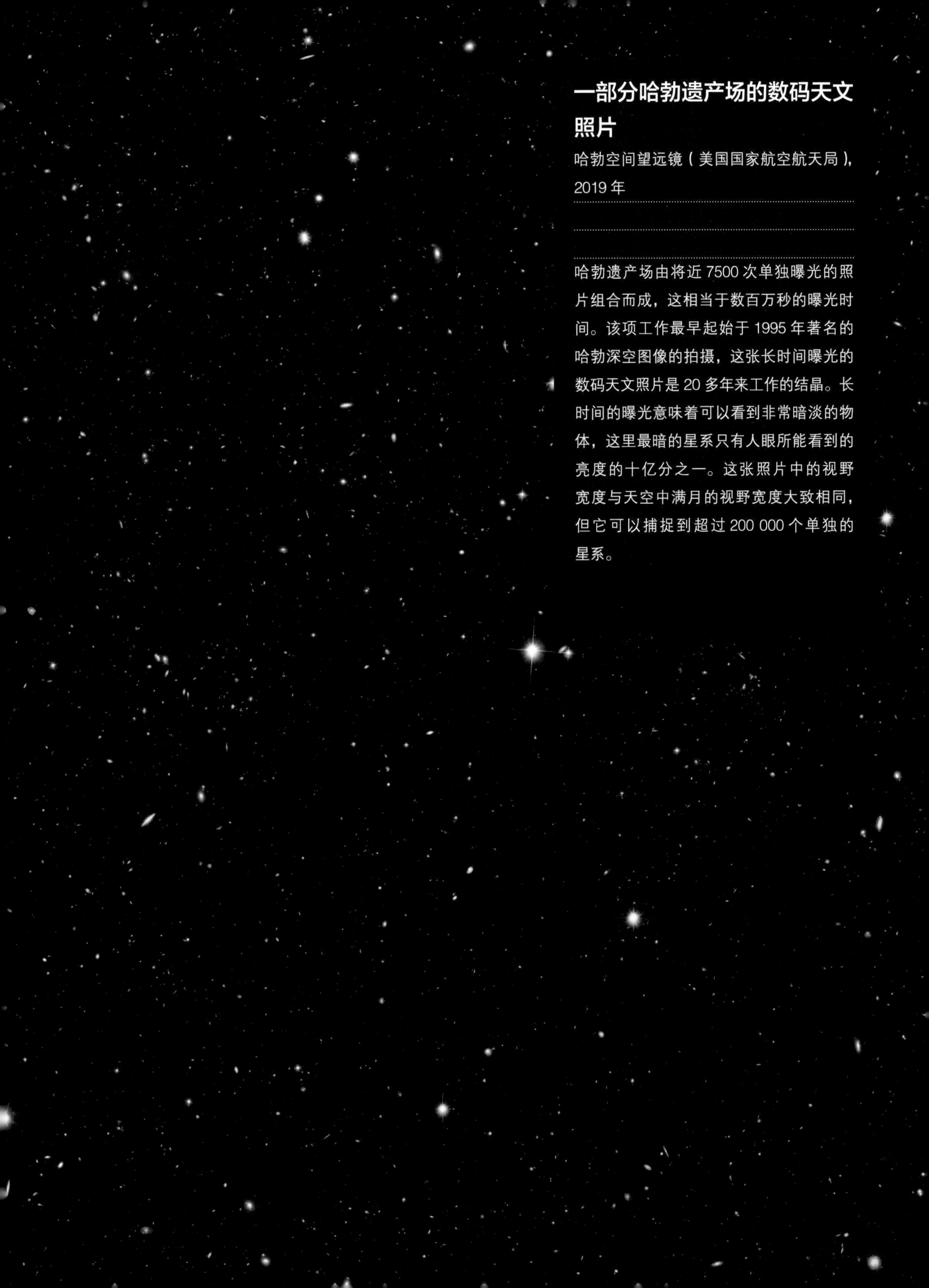

一部分哈勃遗产场的数码天文照片

哈勃空间望远镜（美国国家航空航天局），
2019 年

哈勃遗产场由将近 7500 次单独曝光的照片组合而成，这相当于数百万秒的曝光时间。该项工作最早起始于 1995 年著名的哈勃深空图像的拍摄，这张长时间曝光的数码天文照片是 20 多年来工作的结晶。长时间的曝光意味着可以看到非常暗淡的物体，这里最暗的星系只有人眼所能看到的亮度的十亿分之一。这张照片中的视野宽度与天空中满月的视野宽度大致相同，但它可以捕捉到超过 200 000 个单独的星系。

太阳光球层的天文照片

丹尼尔·井上建太阳望远镜，哈雷阿卡拉天文台（美国国家太阳观测台/大学天文研究协会/美国国家科学基金会），2020 年

在这张照片中可以看到太阳可见表面（光球层）的特征，但它只涵盖了 30 千米宽的范围。这相当于从 50 米远的距离看到一颗玻璃弹珠。照片中的这种图案是由对流产生的，灼热的等离子气体（图中较亮的部分）受热上升，冷却后（图中较暗的部分）又沉降回落。最亮的部分是磁场线允许极热等离子体泄露到太阳外层大气（日冕）之外的地方。这是地面上丹尼尔·井上建太阳望远镜拍摄的第一张照片。它是通过收集特定波长的光获得的，这些光的波长仅比可见光中的红光略微长一点（参见第 48 页）。

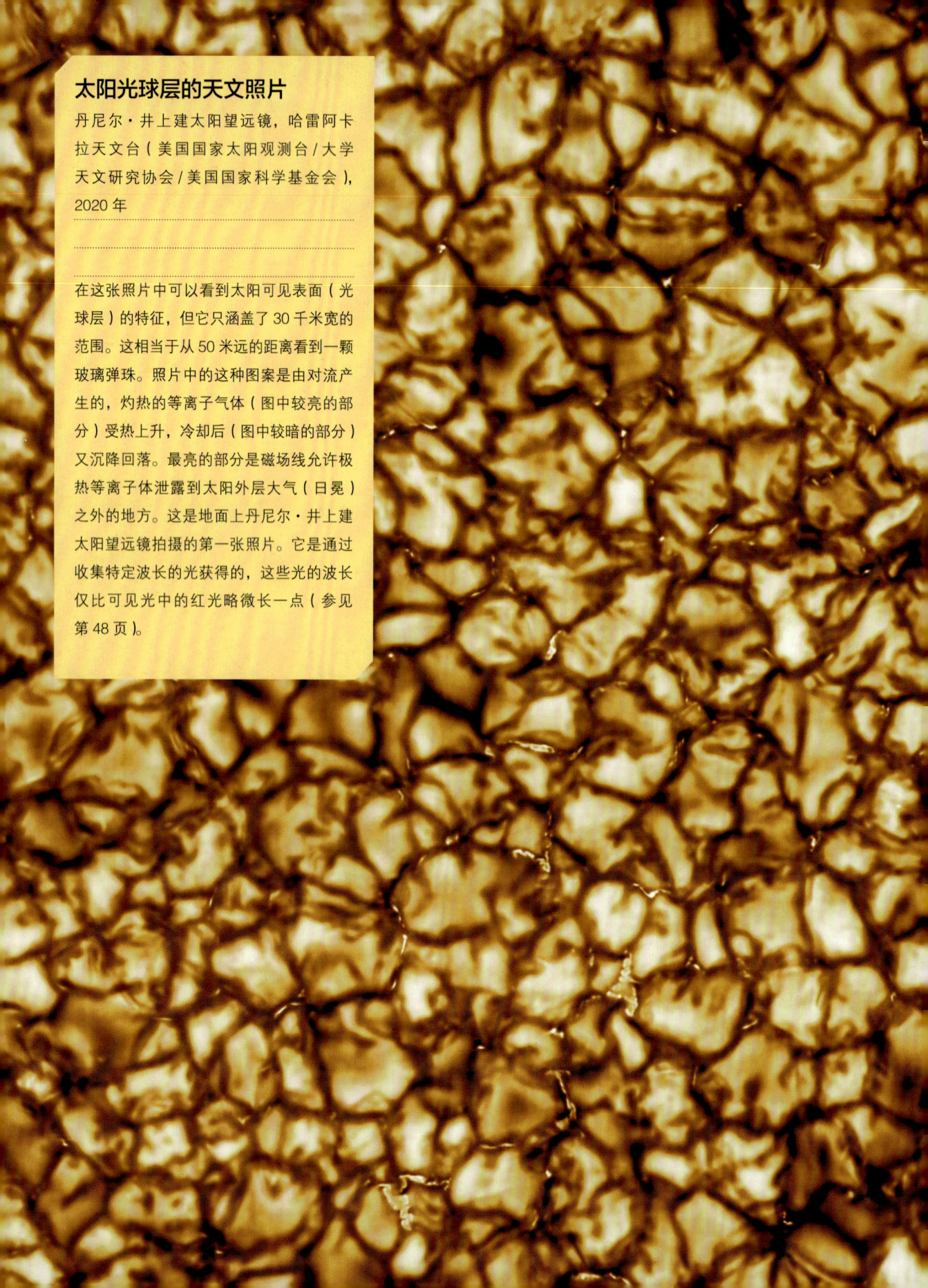

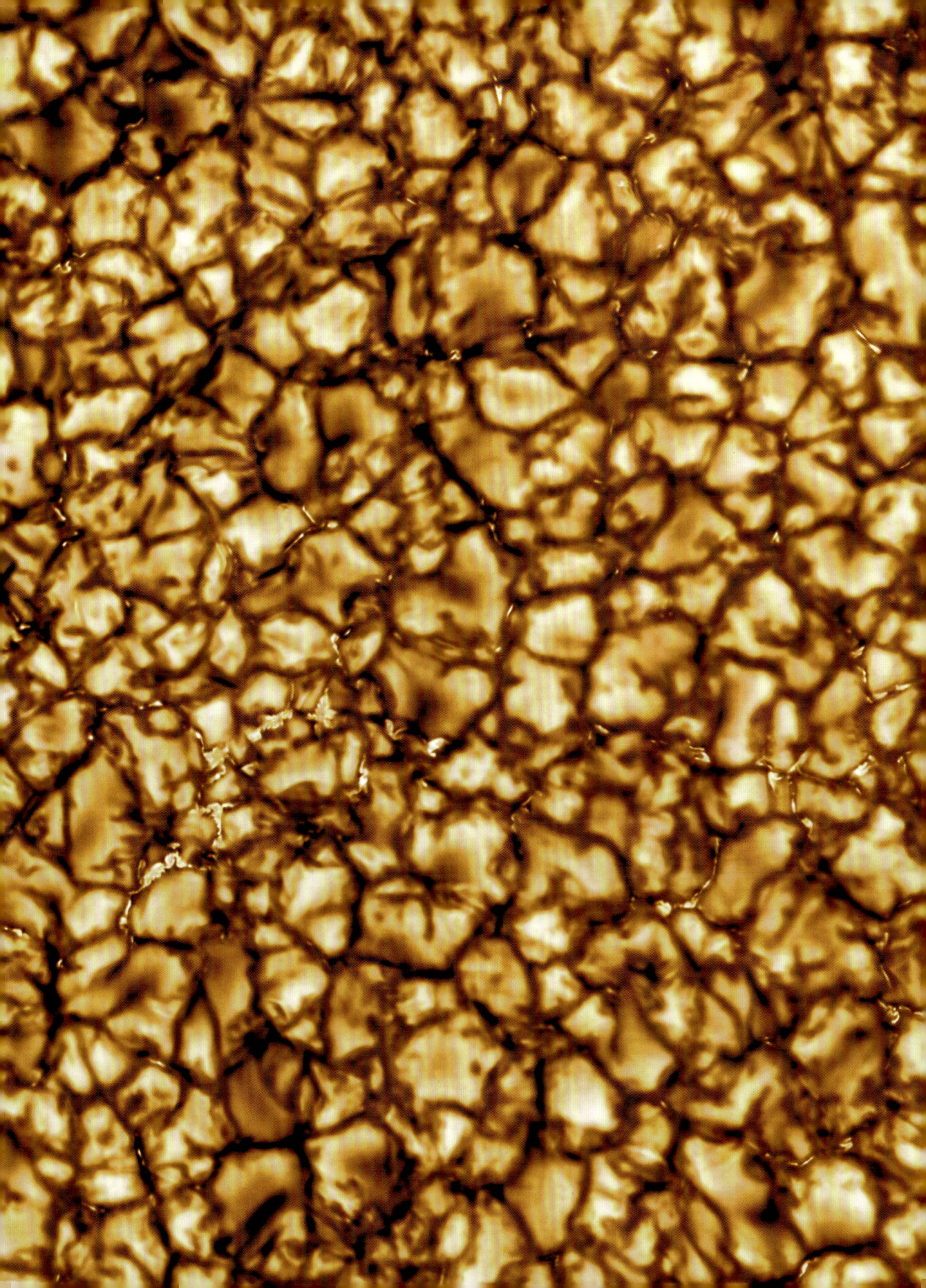

矮行星冥王星的数字图像

新视野号（美国国家航空航天局），2018 年

这幅图像里的冥王星是由美国国家航空航天局新视野太空飞船上的多光谱可见光成像相机捕捉到的。经过重新校准，这幅图像于 2018 年发布，展示了这颗行星"真实的颜色"，如果你当时在飞船上，看到的冥王星基本上就是这样的颜色。这幅图像最初拍摄于 2015 年 7 月，当时新视野太空飞船距离冥王星表面仅 35 500 千米——这个距离足以对冥王星的表面进行近距离观察。而此时地球和冥王星之间的距离为 33 天文单位，这意味着冥王星与地球之间的距离是地球与太阳之间距离的 33 倍。这个距离太遥远了，所以对地球上的我们而言，冥王星很小，而且也太暗了，肉眼根本看不到，即使使用最强大的地面望远镜，它看起来也只是一个模糊的圆盘。

动物运动的照片

埃德沃德·迈布里奇, 1887 年

有些事件发生得太快, 眼睛看不清楚。例如在 19 世纪时, 艺术家和马术家争论了很长时间, 当马在疾驰时是否在某个时刻它的 4 个蹄子同时离开了地面。于是在 1878 年, 铁路大亨利兰·斯坦福聘请摄影师埃德沃德·迈布里奇来解决这场争论。迈布里奇将 12 台摄像机排成一排; 当马疾驰而过时, 绊线便会触发相机的快门。此后, 迈布里奇继续对人类和其他动物进行了数百项有关运动的研究。此处的照片来自迈布里奇在 1887 年对奔跑中的马所做的研究。

子弹穿过蜡烛火焰的高速摄影照片

哈罗德·埃杰顿和金·范迪弗, 1973 年

哈罗德·埃哲顿是高速摄影领域的先驱。从 20 世纪 30 年代开始, 他使用了一系列技术来捕捉肉眼无法看到的事物, 拍摄到的照片景象让人震撼。20 世纪 40 年代, 他开发了一种名为 Rapatronic 的高速相机, 它可以将曝光时间缩短到 1 纳秒 (十亿分之一秒)。此处的照片使用了纹影摄影技术, 其中反射镜和镜头的特殊排列可以捕捉空气密度的变化, 曝光时间仅为 1 微秒 (一百万分之一秒)。

子弹穿过苹果的高速摄影照片

哈罗德·埃哲顿和金·范迪弗，1973 年

哈罗德·埃哲顿是麻省理工学院的教授，他在一场名为"如何在麻省理工学院制作苹果酱"的讲座中使用了这张标志性的照片。拍摄这张照片时，房间内必须保持黑暗，只有这样，闪光灯发出的光才能照亮拍摄场景。当麦克风捕捉到步枪发射子弹的声音时，会触发闪光灯和相机，曝光时间仅为 0.3 微秒（一千万分之三秒）。

冥王星被发现的照片

克莱德·汤博，1930 年

1929 年，23 岁的天文学家克莱德·汤博开始在夜空中寻找一颗行星，这是一颗自从 1846 年发现海王星起就一直有假说认为其存在的行星。太阳系中的物体都处于相对于恒星（也就是太阳）的运动之中，但对于距离更远的物体，这种运动太慢了，所以我们很难注意到。1930 年 1 月下旬，汤博使用闪烁比较器来回切换他相隔数晚拍摄的同一片星空的照片。这使得任何移动的物体都很容易被发现，于是这颗行星终于在 1930 年 2 月 18 日被汤博找到了。该天体最初被称为 X 行星，后来被命名为冥王星，在 2006 年被重新归类为矮行星。在下面两张照片中，白色箭头所指的就是冥王星。

记录冰川消逝的照片

路易斯·H. 佩德森，1917 年（右上）和布鲁斯·F. 莫利纳，2005 年（右下）

有些事件发生得太慢，所以我们无法直接感知，例如，冰川是如何缓慢地沿着山坡向下滑动的。冰川质量的变化更加难以察觉。虽然冰川的质量增减不定，但因为全球气候变化，全世界冰川的总质量正在急剧下降。通过比较同一地点前后数十年间拍摄的冰川照片，可以很容易地看出这一点。第 39 页的照片展示的是佩德森冰川，它位于美国阿拉斯加的基奈山脉。

1930 年 1 月 23 日

1930 年 1 月 29 日

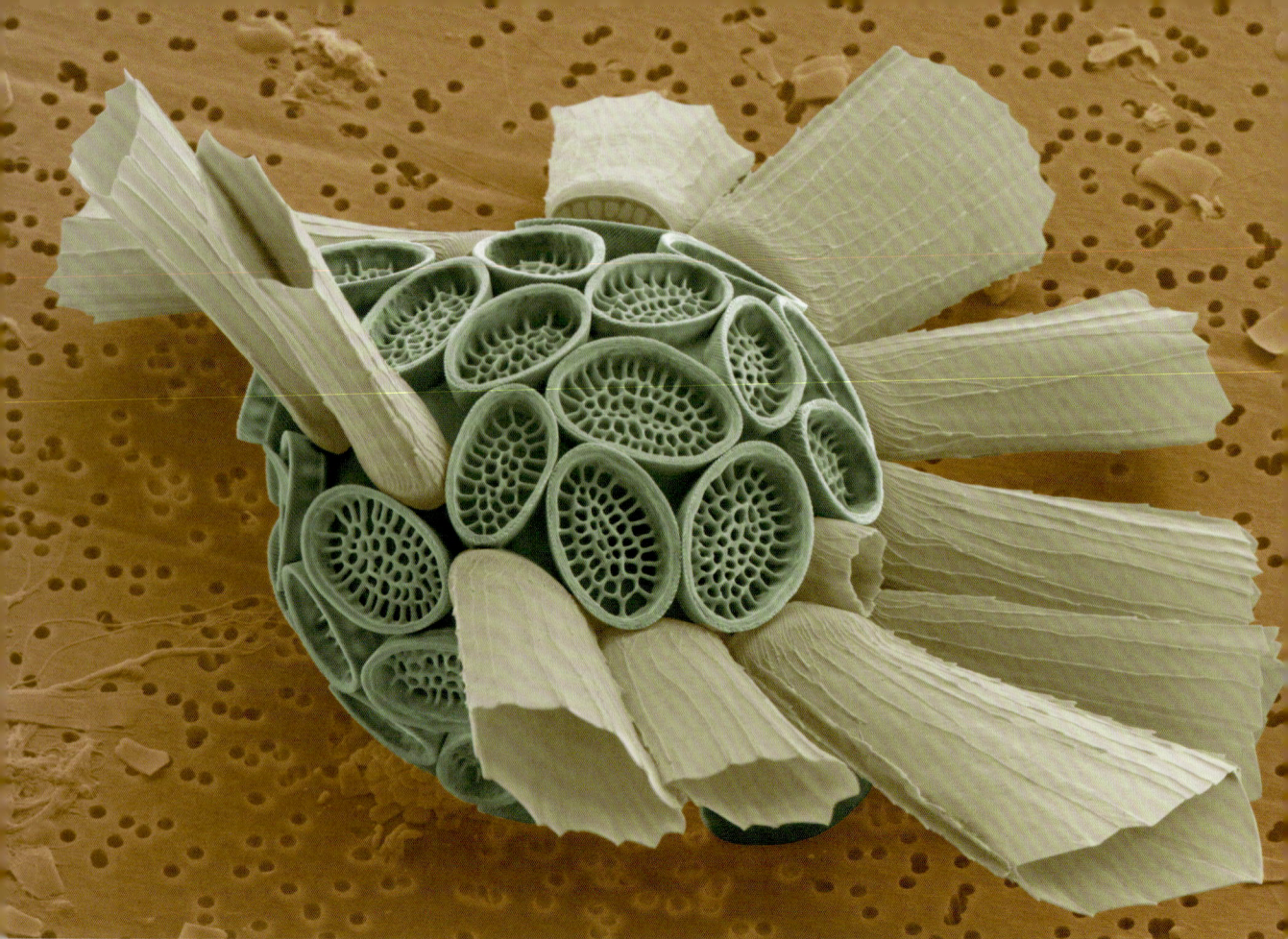

扫描电子显微镜下的多孔杯状球石藻照片

杰里米·杨，2008 年

多孔杯状球石藻属于球石藻类，是一种单细胞海洋生物，可以分泌富含钙的矿物质以形成保护壳。球石藻的直径通常约为 0.02 毫米（20 微米）。虽然这意味着它们在光学显微镜下是可见的（不过肉眼看不到），但如上图中这般高分辨率的细节只能通过电子显微镜才能看到，因为电子的波长比可见光的波长短得多（参见第 20 页）。电子显微照片由反射或透射的电子绘制而成，因此它们是黑白的。图中的颜色是为了帮助我们理解照片中的内容在后期添加的。

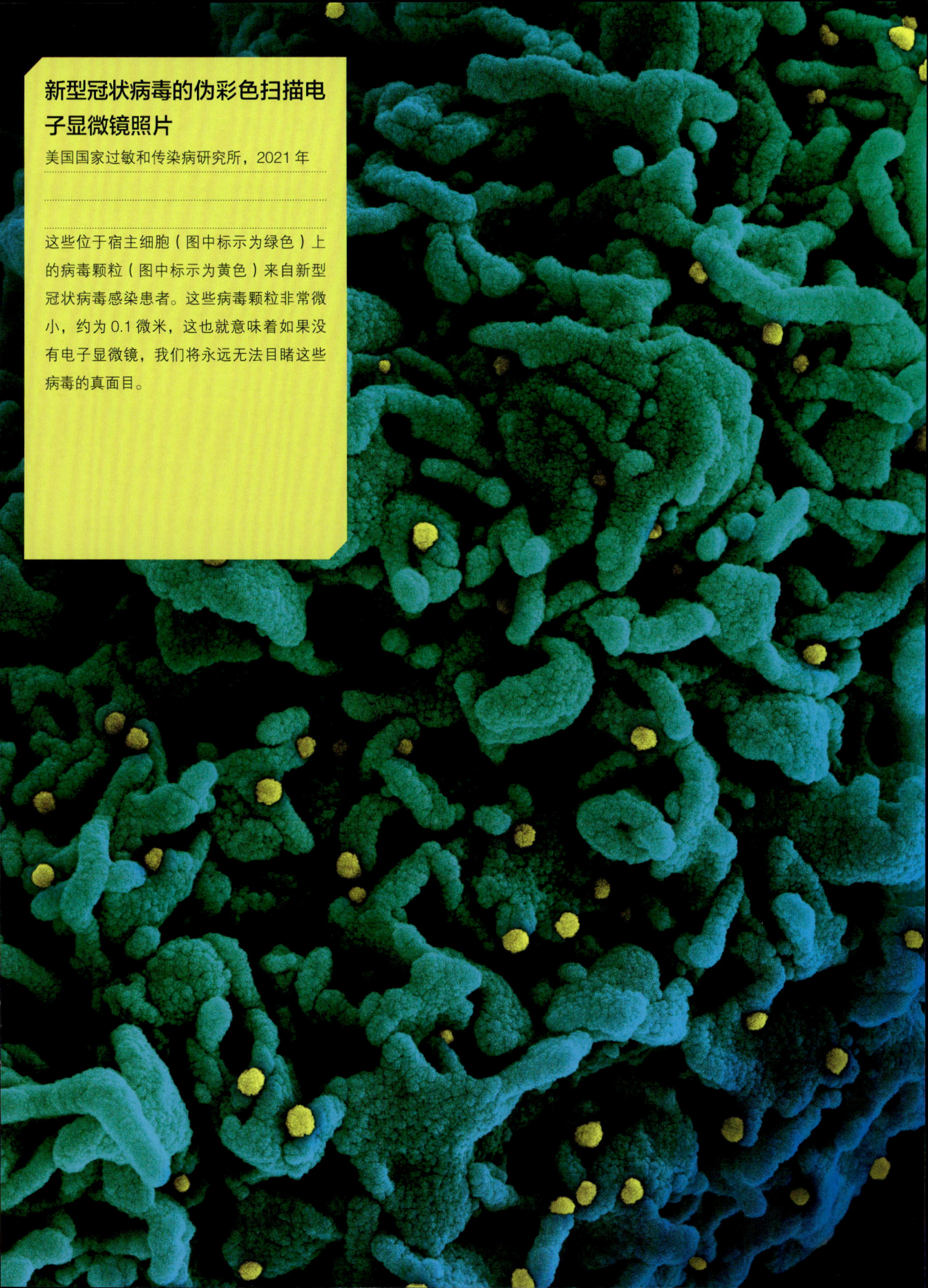

新型冠状病毒的伪彩色扫描电子显微镜照片

美国国家过敏和传染病研究所，2021 年

这些位于宿主细胞（图中标示为绿色）上的病毒颗粒（图中标示为黄色）来自新型冠状病毒感染患者。这些病毒颗粒非常微小，约为 0.1 微米，这也就意味着如果没有电子显微镜，我们将永远无法目睹这些病毒的真面目。

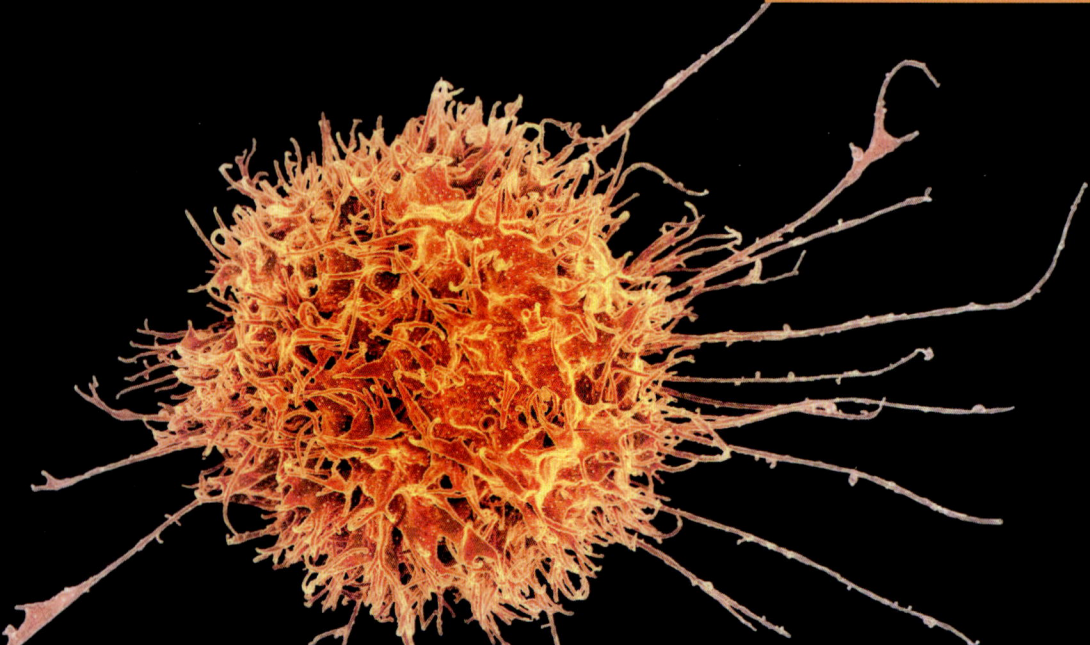

人类自然杀伤细胞的伪彩色扫描电子显微镜照片

美国国家过敏和传染病研究所，2016 年

20 世纪 60 年代发现的自然杀伤细胞是人体免疫系统的重要组成部分，是淋巴细胞中的一种。自然杀伤细胞的工作方式与其他淋巴细胞十分相似，它们通过复杂的化学攻击杀死受到感染的细胞、癌细胞、病原菌，或者是自身已老化的细胞。自然杀伤细胞之所以能够识别受感染细胞，并将这些细胞与健康细胞区分开来，靠的是细胞表面的受体。这些受体是嵌入细胞膜中的蛋白质分子，但它们太小了，即使在高倍率的扫描电子显微镜下也无法看清。

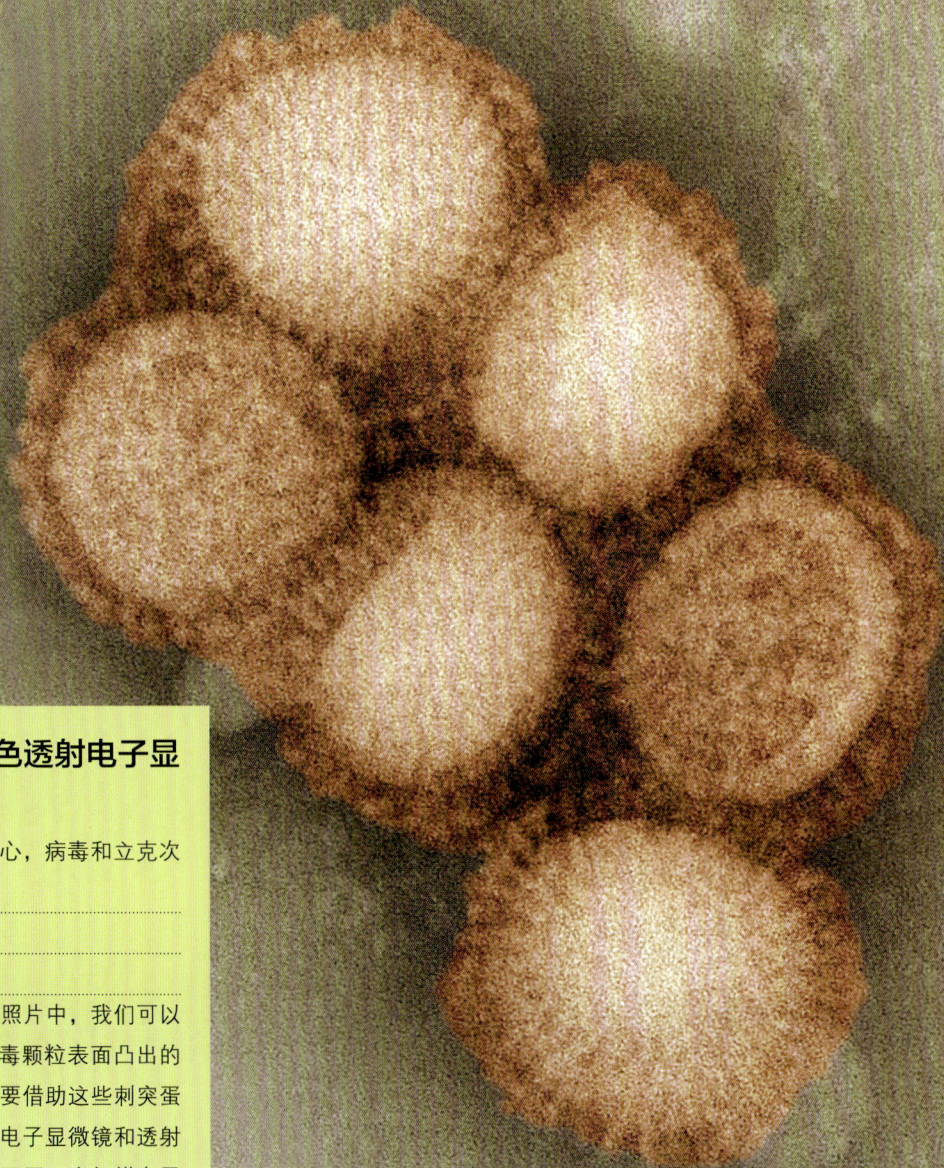

流感病毒的伪彩色透射电子显微镜照片

美国疾病控制与预防中心，病毒和立克次体病部，2009 年

在这张透射电子显微镜照片中，我们可以看到甲型 H1N1 流感病毒颗粒表面凸出的刺突蛋白，病毒颗粒需要借助这些刺突蛋白侵入宿主细胞。扫描电子显微镜和透射电子显微镜的成像原理不同。在扫描电子显微镜内部，当样品被电子束扫描时，用来成像的电子会从样品表面散射开，所以样品的表面必须涂上一层薄薄的金膜，使其具有反射性。而在透射电子显微镜内部，被电磁场加速和聚焦的电子会穿过样品，因此透射电子显微镜的样品必须非常薄。如图所示，得到的图像是一种投影图，其中每个点的明暗度 / 深浅代表了电子在该处穿透样品的难易程度。

聚焦：
来自外太空的尘埃

一颗流星静静地划过天空是一种奇妙的景象。流星发出的亮光实际上是流星体（来自太空的岩石）在飞速进入地球大气层时升温产生的白炽光。围绕太阳的轨道上有无数的流星体。根据定义，它们比行星、矮行星和小行星小得多，并且有多种尺寸，大到直径为 1 米左右的岩石，小至直径为 0.3 毫米的微粒。

任何在太空旅程中幸存下来并穿过地球大气层的流星体都被称为陨石。大型陨石进入地球大气层时会变成明亮的巨大火球，所以可能会对地球造成重大损害，但它们极为罕见。更为常见的是一些比较小的陨石，一只手便可以握住，但想要找到一颗陨石并不容易。微小的宇宙岩石有时也被称为微流星体，其中能够穿过地球大气层的都被称为微陨石。

由于海洋覆盖了地球表面约 2/3 的面积，因此大多数微陨石（以及大多数陨石）到达地球表面时会落入海洋中。那些掉在陆地上的陨石大部分也散落在荒野之中。然而，也还是会有一些陨石最终出现在了屋顶、花园、水坑这些人类可以找到它们的地方。使用强大的光学显微镜或电子显微镜对微陨石进行研究，可以发现这些微小宇宙物体中蕴含着惊人的细节，如果没有显微镜，我们永远也无法窥视到这些秘密。

近年来，寻找微陨石已成为流行。特别是在城市地区，落在这里的宇宙尘埃可能积聚在宽大平坦的屋顶上，或者顺着倾斜的屋顶被冲进排水沟。有一个人，比大多数人投入了更多时间来发展和推广陨石搜索，并认真研究微陨石，他叫乔恩·拉森，是一位吉普赛爵士吉他手兼科学家。2017 年，他出版了《寻找星尘：惊人的微陨石及其陆地冒名顶替者》一书，其中包含了丰富的信息和大量好看而有趣的显微照片。大多数微陨石因含有铁或镍而具有磁性，所以收集它们只需要一块强磁铁和一个塑料袋就够了。然而值得注意的是，研究表明，大部分在城市地区发现的微型磁性粒子是由建筑或工业制造等人类活动产生的，那些在海洋沉积物中或偏远地区发现的微型磁性粒子反而更有可能来自太空。

微陨石的伪彩色扫描电子显微镜照片
泰德·金斯曼，2018 年
这颗微陨石的直径为 0.3 毫米。其中心近乎纯钛的晶体被一层光滑的铁镍涂层包裹着。铁和镍在进入大气层时受热熔化，之后在具有更高熔点的钛金属周围凝固。

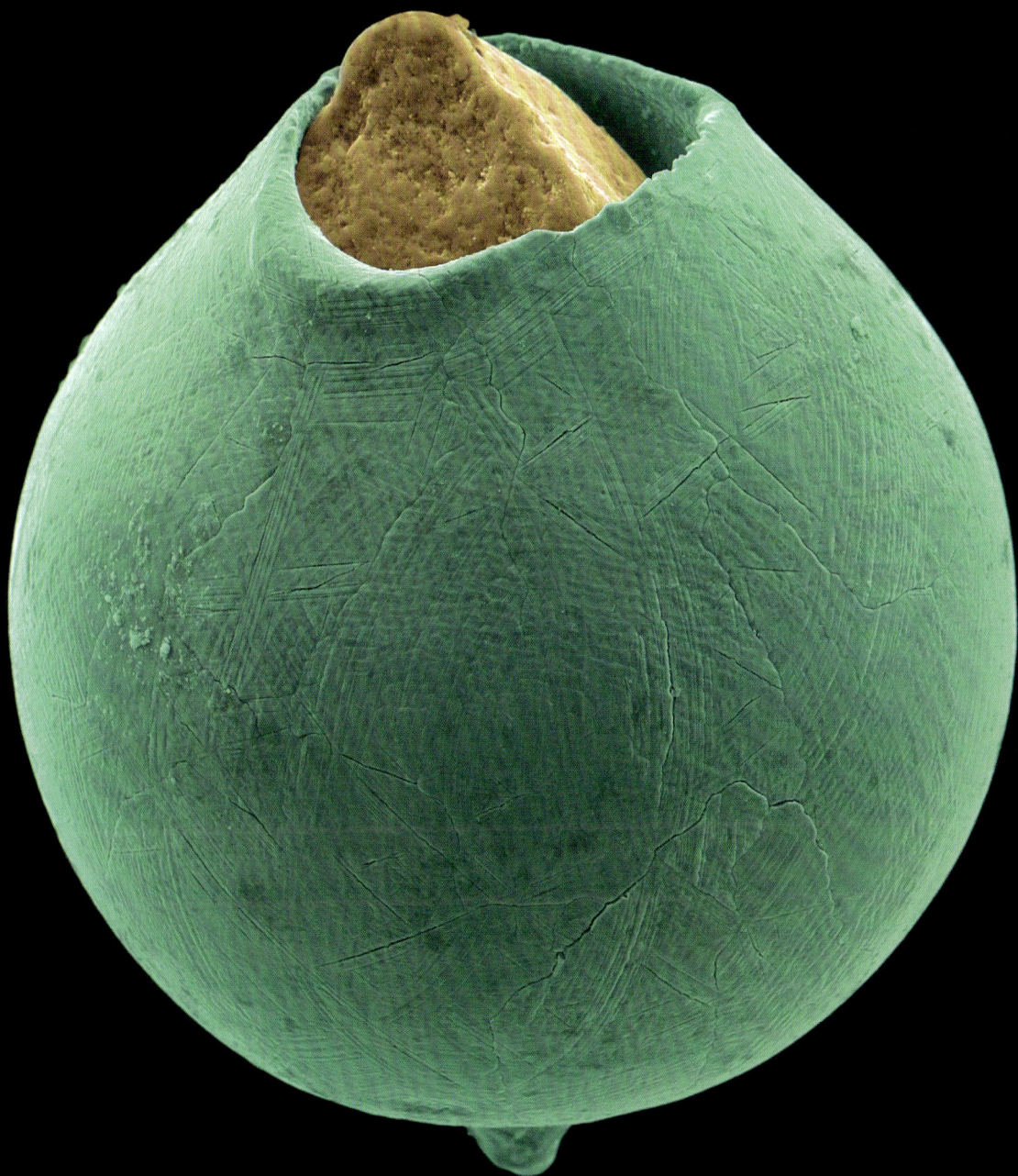

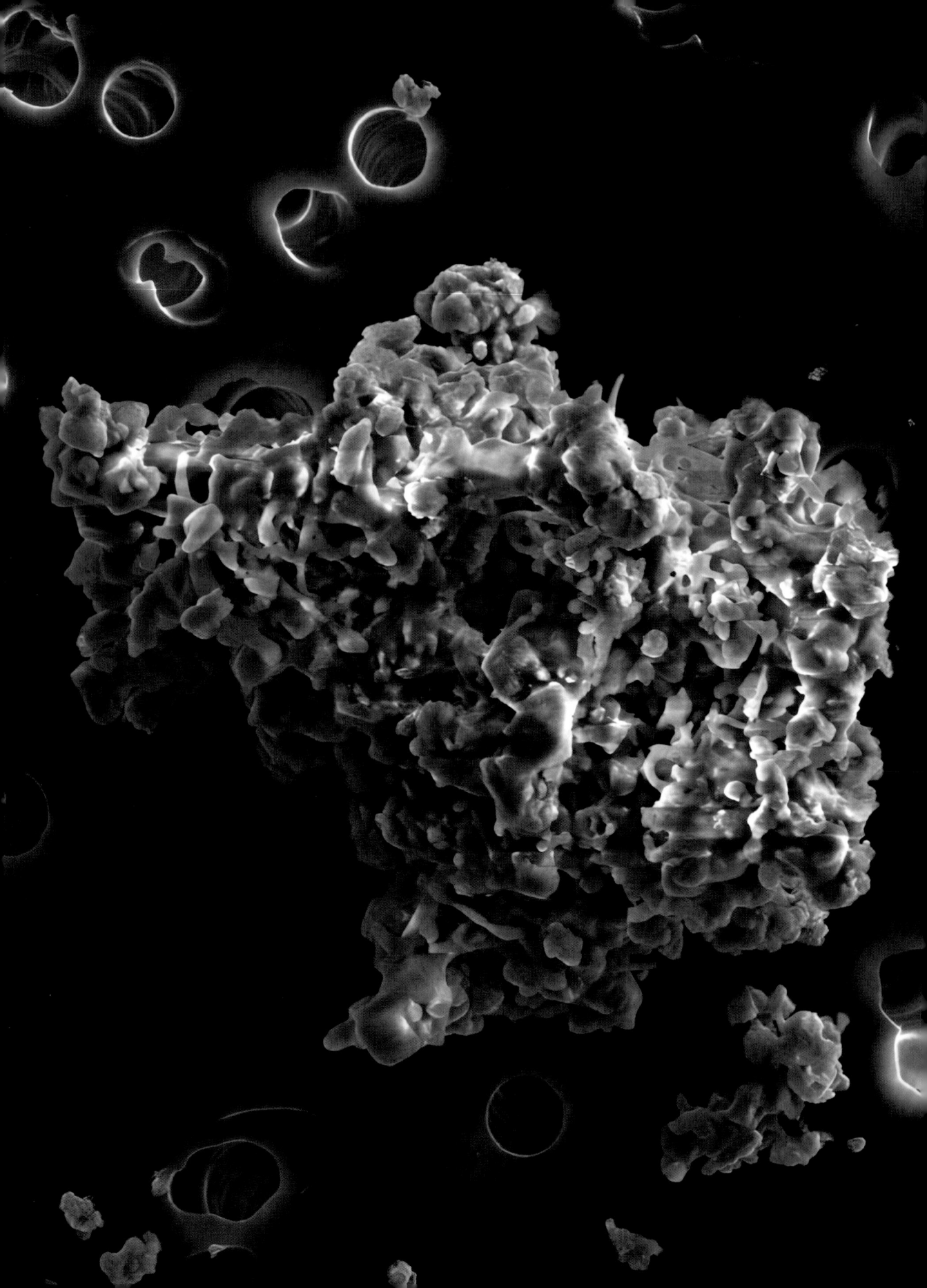

行星际尘埃粒子的扫描电子显微镜照片

霍普·石井博士，夏威夷大学马诺阿分校，2018 年

这颗尘埃粒子的直径约为万分之二毫米，肉眼是看不到的。它是由安装在飞机上的收集器从高层大气中收集到的。夏威夷大学马诺阿分校的一个团队对其进行了研究，他们发现它的组成成分与之前预测的"前太阳"尘埃一致，这意味着它在太阳系形成之后没有发生过任何变化。

太空中比微流星体更小的粒子被称为尘埃或宇宙尘埃，它们中的大多数太小了，只有在显微镜下才能被看到。当这些粒子进入大气层时，它们不会变成发光的流星，因为比起那些更大颗的粒子，它们的相对表面积（表面积与体积之比）较大，可以有效地辐射散热，所以无法达到白炽化所需要的温度。因此，很多宇宙尘埃粒子不会像那些更大颗的粒子一样受热蒸发或熔化，也不会在到达地面的途中发生化学变化。

每天大约有 10 到几百吨的宇宙尘埃进入地球大气层，但它们大都太小了，所以大多停留在空中，与来自陆地的被风吹起的沙子和泥土混合在一起。因此，宇宙尘埃可以被飞机拦截，但最好是在高海拔地区地球粒子比较罕见的地方采集样本。有了这些样本，无须离开大气层就可以研究宇宙粒子，这为科学家们研究地球以外的物质提供了一个难得的机会。

当小行星之间相互碰撞，或者落到月球和其他行星上形成陨击坑时，也会产生一些宇宙尘埃。但大多数尘埃颗粒来自彗星在太空中绕太阳运行时留下的碎片。彗星是由岩石和冰（水冰和其他冻结的挥发性化合物，比如氨）组成的大型天体，这些物质很多自超过 45 亿年前太阳系形成以来就没有发生过变化。太阳、行星、小行星和彗星都是由一大片星际气体和尘埃形成的，这片广阔的区域被称为分子云。分子云主要由氢和氦组成，这些元素自宇宙形成早期以来就未曾变过。与这种原始气体混合在一起的还有一些由更重的元素构成的尘埃，这些元素诞生于上一代恒星的中心，并在这些恒星消亡时被排到星际介质中。

固体颗粒聚集起来形成了我们太阳系中的天体，如行星及其卫星、矮行星、小行星和彗星。在大多数情况下，这些天体中的材料会因化学过程和物理过程而发生变化，尤其是在靠近太阳系中心的地方，因为那里的辐射和热量都更加强烈。然而，大多数彗星是在远离太阳的地方形成的,因此有些彗星仍然含有原始的"前太阳"尘埃。

可见光谱之外的世界

光的本质

光是一种电磁辐射，它是一种与电磁场相关的辐射能量，充满了整个宇宙空间。电磁辐射以波的形式传播，就像池塘中水的涟漪一样，是物理场受到振荡扰动产生的。就像水波一样，电磁波可以通过其波长和频率来表征。人眼的峰值灵敏度位于可见光谱的黄色部分，波长为 550 纳米，频率为 5.45 太赫兹（每秒 545 万亿次振荡）。电磁辐射同时也以粒子的形式传播，这种粒子被称为光子。每个光子携带精确数量的能量。光子的能量和与其对应的光波的波长直接相关，蓝光的波长大约是红光波长的一半（其频率是红光的 2 倍），所以每个蓝光光子的能量大约是红光光子能量的 2 倍。一个红光光子携带的能量非常微量，约为 2.8 电子伏特（eV）。如果要提供 1000 卡路里（kcal，食物热量单位）的能量，需要将近 10^{24} 个红光光子。（光子与食物热量之间的联系不无道理，植物叶子中的叶绿素分子吸收光子的能量，并用它来制造糖，这是食物链的第一步。晴天的时候，会有数不清的光子被这些叶绿素分子吸收。）

电磁波和光子并非两种不同形式的电磁辐射，它们是一回事。光、电子（参见第 20 页）或其他任何事物都可以同时表现出波动性和粒子性，这一事实已得到充分证明。

可见光谱之外的世界

1800 年，天文学家威廉·赫舍尔发现了超出可见光谱红色（长波）端的不可见辐射，这种辐射使温度计显示的温度比实际温度高。他将这一现象命名为"致热射线"，今天更广为人知的叫法为红外线辐射。次年，物理学家约翰·威廉·里特发现了超出可见光谱蓝紫光（短波）端的不可见辐射，这种辐射会使浸泡在氯化银中的纸张变暗。他将这种现象命名为"脱氧射线"，今天它被称为紫外线辐射。

数学家、物理学家詹姆斯·克拉克·麦克斯韦是第一个意识到这些辐射来自电场和磁场（现在统称为电磁场）扰动的人。在 19 世纪 60 年代，他提出了可以充分描述电场和磁场行为的方程，把这些方程的公式合并起来，便得到一个波动方程，其中波动速度等同于光速。由此可见，肯定还有其他形式的辐射存在，它们的波长比可见光、红外线和紫外线更长或更短。而且，电磁波谱的范围确实比可见光谱宽得多，在紫外线之外，波长更短的有 X 射线（发现于 1895 年）和 γ 射线（发现于 1900 年）；而在红外线之外，波长更长的有微波（最早发明于 19 世纪 90 年代）和无线电波（发现于 1887 年）。绝大多数的电磁辐射是同一种现象的表现，唯一的区别是波的波长和频率，也就是光子的能量。波长范围从无线电波的数十万千米到 γ 射线的不到一百亿分之一厘米。每个光子携带的能量小到可见光光子能量的一百万兆分之一（无线电波），大到可见光光子能量的一百万倍（频率最高的 γ 射线）。

检测不可见光线

有无数自然现象可以产生不可见的电磁辐射。由于我们的眼睛只对属于"可见光"的那一小部分光谱敏感，因此在电磁辐射检测技术被发明出来之前，许多迷人的现象没有被发现也就不足为奇。天文学也许是从这些技术中受益最多的科学领域。太空中的许多物体根本不可能产生可见辐射，只有借助射电望远镜或红外望远镜才可观测到这些物体（参见第 58~59 页）。它们发出的辐射为研究它们提供了数据支持（参见第 2 章），这些数据可以揭示有关这些物体的重要信息，包括它们的构成、温度以及内部正在发生什么样的能量过程。

这些超出可见光谱范围的电磁辐射很重要，不仅仅在于它们的发现，电磁辐射还可以用作探针，使原本隐藏的物体或过程变得可见。例如，X 射线和 γ 射线具有很强的穿透力，可用于透视内部结构（参见第 60 页），而用紫外线照射会使材料发出荧光，从而可以被观察到。荧光在微生物学中非常有用，因为只有当某些过程在特定的位置和时段发生时，荧光蛋白才会发出特殊颜色的光，所以它们通常被用来标记细胞内的结构（参见第 64~69 页）。

太阳光谱的分光照片

夏普，美国国家光学天文台 / 美国国家太阳观测台 / 基特峰傅里叶变换光谱仪 / 大学天文研究协会 / 美国国家科学基金会，2017 年

这幅令人惊叹的照片非常详细地展示了可见光谱。它同时也揭示了肉眼不可见的可见光谱特征：那些黑色的短线被称为"吸收线"，原本连续的色带中布满了这种黑线。这些吸收线是由太阳大气中的原子吸收了特定频率的光波引起的，这些光子（参见第 48 页）的能量正好提供了原子内部一个电子从低能级跃迁到高能级所需的能量。由于每种原子（元素）都有一组特定的能级，所以科学家无须亲自造访太阳就可以根据这些黑线识别太阳中的元素。

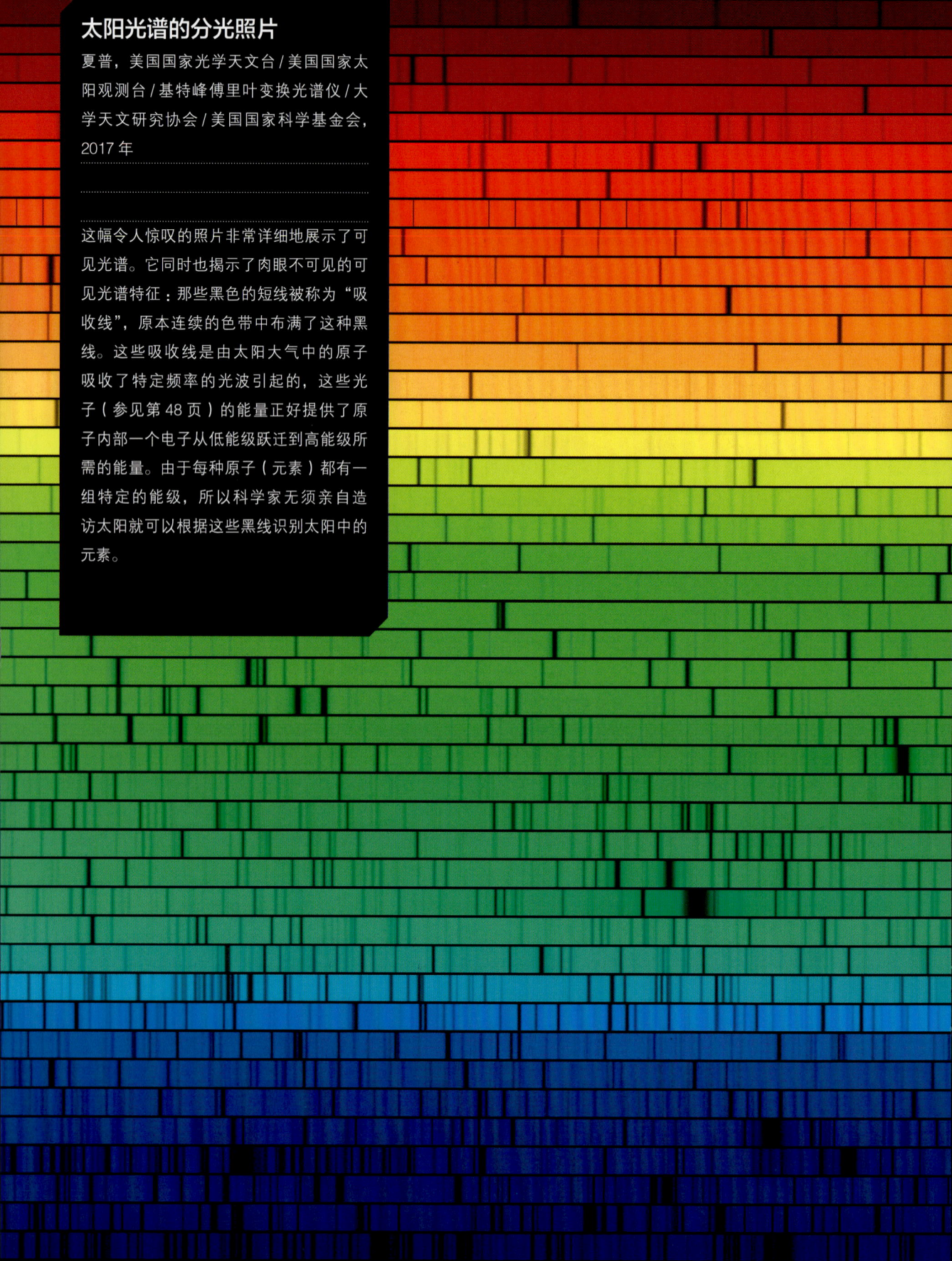

太阳的高分辨率图像

美国国家航空航天局科学可视化工作室，
2017 年

这幅美丽的高分辨率太阳图像是由美国国家航空航天局太阳动力学观测台（SDO）上的太阳大气成像仪（AIA）拍摄的。这个仪器由 4 个望远镜组成，每个望远镜的光圈（前端的开口）都有一个滤光器，可以阻挡可见光和红外线。每个望远镜内部都有一个轮子，上面有两个滤光片可供选择，每个滤光片都只允许特定波长的射线通过望远镜聚焦平面上的图像传感器。这幅突出展示太阳黑子活动的特殊图像是利用铁离子在极高温度下发出的已知频率的紫外线辐射制作而成的。

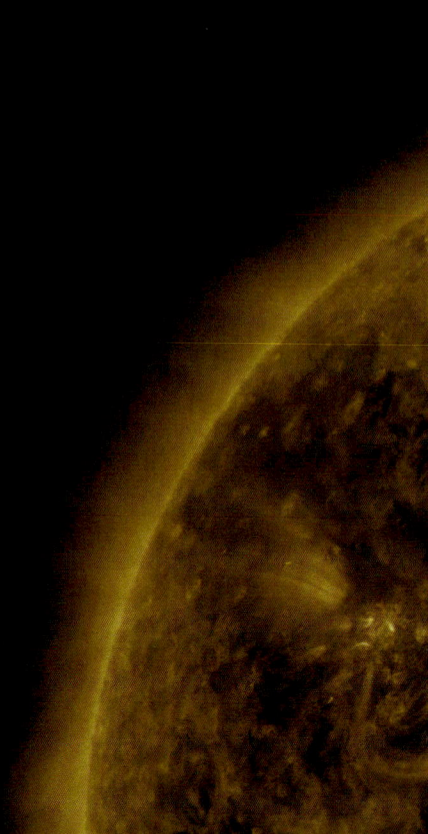

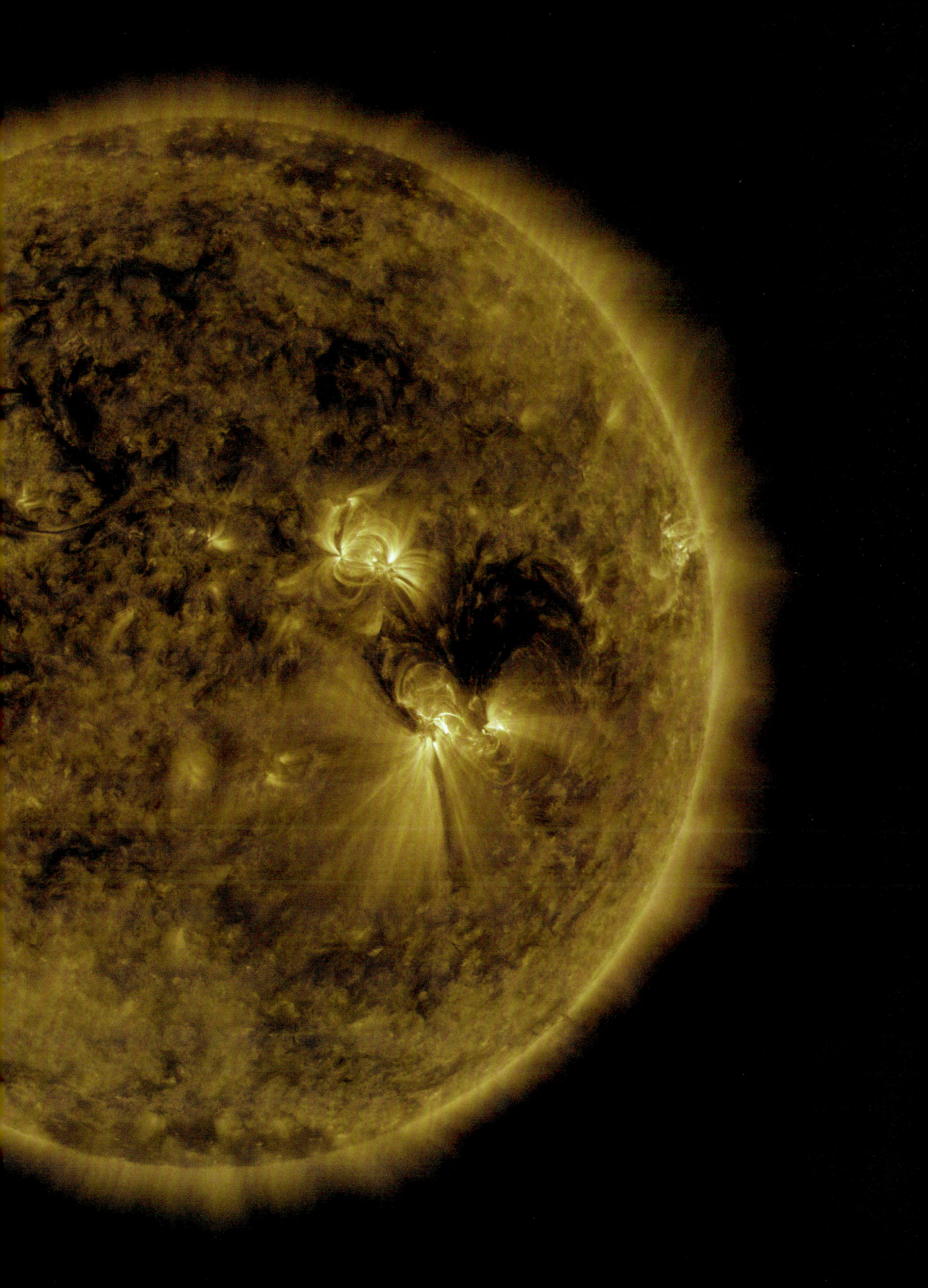

不同波长下的银河系

很多不可见电磁辐射比如无线电波、紫外线、X 射线和 γ 射线，都来自有趣的天体。无线电波和波长较长的微波很容易穿过大气层，因此射电望远镜基地通常是建在地面上的。但是，当它们从太空到达地球时，电磁波谱中很大一部分的射线，比如短波长微波、红外线、紫外线、X 射线和 γ 射线，会被部分或全部吸收。如果想要获得这些射线天体来源的清晰图像（和其他信息），唯一的方法是将望远镜发射到太空中去。本页和第 55 页的图像都是由欧洲航天局（ESA）的普朗克卫星上的相机从太空拍摄的，该航天器从 2009 年到 2013 年一直在绕地球运行。这两页的图像都展示了类似的画面：整个星空的视图和其中最具特色的天体——银河。

无论你在世界的哪个角落，每当你凝视黑暗、清澈的夜空，你就会看到银河，它看起来就像一条模糊的乳白色条带，其中点缀着无数的星星。乳白色的背景实际上是由无数暗淡的星星组成的，但它们太暗了，所以看起来就仅仅是一团幽灵般的微光（参见第 12 页）。天球的这个区域之所以看起来比天空中其他区域拥有更多的恒星，是因为我们在太空中所处的位置比较特殊。银河系由数千亿颗恒星组成，而我们生活在银河系的边缘附近。正如住在大城市周边郊区的居民面向城市中心时会比背向城市时看到更多更密集的灯光，我们遥望银河系时也是如此。如果从银河系的中心直接向外看去（反银心方向，位于御夫座），恒星相对稀少。而看向银河系中心（位于人马座）时，你会看到更多"星城"之光。

银河系的形状是一个中心鼓起并且带有旋臂的圆盘（实际上，我们所在的太阳系就位于这个圆盘的一个旋臂中；参见第 260 页），它的直径为几十万光年。这就是为什么银河系在天空中看起来是一条宽阔的星云带，而不是聚集在一处的一大片亮光。即使是借助望远镜，我们肉眼可见的也只是来自这些恒星的可见光。但恒星发出的不仅仅是可见光，而且银河系除恒星之外还包含很多其他的天体，这些天体可以发射无线电波、微波、红外线、紫外线、X 射线甚至 γ 射线。

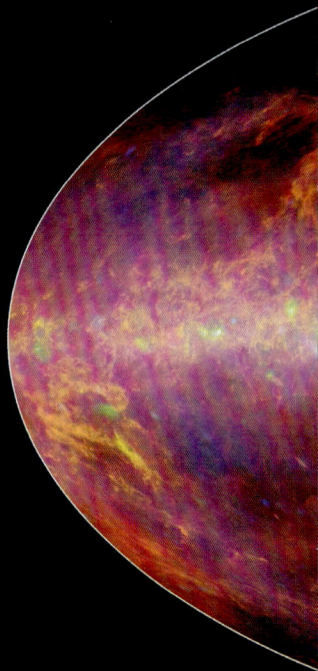

整个星空的合成图
普朗克卫星（欧洲航天局 / 低频仪器和高频仪器联合会），
2018 年
这幅令人惊奇的图像展示了整个星空的全貌，其中银河系尤为突出——尽管它在图中看起来与肉眼看到的银河系相差甚远。这幅图像实际上是用第 56 页中的 4 幅图像合成的，所有图像都是由普朗克卫星上的相机拍摄的。当然图像中的颜色是在后期添加的，因为仪器捕获的辐射是不可见的，所以没有颜色。第 56 页中的每幅图像都是单色图像，图中的亮度代表一个单位波长或一小部分波长的辐射强度。

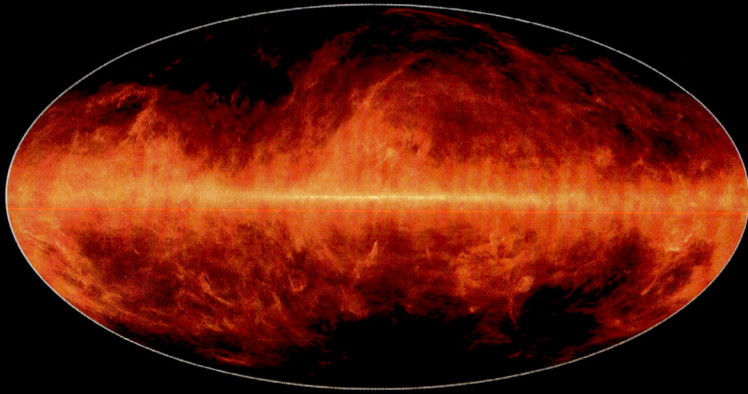

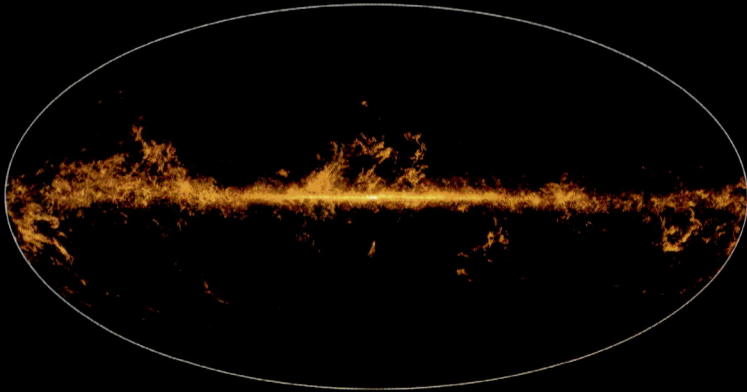

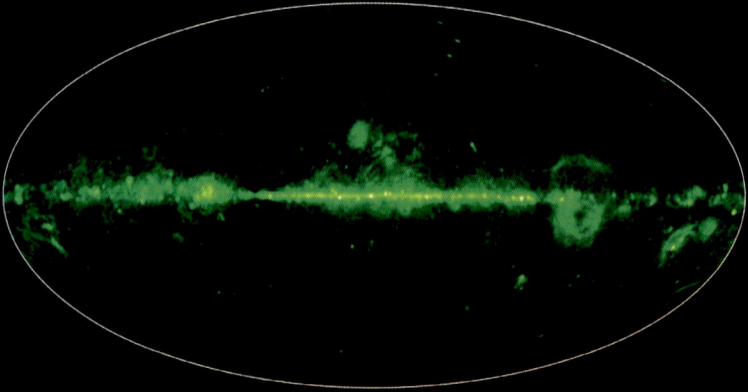

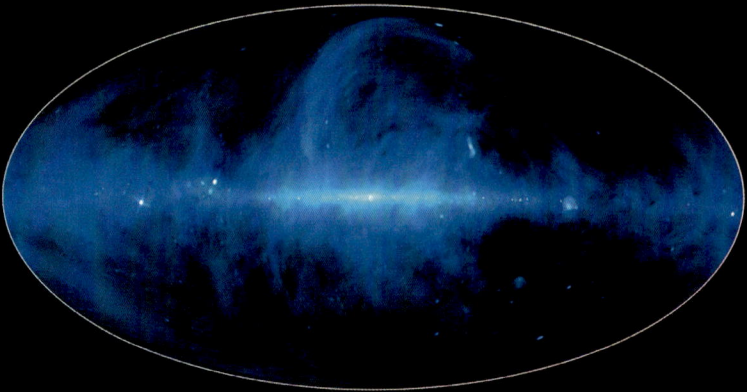

伪彩色星空地图

普朗克卫星（欧洲航天局／低
频仪器和高频仪器联合会），
2018 年

第 56 页 4 幅图像中的颜色与以
下来源相对应，从上到下分别
是星际尘埃（红外线）；一氧化
碳分子（微波）；等离子体中的
自由质子和电子（微波）；被磁
场加速的电子（微波）。

第 54 页和第 55 页的星空图像是由第 56 页中 4 幅图像合成的。从某种意义上说，这些图像是普朗克卫星执行主要任务时产生的副产物，它的主要任务是制作一张非常详细的地图来展示宇宙微波背景（CMB），也就是大爆炸的热"余辉"。为了在整个天空中构建这样的地图，来自银河系内部的长波辐射会大打折扣，因此必须对其进行测量。普朗克卫星上的两台仪器测量了特定的频率范围，一台检测长波微波，另一台检测短波微波和红外线。

红外线通常被称为热辐射，每个物体都会发出热辐射，辐射的强度和光谱取决于物体的温度。（当然，当物体的温度足够高时，它的热辐射光谱会延伸到可见光范围；这就是太阳和蜡烛会发光的原因。）橙红色的图像是星空的远红外地图，它显示了由低温尘埃（仅比绝对零度高约 20℃）所发出的热辐射，如果没有这些远红外地图，我们根本无法看到这些星际尘埃。这种星际尘埃遍布于整个银河系中，它们虽然不会发出明显的光，但可以阻挡来自除它自身以外其他物体的辐射。另外，虽然可见光无法穿透这些尘埃云，无线电波和微波却可以。因此在第二张图中可以看到一氧化碳分子发射的微波横贯于整个银河系中，形成一幅明亮的图像，图中黄色部分显示的便是一氧化碳分子发射的微波。正如你所看到的，一氧化碳分子主要集中在银河系的中心平面处，而不是像星际尘埃那样比较均匀地分布在整个星系中。

同样主要集中在银河系中心平面的是等离子体，这是一种由带电粒子组成的高温气体。围绕在大质量恒星周围的高温等离子体中存在着大量的质子和电子（分别带正电和带负电），当它们在等离子体中穿行经过彼此时速度会减慢并发出微波，第三幅绿色的图像展示的正是由这些质子和电子发出的微波在银河系中的分布情况。最后一幅蓝色的图像显示的是快速移动的电子发出的微波。较大的恒星在演化的末期会发生猛烈爆炸，形成超新星，这一高能过程中会抛射出很多电子。像所有带电粒子一样，这些电子仅在加速度改变时（加速、减速或改变方向）才会发出辐射。图中呈现出蓝色的辐射即同步辐射，是这些电子在银河系的磁场中盘旋时产生的。在从这些银河星系源（以及其他一些银河外星系源）中移除辐射后，欧洲航天局和美国国家航空航天局普朗克联合小组制作了一幅分辨率极高的全天空宇宙背景辐射图（参见第 110~111 页），这幅图像对解释宇宙起源的大爆炸理论起到了支持作用。

超大质量黑洞的伪彩色照片

国际合作，2019 年

这张照片是由 200 名科学家合作完成的，是有史以来的第一张黑洞照片。落入黑洞的物质会产生辐射，这些辐射的波长涵盖了整个电磁波频谱。这张照片发布于 2019 年，是由射电望远镜于 2017 年在全球 8 个地点收集的无线电波构成的。黑暗的中心是黑洞本身，橙色的部分显示的是不同强度的无线电波。图中位于 M87 星系中心的黑洞正在旋转，这使得橙色光环下半部分的辐射增强，所以在图中看起来也更亮。

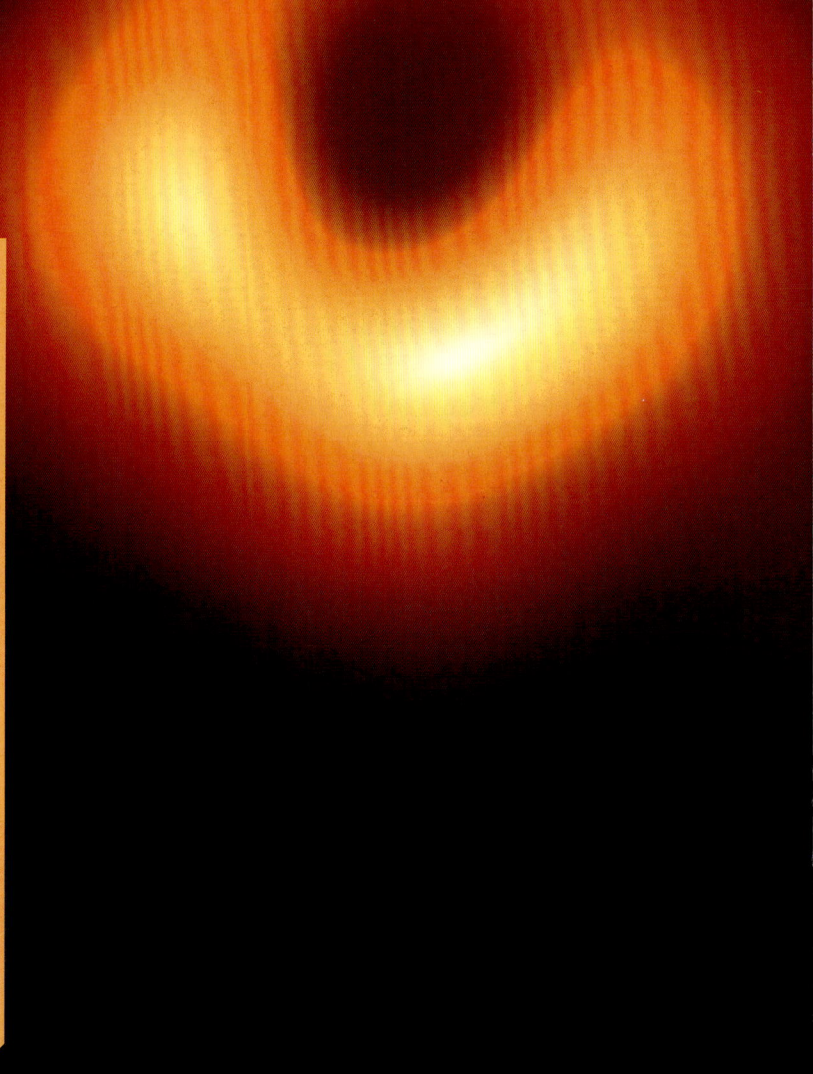

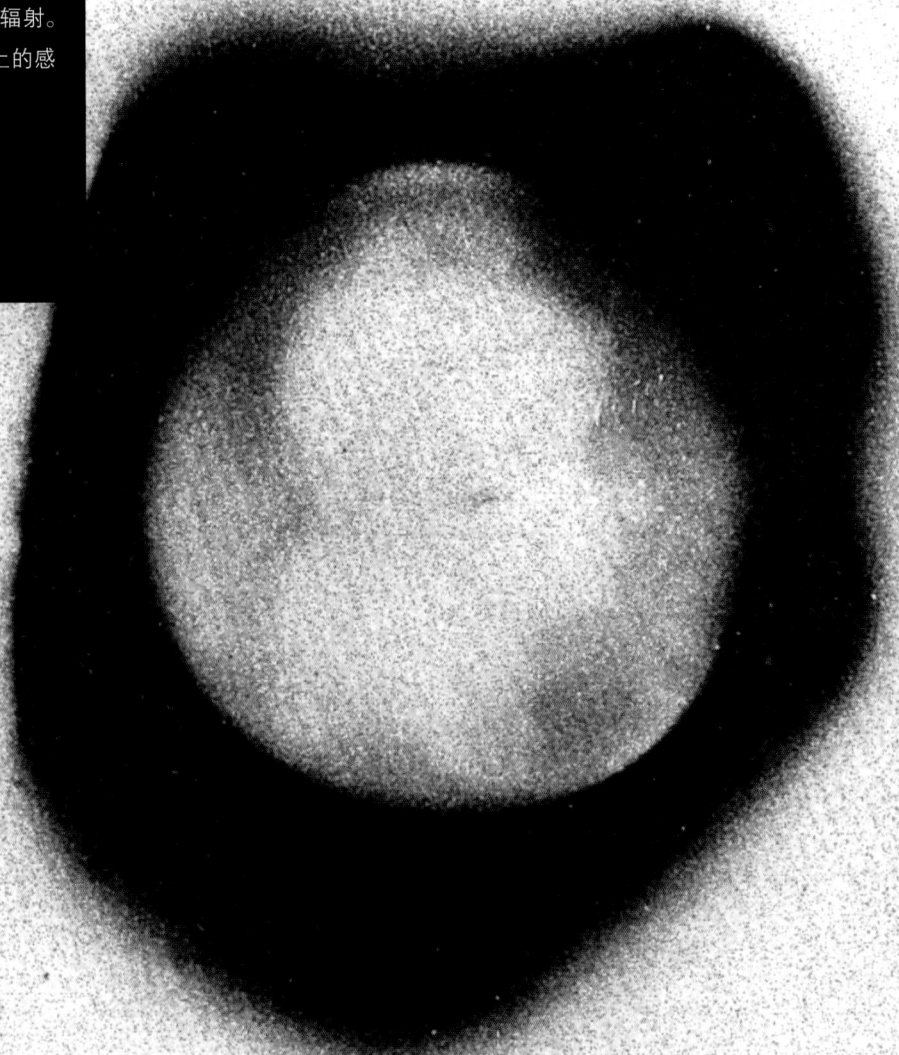

利用铀盐的放射性产生雾化的照相底片

亨利·贝可勒尔，1903 年

许多物体会产生不可见的辐射。1896 年，物理学家亨利·贝可勒尔在研究某些富含铀的矿物时发现，由于磷光现象，这些矿物可以产生肉眼可见的微光，同时还会产生不可见光。但贝克勒尔并不知道，这些矿物中的铀原子正在分解，从它们的原子核中释放出亚原子粒子和高能电磁辐射。α 粒子和 γ 射线都会影响照相底片上的感光乳剂，从而产生雾化。

秘鲁木乃伊的伪彩色计算机断层扫描图片

圣迭戈·海军医疗中心，2011 年

有时，辐射与物体相互作用的方式比物体产生的电磁辐射更有趣。X 射线成像技术便是如此，由于不同材料的透射性不同，X 射线穿过这些材料时的难易程度也不同，而 X 射线成像技术正是利用了这一点。在计算机断层扫描过程中，放射科医生从不同的角度向物体发送 X 射线，并测量有多少辐射通过。通过比较各个角度的透射数值，计算机便可以计算出物体内部的密度变化，从而可以将骨骼和其他组织区分开。

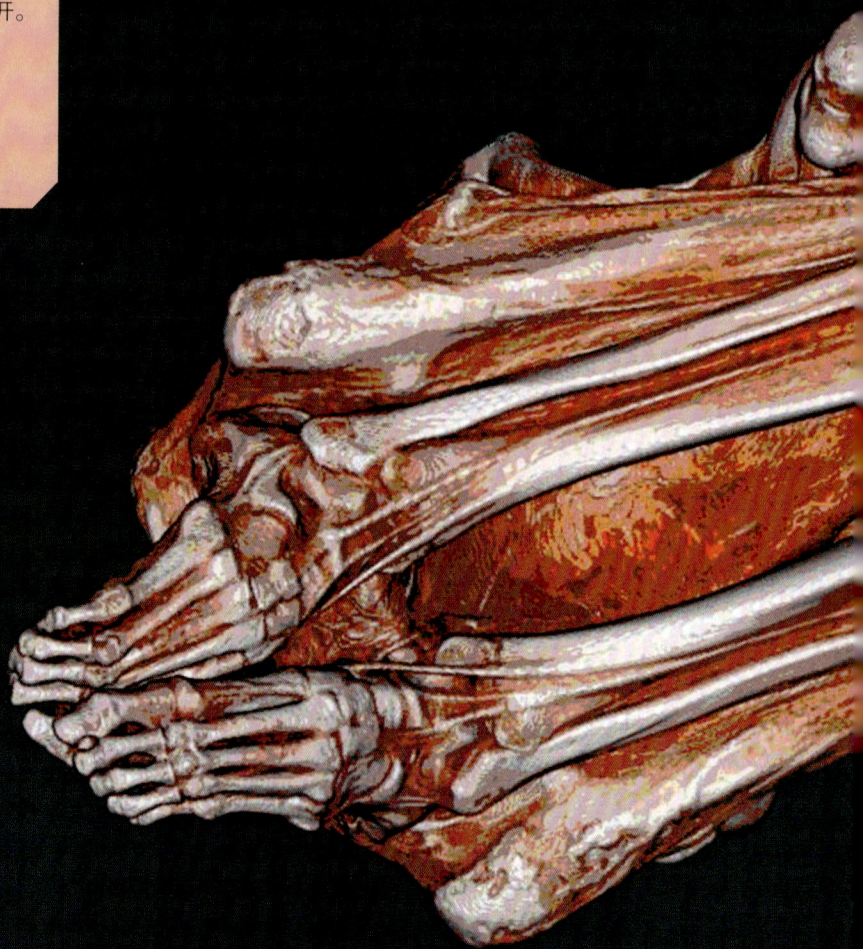

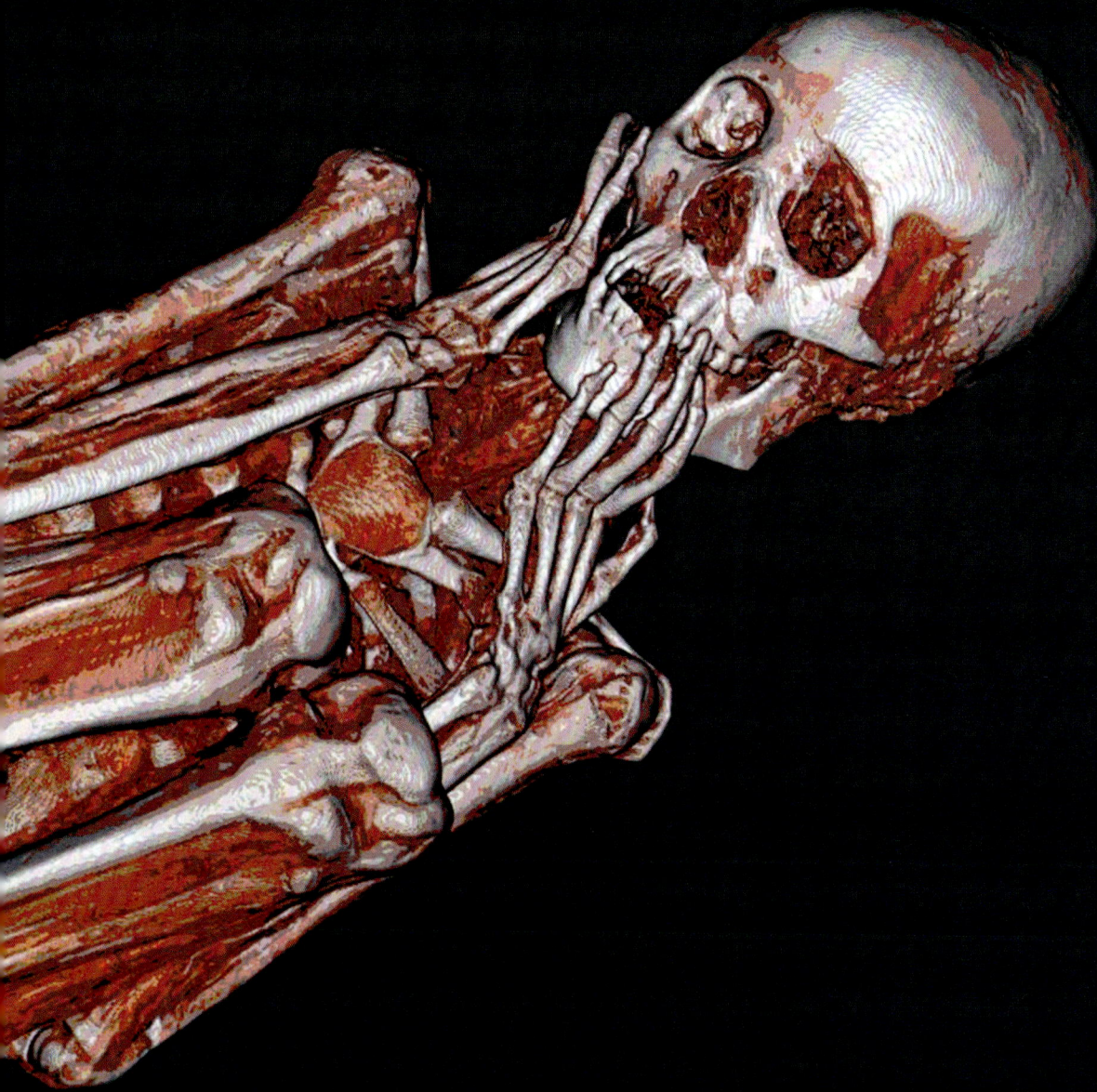

美国加利福尼亚州海峡群岛的可见光和近红外照片

美国陆地卫星 8 号，2013 年

这两张照片捕捉到了加利福尼亚州海峡群岛中 3 个岛屿的倩影，从左到右分别为圣米格尔岛、圣罗莎岛和圣克鲁斯岛。它们的上方是加利福尼亚州海岸的一小部分，其中包括了圣巴巴拉。美国国家航空航天局发射的陆地卫星 8 号上携带有陆地成像仪，这两张照片都是由这个陆地成像仪拍摄的。左边这张照片是利用可见光相机拍摄的；右边这张照片是由近红外光（其波长比可见光略长）相机拍摄的。植被可以强烈地反射近红外光，所以在近红外光相机拍摄的照片中清晰可见，因此这些照片也被用于研究这几个岛屿周围的海藻森林。同时，近红外光相机拍摄的照片还增强了海水和陆地之间的边界，这是由于海水可以大量地吸收近红外光能量。

小鼠囊胚的荧光显微照片

珍妮·尼科尔斯，惠康干细胞研究基金会，日期不详

当某一特定频率的电磁辐射激发（给予能量）某种物质并使其产生另一种较低频率的电磁辐射时，就会发生荧光现象。通常，入射辐射是不可见的紫外线，而荧光是可见光。这就是为什么荧光化妆品和衣服在紫外线下会发出明亮的荧光。荧光显微技术需要用荧光染料对样品进行染色。不同部分的样品，例如细胞内不同的细胞器，对荧光染料的吸收具有特异性。荧光染色可以强化图像的对比度，同时可以把样品中的某些特征凸显出来。当染色后的样品被具有精确频率的辐射（可以是紫外线或可见光）照射时，只有吸收了荧光染料的部分才会发光。这样一来，即使背景是黑色的，照片中的对比度也得到了进一步加强。在右边这张小鼠囊胚（前胚胎）的照片中，被荧光染料染成粉色的是一种名为Oct-4的蛋白质，它们存在于未分化（尚未特化）的干细胞的细胞核中。另一种称为Nanog的蛋白质也是一种未分化细胞的标记，在这张照片中被荧光染料染成了绿色，而外层囊胚细胞的细胞核则被染成了蓝色。

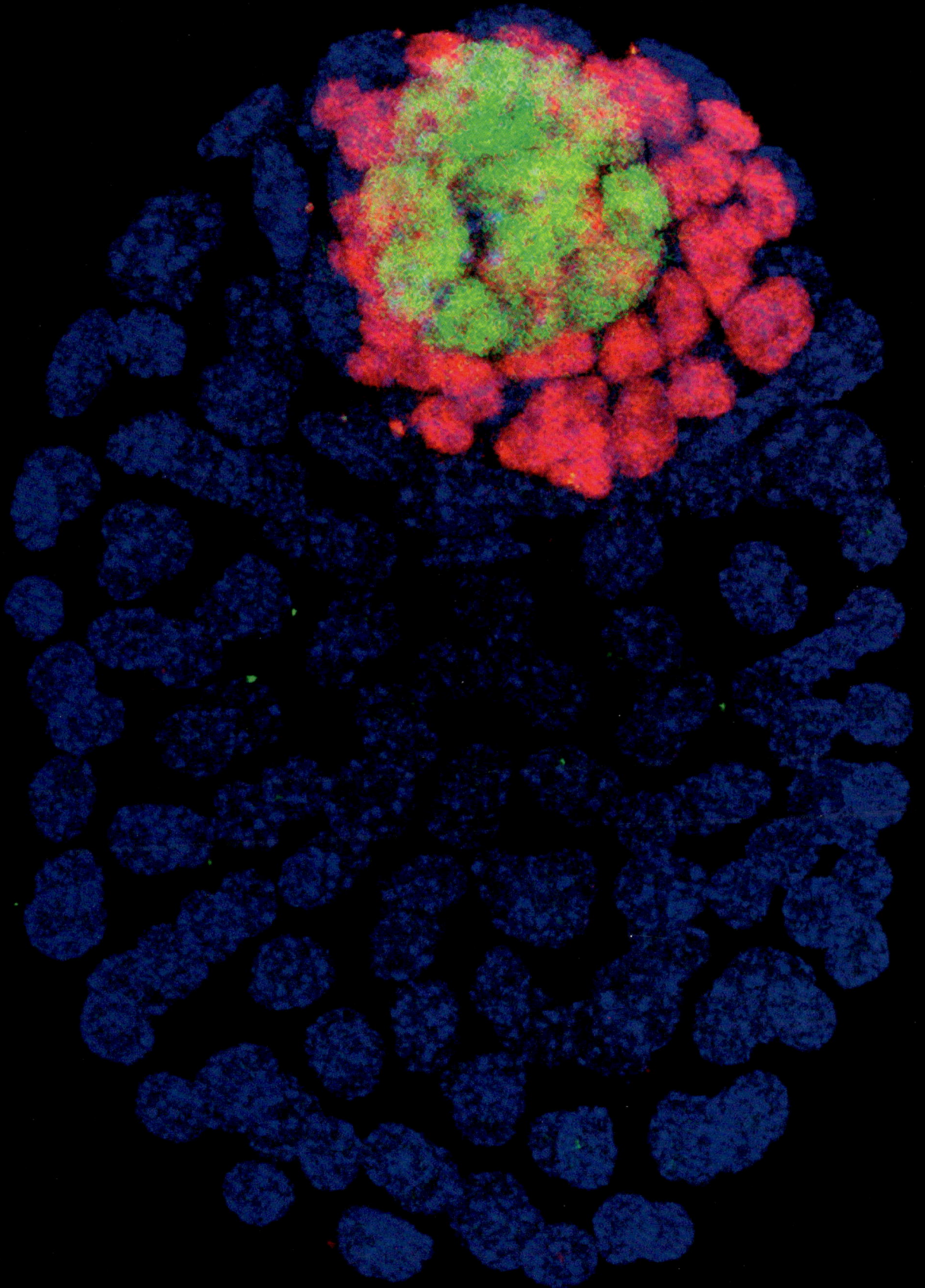

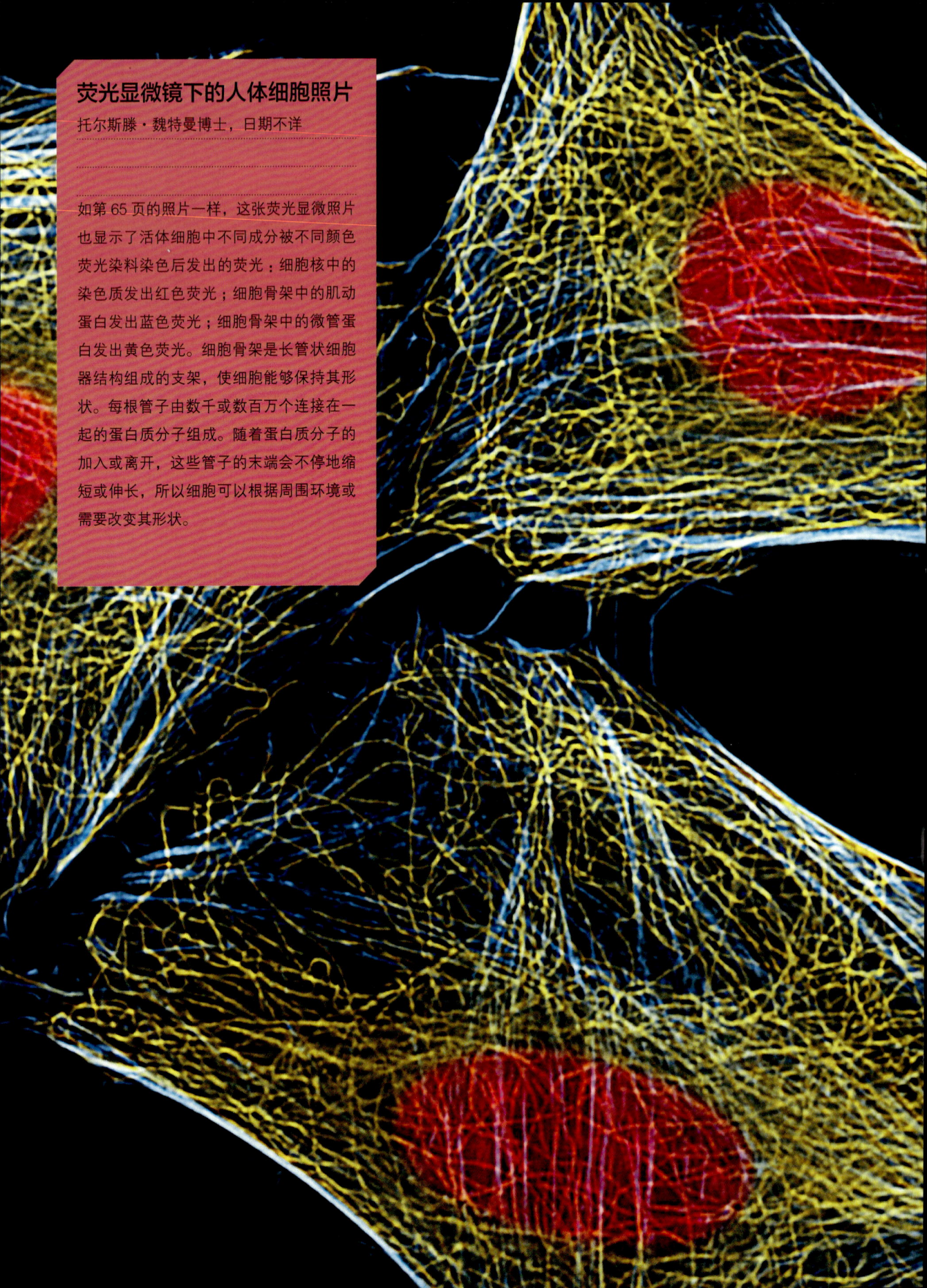

荧光显微镜下的人体细胞照片

托尔斯滕·魏特曼博士，日期不详

如第 65 页的照片一样，这张荧光显微照片也显示了活体细胞中不同成分被不同颜色荧光染料染色后发出的荧光：细胞核中的染色质发出红色荧光；细胞骨架中的肌动蛋白发出蓝色荧光；细胞骨架中的微管蛋白发出黄色荧光。细胞骨架是长管状细胞器结构组成的支架，使细胞能够保持其形状。每根管子由数千或数百万个连接在一起的蛋白质分子组成。随着蛋白质分子的加入或离开，这些管子的末端会不停地缩短或伸长，所以细胞可以根据周围环境或需要改变其形状。

转基因蚊子幼虫的荧光显微照片

海蒂·帕维斯，2010 年

这张照片显示了蚊子幼虫的绿色荧光蛋白（GFP）转基因的克隆与表达。自从绿色荧光蛋白被首次从维多利亚水母中分离出来，就一直受到细胞分子遗传学家的喜爱。通常，研究人员会将编码该蛋白的基因插入生物体的基因组中，插入的位置靠近他们正在研究的基因。这样 GFP 基因就可以充当"报告者"，因为无论何时何地，只要目标基因被表达，GFP 基因就会被表达，从而产生绿色荧光蛋白。这让研究人员能够实时观察原本不可见的基因表达过程。

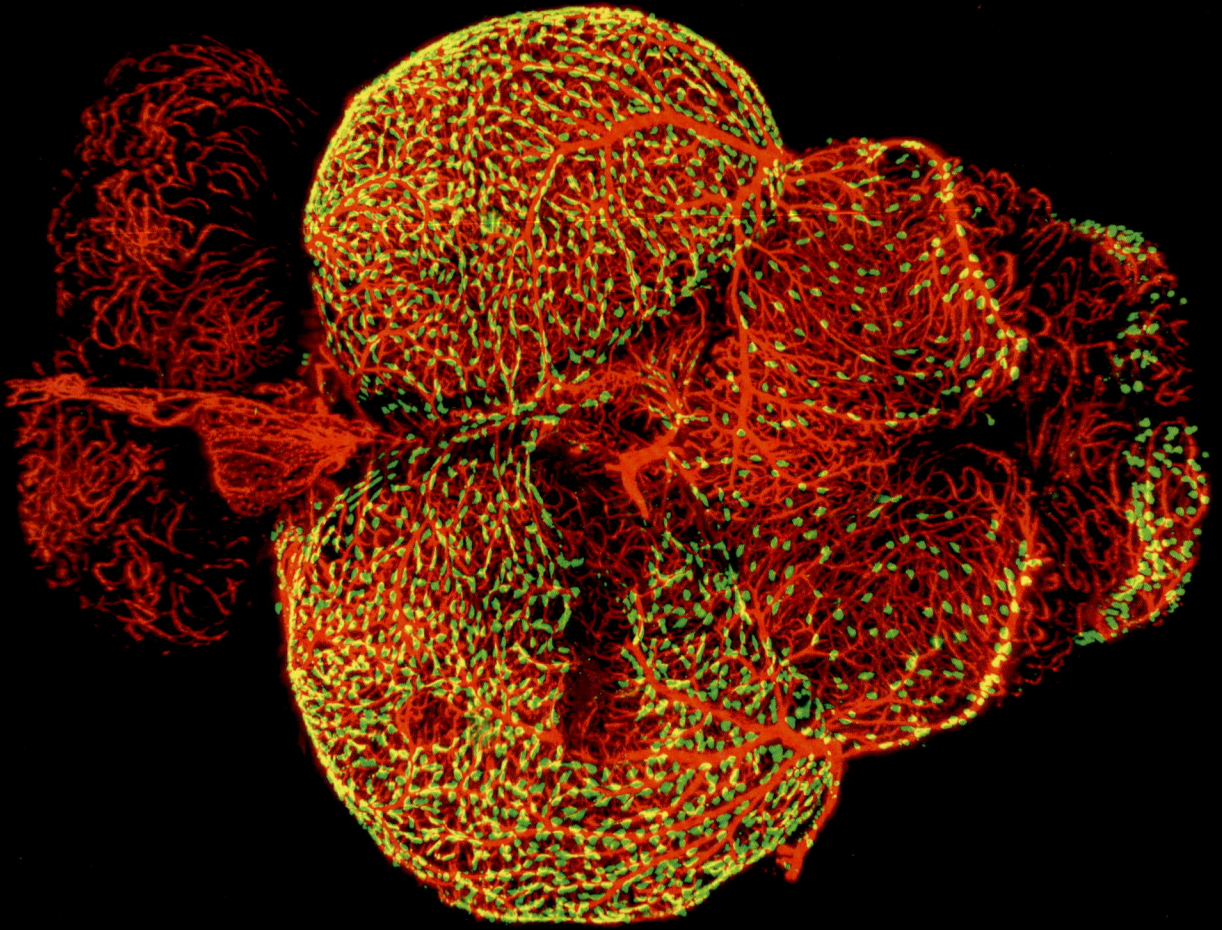

成年斑马鱼大脑的荧光显微照片

英格丽德·莱克和史蒂夫·威尔逊，2015 年

图中红色的部分显示的是斑马鱼大脑中密集的血管网络，它的表面覆盖着一层发出黄绿色荧光的细胞，称为荧光颗粒外皮细胞（FGPs）。血脑屏障将大脑与血液中的潜在毒素隔离开来，这些荧光颗粒外皮细胞靠近血脑屏障中的血管，所以可以吸收细胞代谢废物，包括脂肪分解产生的天然荧光化学物质。

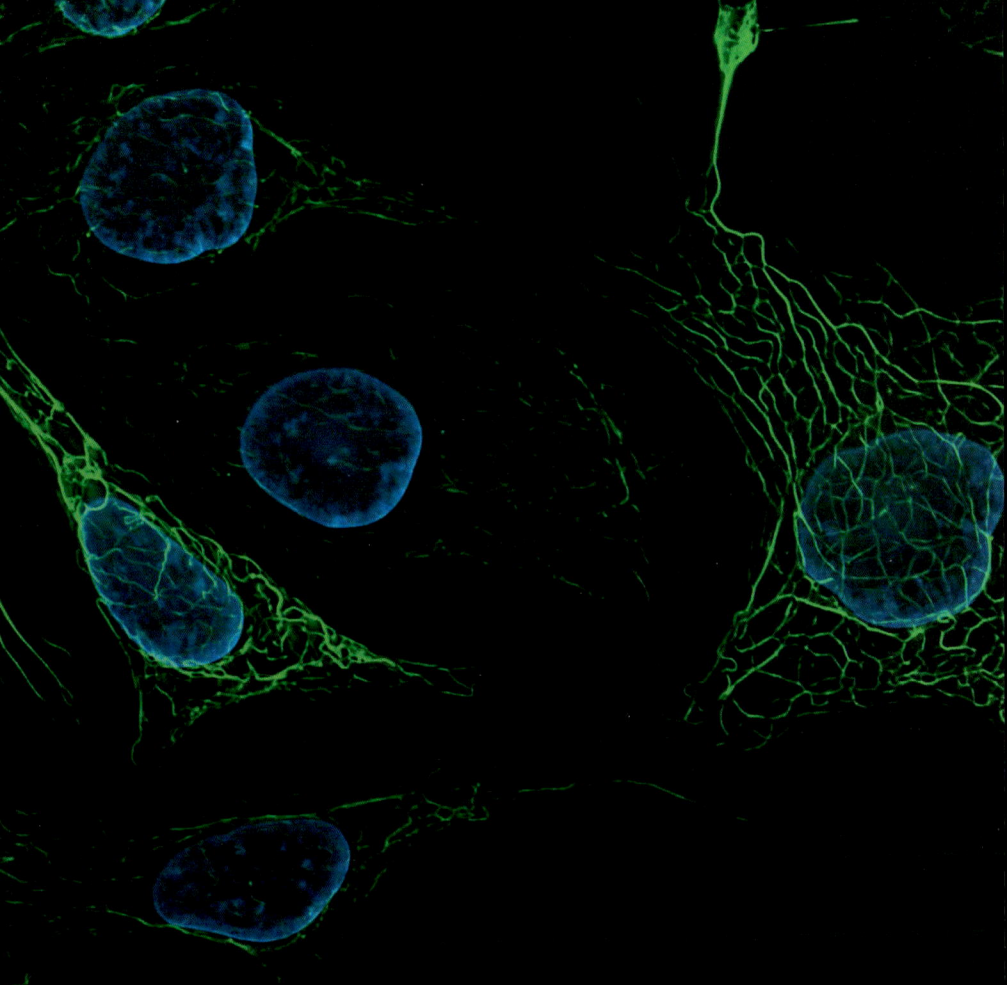

人源性细胞的荧光显微照片

蔡司显微镜，2016 年

照片中被荧光染料染成绿色的是一种叫作波形纤维蛋白的蛋白质，这种蛋白质存在于细胞骨架中。细胞核中的 DNA 则被荧光染料染成了蓝色。

场和粒子

场的实相

19 世纪 40 年代,迈克尔·法拉第首次提出了"场"的概念(参见第 11 页),如今"场"已经成为现代物理学中一个核心主题。在数学上,场只是特定量的一组数值,例如密度、力或温度,它们表示这一特定量如何在空间中变化。现代物理学的两大支柱——相对论和量子力学——导致物理学家将某些场视为物理现实的基本部分,而不仅仅是数学结构。根据"量子场论",有几十个物理场充满了整个空间,基本粒子被认为是这些场的激发态或量子。因此,电子是"电子场"的量子,就像光子是电磁场的量子一样(参见第 48 页)。

量子力学的根源在于 19 世纪下半叶取得的进展,特别是电子(1897 年,参见第 72 页)和放射现象(1899 年,参见第 74 页)的发现。原子和亚原子水平的物体因为太小而无法被看到,但是在 20 世纪最初的几十年里,物理学家对原子和亚原子的运动过程和对小得看不见的东西的理解得到了飞速发展。这些发展受到理论和实验的推动,在这些理论和实验中,虽然仍然看不见场和粒子,但照相底片上宇宙射线的可见轨迹(参见第 73 页)和气泡室内的粒子轨迹(参见第 74 页)为促进量子力学的发展提供了重要的证据。

看见原子

光学显微镜甚至电子显微镜(参见第 20 页)都受到分辨率的限制,这也就意味着电子、原子和分子无法直接被观察到。在过去的几十年中,许多科学家认为这些粒子永远不会被直接看到。但是在 20 世纪 80 年代,美国国际商业机器公司(IBM)的科学家发明了一种革命性的工具,生成的图像可以显示原子表面令人惊叹的细节。这便是格尔德·宾宁和海因里希·罗雷尔发明的扫描隧道显微镜(STM)。在 STM 内部,一个带有极其锋利尖端的探针扫描金属表面,用来记录金属表面的起伏,从而定义那里的原子形状。

扫描探针显微镜发展到后期已经可以可视化更为广泛的材料。从某种意义上说,扫描探针显微镜不属于第 1 章介绍的范畴,因为它产生的图像是在计算机内部根据数据生成的,其中每个数据都是一个数字,代表探针和材料表面某一点处的原子之间的力或者探头的高度。因此,它们巧妙地将我们带到了第 2 章,该章探讨了数据可视化呈现的重要性。

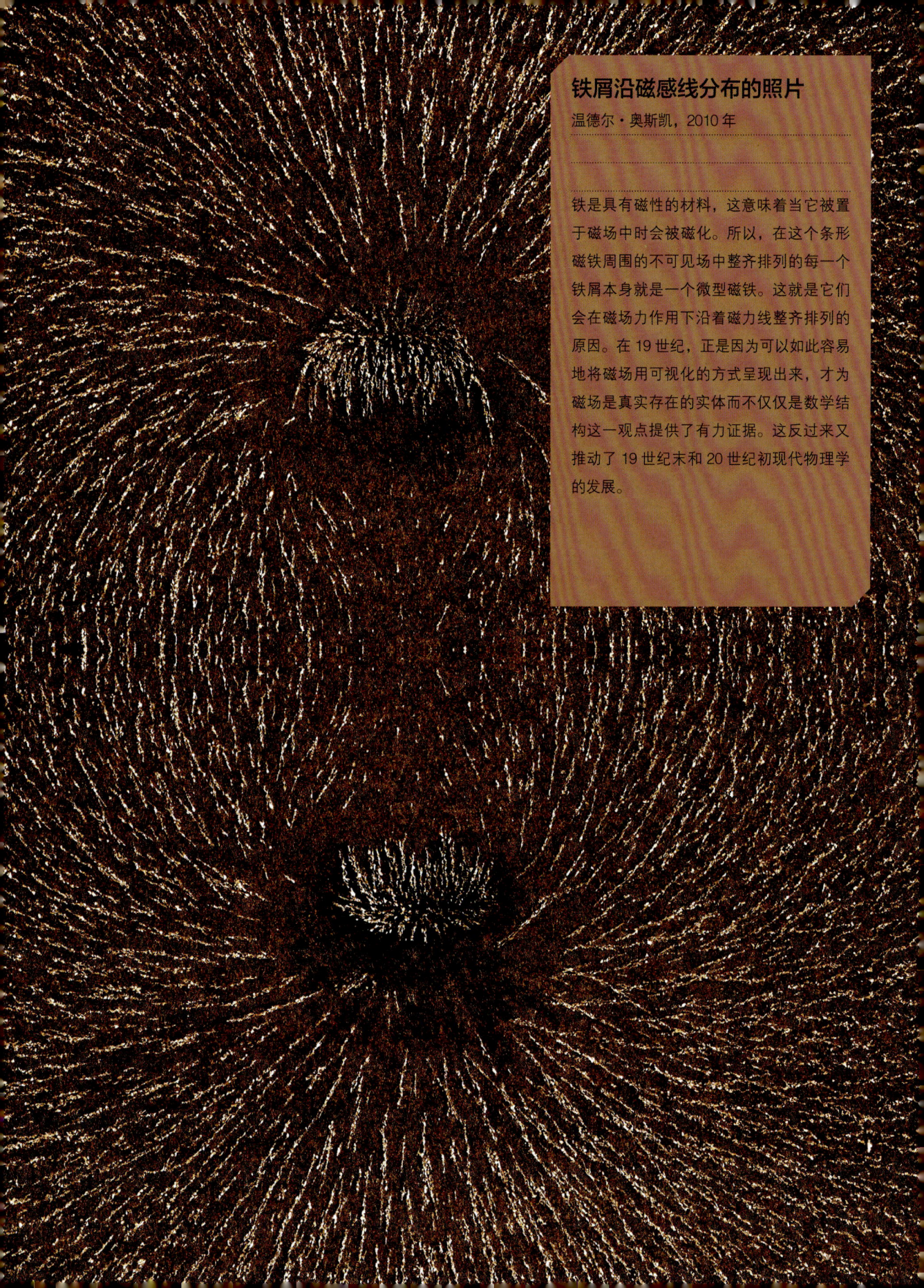

铁屑沿磁感线分布的照片

温德尔·奥斯凯，2010 年

铁是具有磁性的材料，这意味着当它被置于磁场中时会被磁化。所以，在这个条形磁铁周围的不可见场中整齐排列的每一个铁屑本身就是一个微型磁铁。这就是它们会在磁场力作用下沿着磁力线整齐排列的原因。在 19 世纪，正是因为可以如此容易地将磁场用可视化的方式呈现出来，才为磁场是真实存在的实体而不仅仅是数学结构这一观点提供了有力证据。这反过来又推动了 19 世纪末和 20 世纪初现代物理学的发展。

阴极射线管的照片

安德鲁·拉默特，日期不详

这张照片展示的是利用磷光捕捉到了阴极射线管中电子的轨迹。在阴极射线管中，不可见的射线从阴极（负端子，发白光）流向阳极（正端子）。那些偏离目标的射线则击中了球形屏幕，导致那里的荧光粉发出绿色荧光。物理学家从 19 世纪 60 年代便开始研究这些阴极射线。1897 年，约瑟夫·约翰·汤普森发现阴极射线其实是粒子流，但每一个粒子都比原子轻。这些不可见负电粒子的存在激发了物理学家对原子结构的探索。量子力学便是这项探索的一个产物。但极具戏剧性的是，这一新学科后来证明了电子在场中既是波又是离散的粒子。

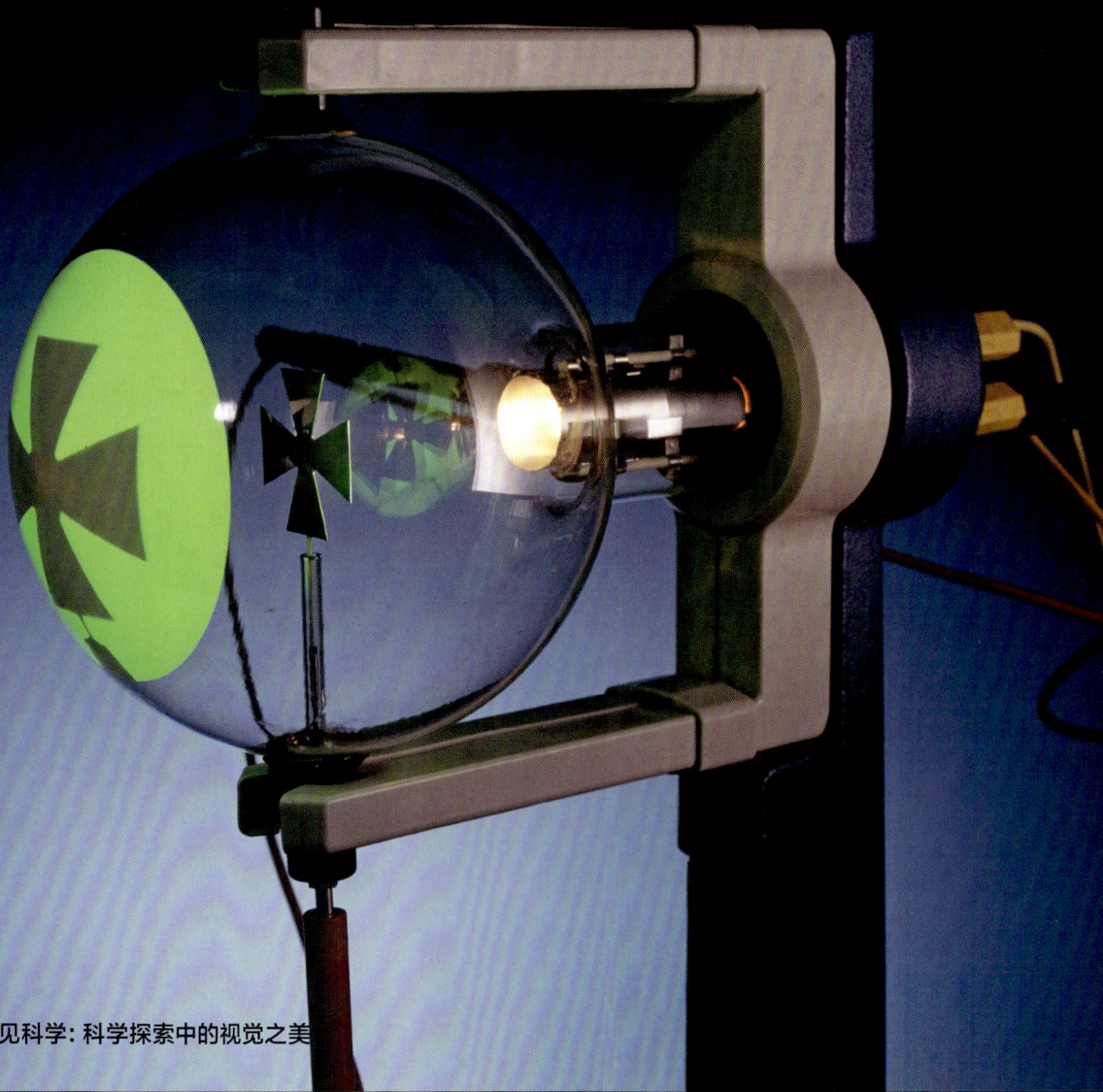

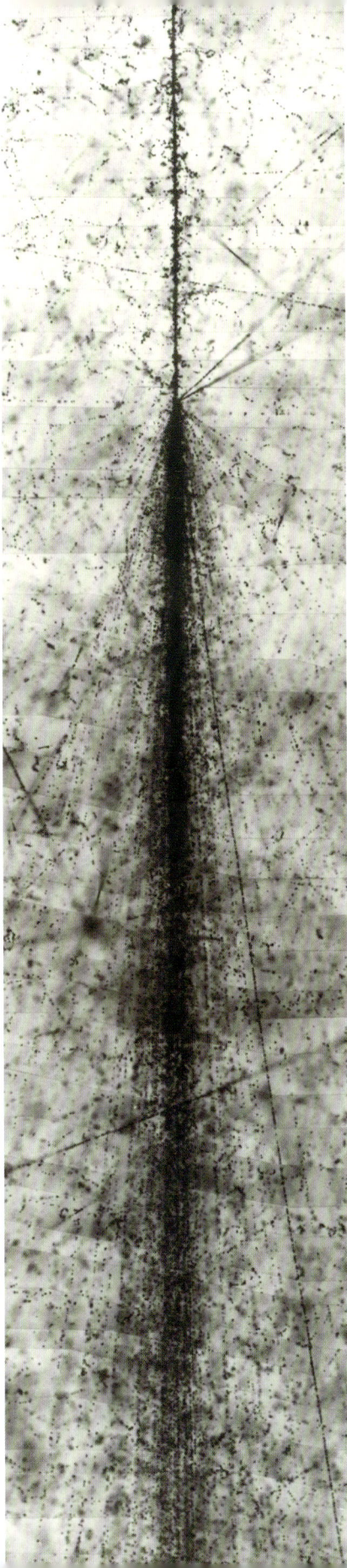

摄影感光乳剂捕捉到的宇宙射线碰撞图像

福勒教授，20 世纪 40 年代

20 世纪初让物理学家感到困惑的一个现象是，随着海拔的升高，地球的大气层变得越来越离子化（带电）。到了 20 世纪 20 年代，物理学家意识到这种情况的原因是存在"宇宙射线"（来自太空的带电粒子）。20 世纪 40 年代，送入高层大气的摄影感光乳剂捕捉到了这些不可见粒子的踪迹。在这里，来自太空的高能铁原子的原子核射入这些感光乳剂，并与乳剂中的原子核发生碰撞，产生了被称为介子的次级粒子喷射。

气泡室照片

帕特里克·布莱克特，20 世纪 20 年代

19 世纪末的两项发现，电子和放射现象，激发了人们对所有原子和亚原子水平事物的兴趣。放射性辐射分为 3 种，其中 α 和 β 是带电粒子，而 γ 是电磁辐射。在这张照片中，来自放射源（底部，照片外）的不可见 α 粒子显示出了液氦室中微小气泡的轨迹。一个 α 粒子撞击到一个不可见的氦原子的原子核，由于它们具有相同的质量，所以以 90 度的角度（图中显示的角度由于照片拍摄角度而略有缩小）相互反弹出去。

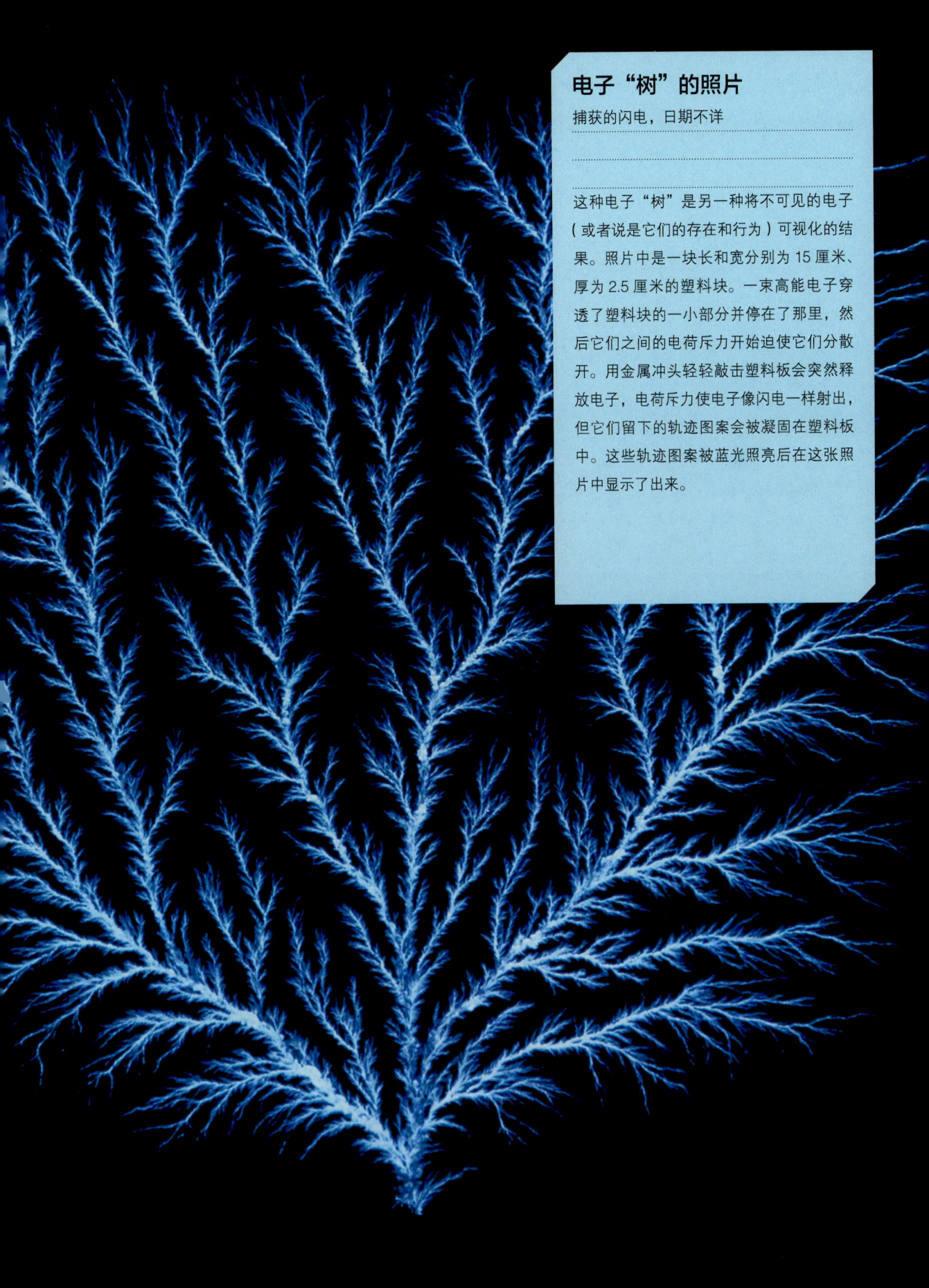

电子"树"的照片

捕获的闪电，日期不详

这种电子"树"是另一种将不可见的电子（或者说是它们的存在和行为）可视化的结果。照片中是一块长和宽分别为 15 厘米、厚为 2.5 厘米的塑料块。一束高能电子穿透了塑料块的一小部分并停在了那里，然后它们之间的电荷斥力开始迫使它们分散开。用金属冲头轻轻敲击塑料板会突然释放电子，电荷斥力使电子像闪电一样射出，但它们留下的轨迹图案会被凝固在塑料板中。这些轨迹图案被蓝光照亮后在这张照片中显示了出来。

黄金表面的伪彩色扫描隧道显微镜（STM）图像

欧文·罗森，2006 年

虽然量子力学使得物理学家对原子世界的理解有了飞速的进展，但令人沮丧的是直到 19 世纪 80 年代，原子的"庐山真面目"仍未揭开。在这幅令人惊叹的图像中每个金原子都清晰可见，但它们实在太小了，因而无法直接在可见光下观察。（严格来说它们是金离子，因为其中的一些电子可以在晶体内自由移动。）这幅图像是通过一个探针在样品的表面来回扫描而创建的，探针的尖端非常锋利，可以记录探针和金原子之间的力，并相应地调整高度。扫描完成后计算机便可以根据探测器的高度变化来构建图像。

单个分子的彩色原子力显微镜（AFM）图像

美国国际商业机器公司（IBM）的研究人员与圣地亚哥德孔波斯特拉大学生物化学和分子材料研究中心（CiQUS）合作，2016 年

1985 年发明的原子力显微镜是继扫描隧道显微镜（参见第 70 页）之后的第二项重大发明。它可以测量探针尖端和样品表面之间的力，甚至可以用来操纵单个原子。美国一个科学家团队将原子力显微镜和扫描隧道显微镜技术结合起来，成功地在单分子中实现了化学反应。该反应的起始底物是 9,10- 二溴蒽分子。研究人员首先使用探针尖端去除了两个溴原子（顶部和底部的亮点）。然后通过探针尖端进一步操作，生成的分子可以在两种状态之间进行"切换"。

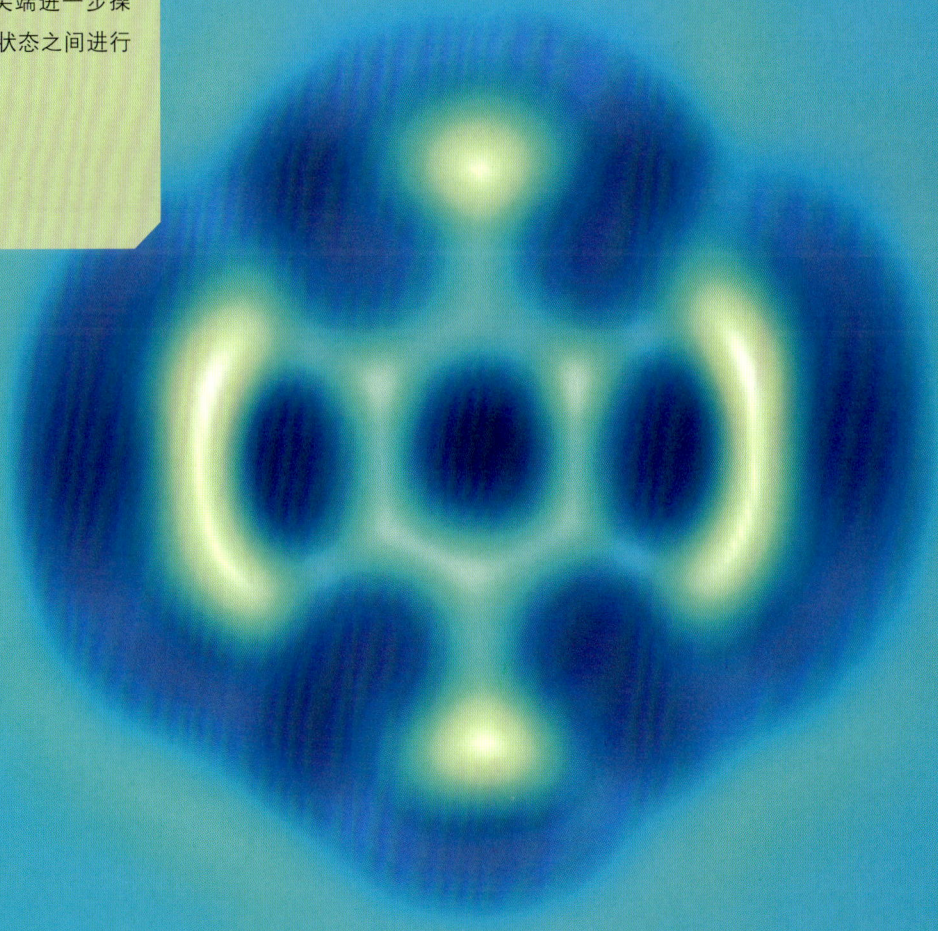

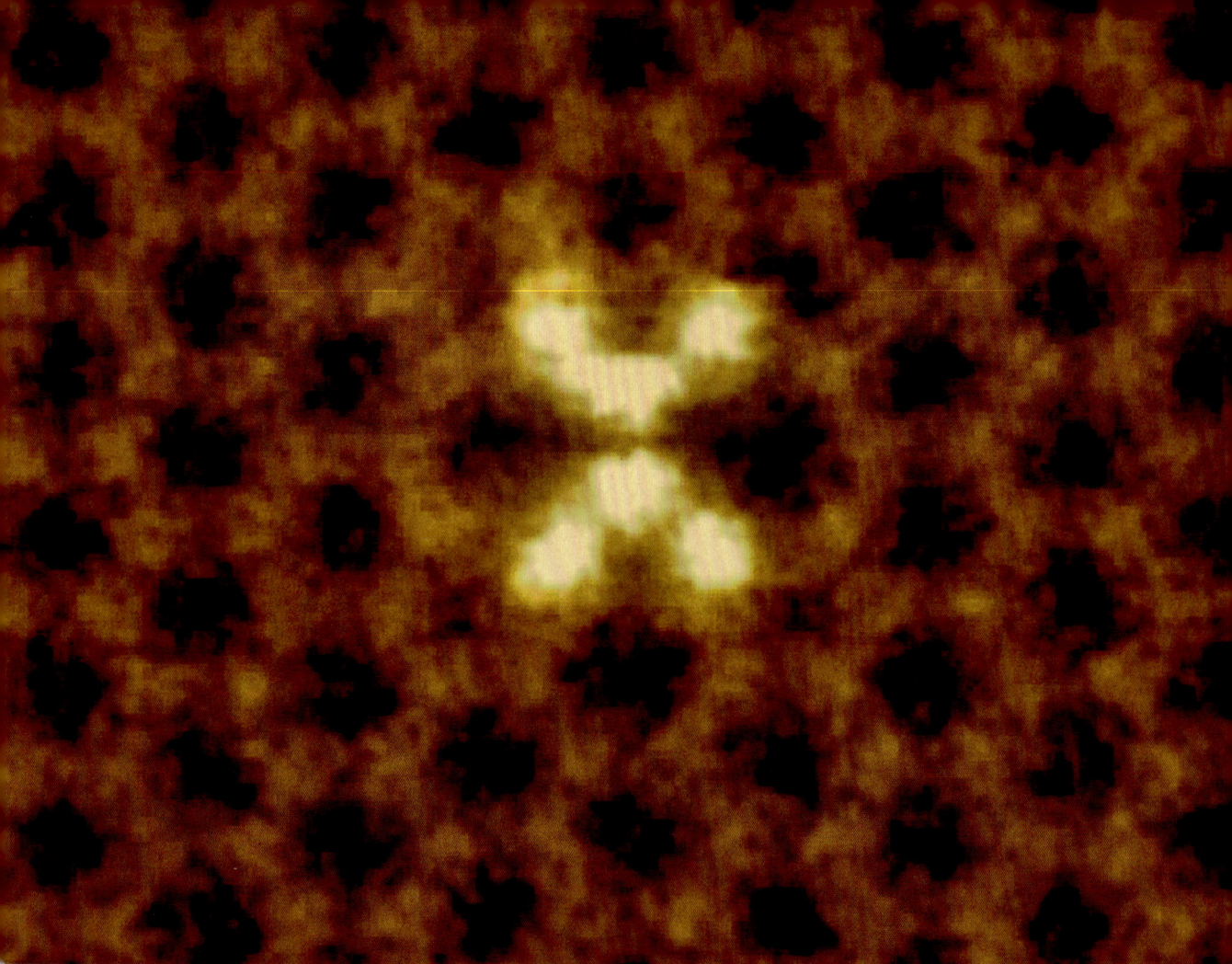

石墨烯上硅原子的扫描透射电子显微镜（STEM）图像

美国橡树岭国家实验室，美国纳米材料科学中心，2018 年

扫描透射电子显微镜是传统的电子显微镜（参见第 20 页），能够产生非常聚集的电子束，在极小的距离内以极高的精度来回扫描。自 20 世纪 90 年代后期开始，物理学家就使用它来制作原子尺度的图像。石墨烯（图中显示为棕色）是一种纯碳材料，其中碳原子形成六边形的结构排列在一个层面上，这层结构非常薄，只有一个原子的厚度，所以即使表面上有硅原子（图中黄色的部分），也足以让电子束穿过，从而产生上方展示的这幅神奇的影像。

单个原子的扫描隧道显微镜（STM）图像

斯坦·奥尔斯维克斯基为 IBM 摄制，2017 年

图中为钬元素的单原子，被用于研究如何利用单个原子来存储数据。每个原子都自带一个磁场，该磁场有两个可能的方向。捕获此图像的扫描隧道显微镜可以提供微小的电脉冲，使原子磁场的方向来回翻转。这种两态系统非常适合计算机运算，因为每种状态都可以对应一个二进制数字（位）：0 或 1。原子可以存储数据这一事实也意味着像这样的系统可以被用于量子计算，这一发展将有望彻底革新计算机技术。

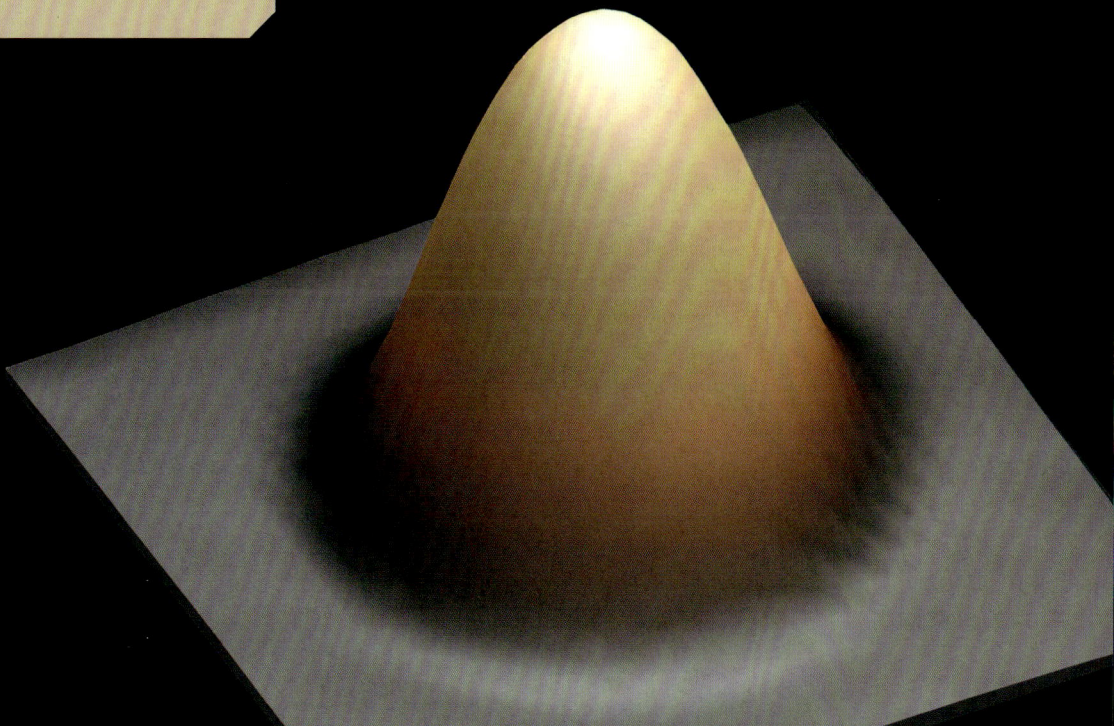

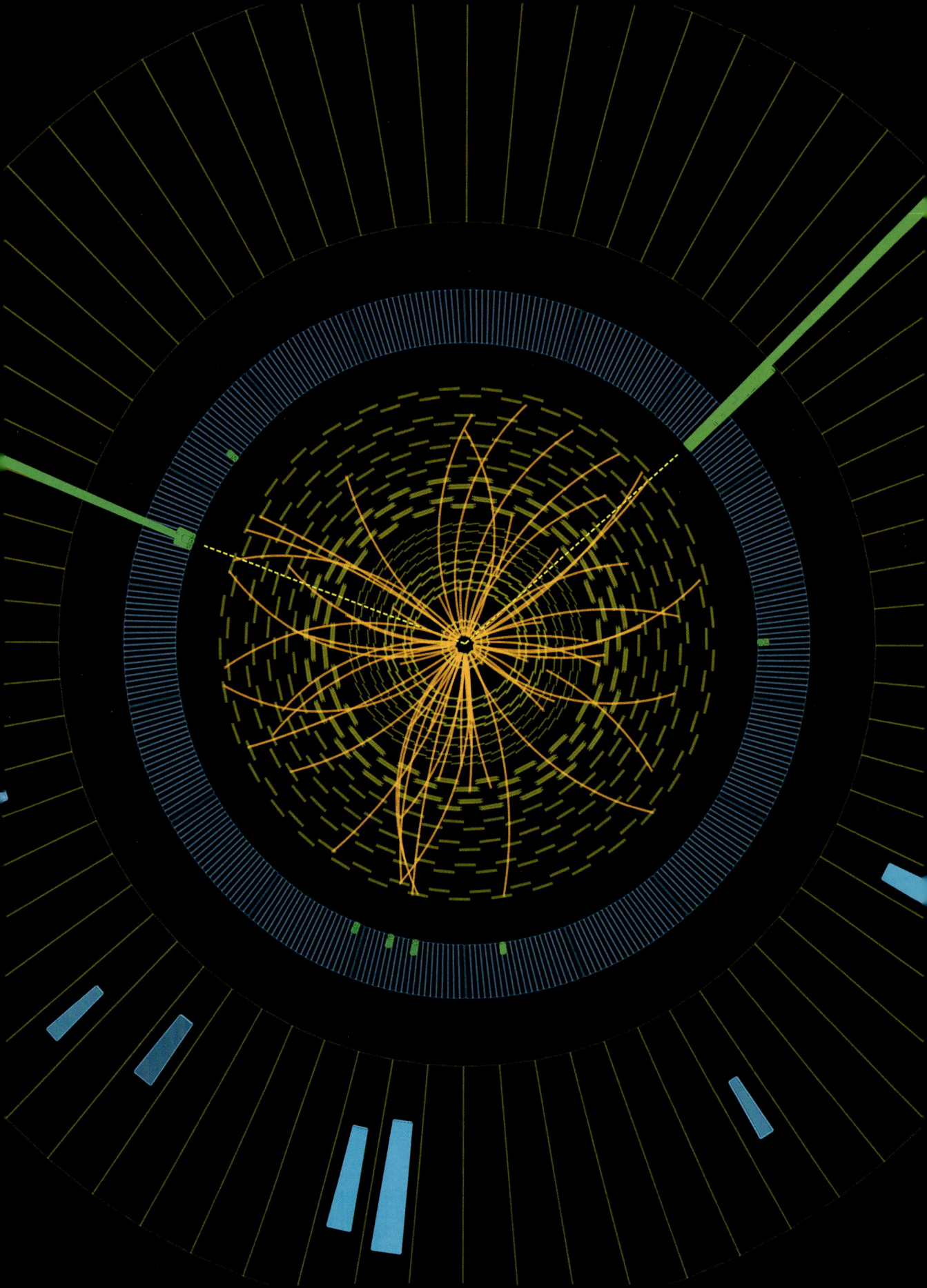

第 2 章
数据、信息、知识

"科学"一词来自拉丁文"scientia",意为"知识"。科学是一种对知识的探索,这些知识和我们生活的世界密切相关。在现代科学中,知识不是通过信仰或者常识获得的,它更多来自假说的创建和检验。如果要提出一个假说,需要相关的信息,而信息则需要数据来支持。这个层级结构,在顶部添加了"智慧"之后,被称为"数据、信息、知识、智慧(DIKW)"金字塔。然而在科学领域,智慧虽然很重要,但不是必要条件。故本章只探讨可视化在理解数据、交流信息和传递知识方面的重要性。

希格斯玻色子的衰变

紧凑渺子线圈,欧洲核子研究组织,2012 年

紧凑渺子线圈(CMS)是欧洲核子研究组织大型强子对撞机(LHC)中的探测器,位于瑞士和法国边境(参见第 104~105 页)。这幅有趣的图像是在计算机内部构建的,它是由一组测量亚原子粒子能量和动量的仪器收集到的数据构成的。这些数据可以用来支持或反驳粒子物理学中的假设,而且以这种可视化的方式将数据呈现出来也是研究过程中关键的一环。

数据可视化

数据在科学中的重要性

除科学之外，数据（data，单数为"datum"）在人类活动的其他领域中也起着至关重要的作用，在政治和商业领域尤为明显。在这些领域中，可视化可以帮助人们更好地理解手中的数据，并就这些数据进行交流和沟通。在科学中，数据的形式多种多样——例如，它们可以是对距离、速度、电荷或时间的测量，也可以对动物行为的观察，或者是星星的颜色。数据的一个重要用途是提供参考资料（参见第 94 页）——例如数据库，其中可能包含各种物质的熔点和沸点、天空中星系的位置或生态系统中特定物种的种群数量记录。但大多数科学数据有不同的目的，而这也是科学方法的核心。

科学家会提出一些理论来解释和预测现实世界的特征，但必须通过收集和分析现实世界的数据对这些理论所依据的假设进行严格的检验。这些在今天看来似乎是理所应该的，但直到大约 400 年前，那些我们现在认为是科学家的人——那些渴望了解世界如何运作及其构成的人——还是只能依赖逻辑、常识，甚至是依赖信心十足的猜测（而不是观察数据）来构建他们的理论。古代哲学家亚里士多德就是使用这种方法的典型人物。他撰写了有关物理学、化学、生物学、天文学、气象学和地质学的著作，但在创建这些学科的理论时，他使用的是自己设计的纯逻辑系统，他没有用实验来检验自己的想法，但实验对今天的科学家而言是必需的。亚里士多德的逻辑系统和他的理论盛行了几百年，所以尽管当时的科学家确实进行了实际调查，但他们都没有系统地使用调查数据来检验自己的假设。这样做的后果便是知识体系的变化极其缓慢，它被教条所束缚，而且诞生于该体系的新知识，往往是错误的。

经验主义

现代的科学方法起源于 16 世纪，它与经验哲学齐头并进。经验主义相信绝大多数知识来对世界的经验，即后验（"事实之后"）。它的对立面是理性主义——相信我们关于世界的部分或全部知识仅仅来自理性，包括那些被认为是不言而喻的真理（"在事实之前"或先验的）。显然，逻辑和推理在现代科学中仍然非常重要，尤其是在数学这个以先验知识为基础的学科中，但真实性检验也是十分必要的。弗朗西斯·培根是科学实证方法的早期支持者，他通常也被认为是科学方法基础的建立者，并且于 1620 年出版了《新推理法》一书。这本书的标题参考了亚里士多德的作品集——《推理法》，书中阐述了亚里士多德通过逻辑推理寻找知识的方法。培根在《新推理法》中对亚里士多德体系进行了批评。17 和 18 世纪时，经验主义哲学家和理性主义哲学家之间争论不休，而经验科学却跑在前面，产生知识的速度也越来越快。于是现如今数据在科学中变得十分关键，而寻找可视化数据的方法也变得越来越重要。

话虽如此，但在某些情况下，科学家的确不需要对数据进行可视化。例如一些实验只需要简单的观察就足够了。而且有许多技术或科学仪器可以直接以直观的方式输出它们收集到的数据，在这方面，X 射线晶体结构分析（参见第 85 页）和地震仪（参见第 86 页）就是很好的例子。但是，对所有科学学科而言，大多数实验还是会产生一系列单独的测量结果，如果不经过可视化处理，这些数据就很难解释清楚，而且绝大多数的科学研究论文包含了展示数据的图像。例如，一项实验可能会产生数千个温度读数、数百只蛾幼虫的质量数据、数十片花瓣的长度数据或溶解在溶液中的不同溶剂的质量数据。

笛卡儿坐标系

数据可视化最常用的工具是笛卡儿坐标系统，在该系统中，数据以坐标的形式被绘制在由两个或多个彼此呈直角的坐标轴定义的空间中。这个系统是由勒内·笛卡儿设计的，他和弗朗西斯·培根是同时代的人，具有讽刺意味的是，在对待科学方法的问题上，笛卡儿是一个理性主义者。据传说，笛卡儿在观察他卧室天花板上的一只苍蝇时设计了这个系统，当时他想知道该如何描述这只苍蝇在任何给定时刻的位置。他意识到天花板的一个墙角可以当作固定参考点（"原点"），这样将数据集合以坐标的形式绘制在笛卡儿坐标系中，便使得这些数据一目了然，即便是未经过科学训练的人也能看得懂。埃德蒙·哈雷可能是第一个使用笛卡儿坐标系并用折线图来进行数据可视化的科学家，他在 1688 年绘制了不同海拔高度的大气压力读数。但直到 18 世纪，当工程师威廉·普莱费尔在他的工作中使用了折线图之后，笛卡儿坐标系才在科学（和其他领域）中变得司空见惯（参见第 116 页）。

将两个变量绘制在不同的坐标轴上便创建了一个"双变量"图表，这样可以突出数量之间的相关性（参见第 96 页）：例如，如果将 x 轴设置为时间，便可以清楚地显示某个变量是如何随时间发展变化的（参见第 98~99 页）。另外，在以图形方式展示数据时，还可以（事实上，通常也需要）标注出误差的范围，用以说明没有任何测量是完全准确或可靠的（参见第 94~95 页）。当然，笛卡儿坐标系不仅仅局限于两个坐标轴，3 个甚至更多的坐标轴都是有可能的，尽管这很难进行可视化的呈现。如果要展示两个以上变量之间关系，一种可行的方法是给笛卡儿二维空间中每个点所对应的第 3 个变量分配一种颜色，具体颜色取决于在这些点处该变量数值的大小。这一方法的应用在希克苏鲁伯陨击坑的地图（参见第 112 页）和海豚叫声的图形显示（参见第 100 页）中都有所展示。

计算机的重要性

大多数现代科学仪器——从质谱仪到磁力仪——会产生电压作为输出信号，从而反映被测量的量。这些输出信号通常会以二进制数字流的方式被自动记录并存储在计算机的数据库中。这在现代科学中变得越来越重要，因为大部分现代科学依赖海量的数据（参见第 102 页"大数据"）。计算机不仅可用于存储数据，还可以将数据可视化。对于大多数学科的科学家来说，用计算机生成清晰而有趣的视觉资料是非常平常的，这不仅能帮助科学家分析数据，还能帮助科学家跟同事和更广泛的公众分享这些数据。

第 2 章第一部分中的一些可视化作品看起来完全可以放在第 1 章中，因为它们本质上是图像或地图，可以有效地呈现出原本不可见的事物。例如，在第 110~111 页，我们展示了 3 幅宇宙微波背景辐射图，它们的分辨率逐级递增。这些图与第 1 章中银河系的多波长图像在制作方式上是一样的（参见第 54~56 页）。但把这些图放在这里展示是为了强调一个事实，即它们是根据科学仪器产生的数据创建的，这些图中展示的数据都来源于辐射计，这种仪器可以测量一小部分天空中无线电波的强度。此外，宇宙微波背景辐射图的分辨率之所以可以提高到如此惊人的程度，也是由于数据收集量的大幅增加才得以实现的。

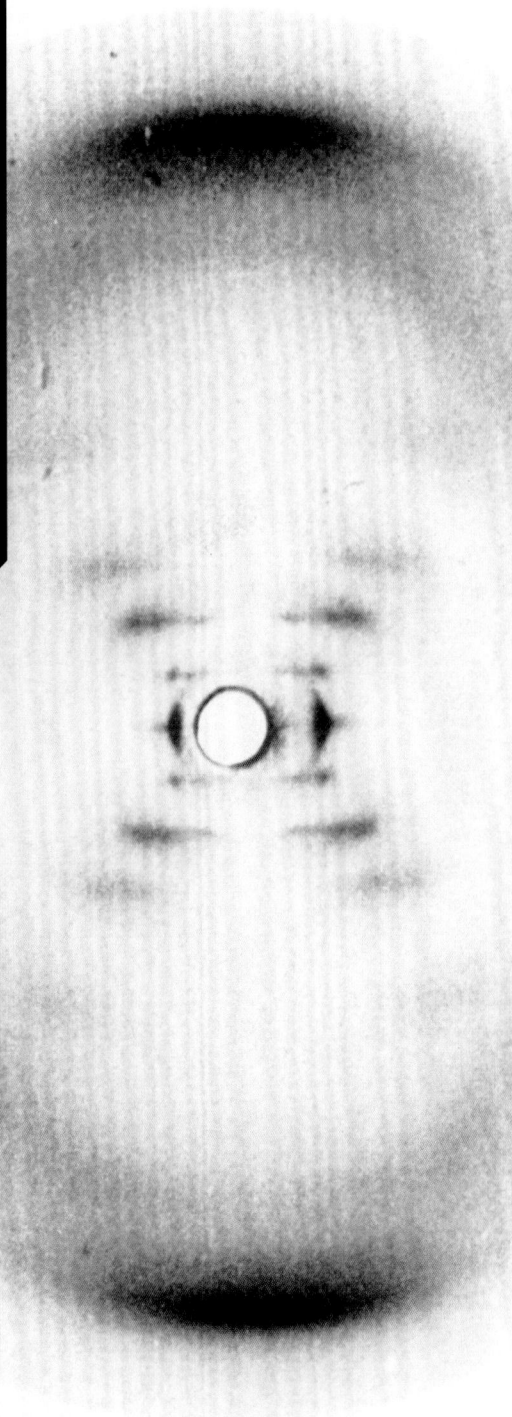

照片 51，DNA 的 X 射线晶体结构分析

雷蒙德·戈斯林和罗莎琳德·富兰克林，1952 年

前文中提到有些技术可以直接以直观的方式呈现数据，这张照片便是一个很好的例子。X 射线的波长接近于晶体中原子之间的距离。因此，X 射线会在原子周围发生衍射（即 X 射线的路径被弯曲），并且当 X 射线到达感光板时，它们会产生一个由亮点、亮线以及暗区组成的"干涉图案"。由此产生的图案为晶体学家计算晶体中原子的位置提供了数据支持。在这种情况下，干涉图案呈现出的特性是辨别 DNA（脱氧核糖核酸，参见第 145 页）结构的关键。

1906 年旧金山地震的震波图

1906 年 4 月 18 日

地震仪是一种可以直接输出可视化数据的仪器——震波图中的线条可以直接模拟地震仪下方的地面运动。几种现代地震仪的设计起源于 19 世纪 70 年代和 80 年代，其中包括了工程师詹姆斯·尤因不寻常的双摆设计，由此产生的混乱的二维线迹被记录在了卡森城的图像中。本页最下方图中两条水平波浪线则记录了相距甚远的两个地点（美国纽约州奥尔巴尼市和埃及的开罗市）的地面震动情况。而不同位置地面运动的时间和幅度使得地震学家能够计算出震动是如何穿过地壳的。

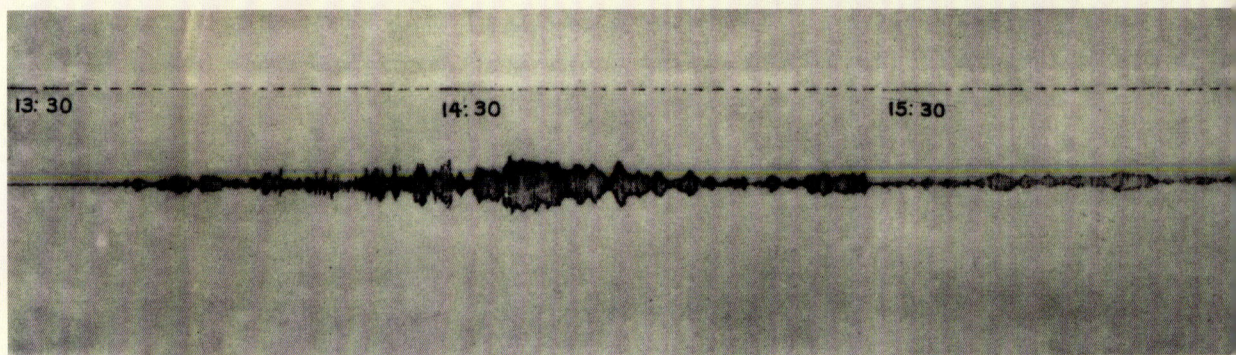

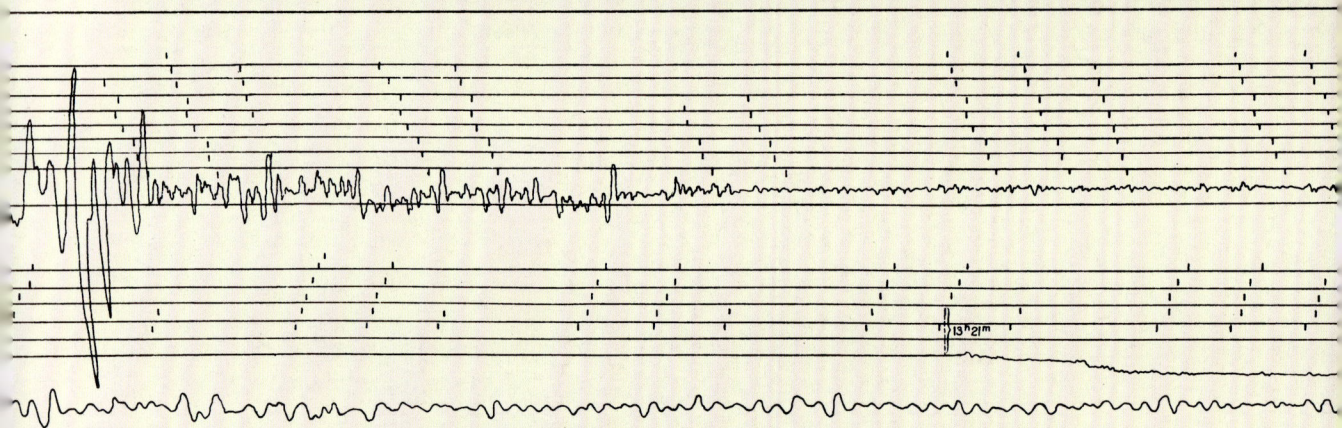

早期的地震仪监测的地震数据（校准到世界标准时间：+20 秒）

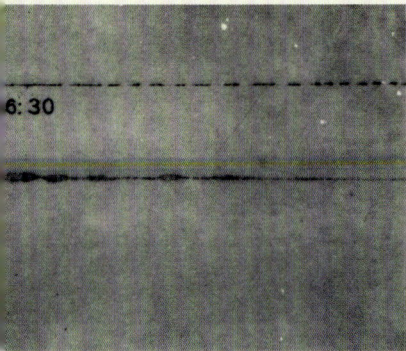

6: 30

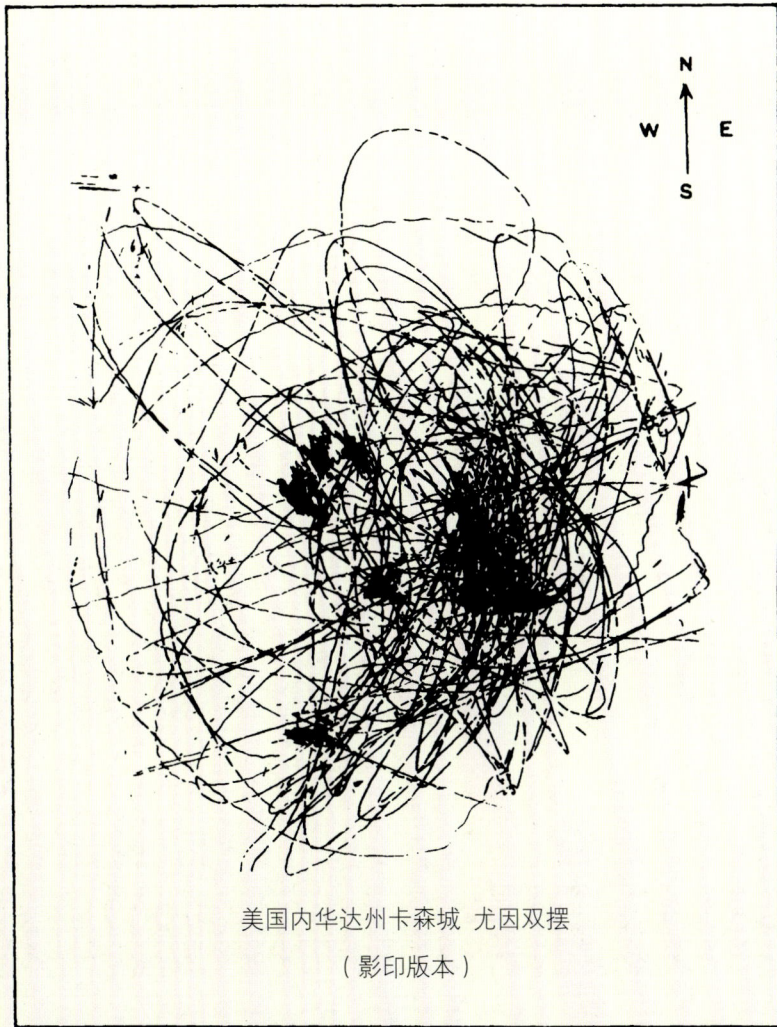

美国内华达州卡森城 尤因双摆

（影印版本）

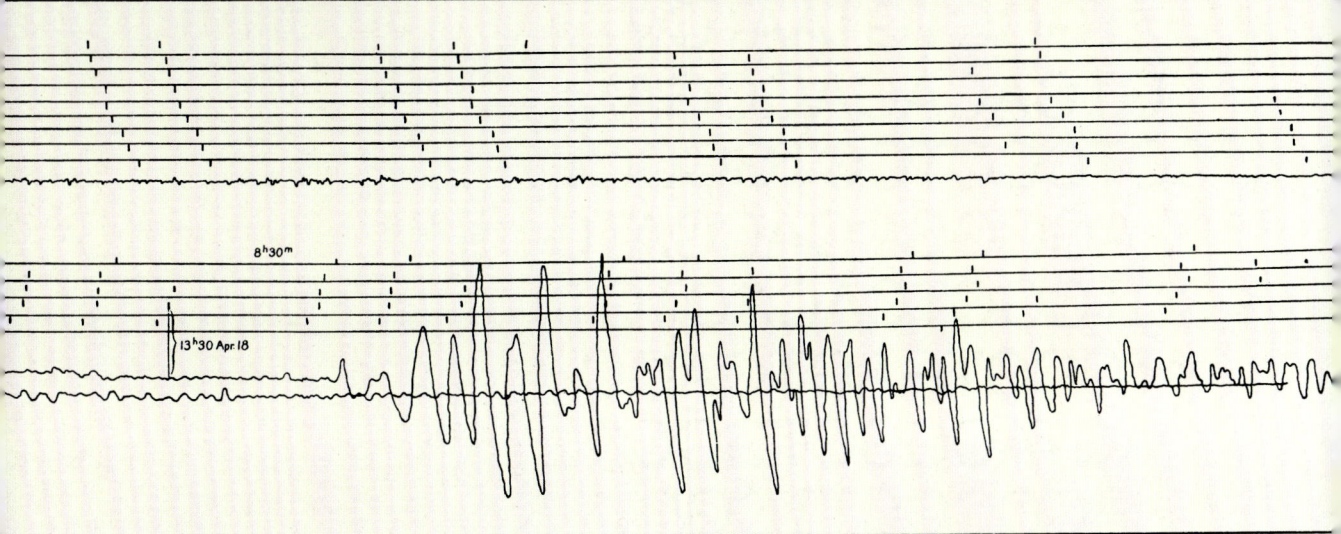

8ʰ30ᵐ

13ʰ30 Apr.18

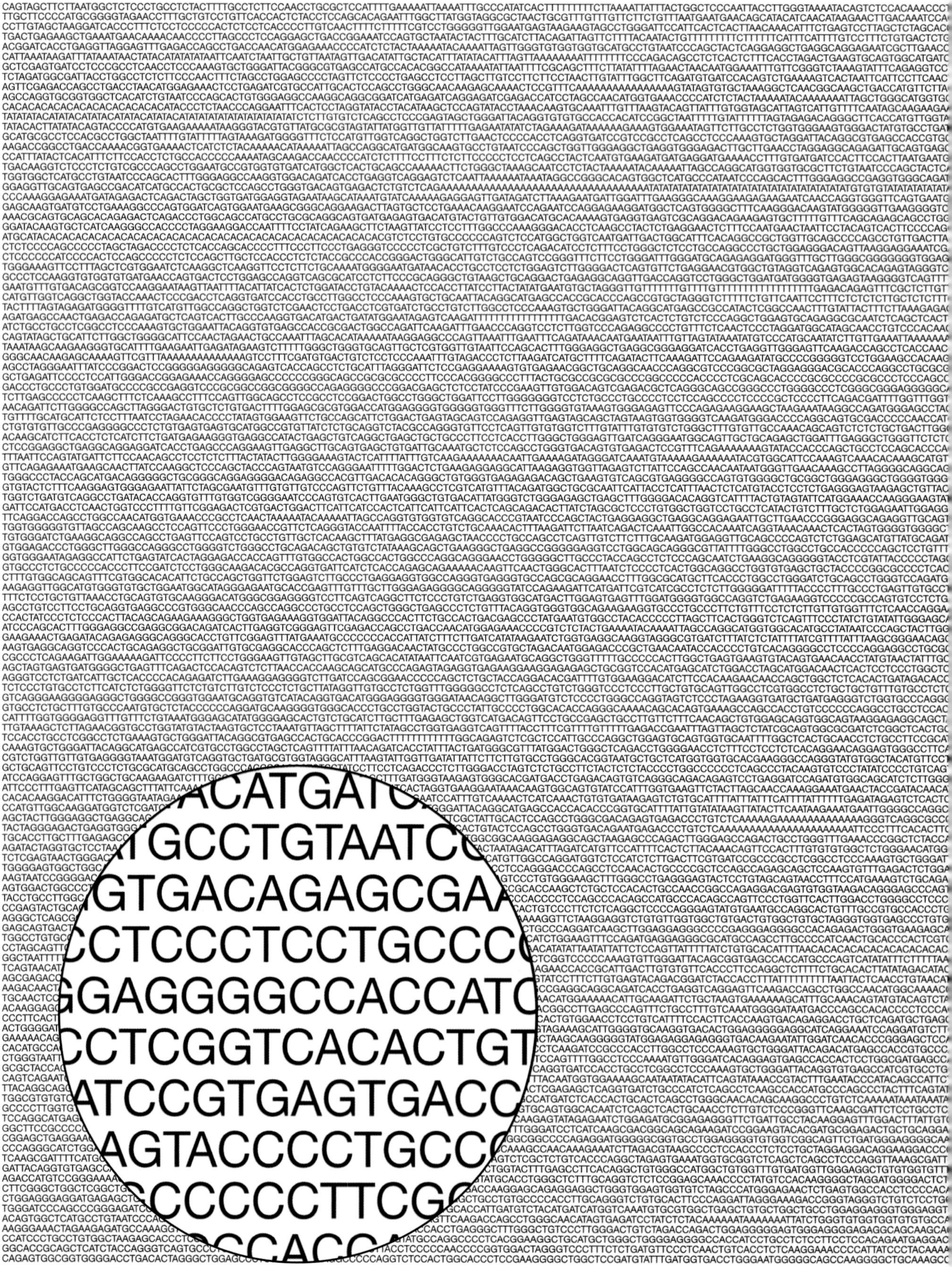
GCCTGTAATC
GTGACAGAGCGA
CTCCCTCCTGCCC
GAGGGGCCACCAT
CCTCGGTCACACTG
ATCCGTGAGTGACC
AGTACCCCCTGCC
CCCCCCTTCG

人类 INSR（胰岛素受体）基因的完整序列

作者自己的作品，来自公共数据库，2021 年

该基因由 DNA 序列组成，其中的 4 个字母，A、C、G 和 T，代表 4 种核酸碱基，即位于 DNA 双螺旋上的原子团。这些碱基（腺嘌呤、胞嘧啶、鸟嘌呤和胸腺嘧啶）是遗传编码的基础，携带了构建蛋白质所需的指令。这幅图中的 INSR 基因编码的是胰岛素的受体蛋白。人类基因组，也就是每个细胞中包含的全部 DNA，总共由 30 亿个碱基组成，其中包含了 20 000~25 000 个基因。所有这些人类基因的序列数据都可从免费访问的数据库中获得。

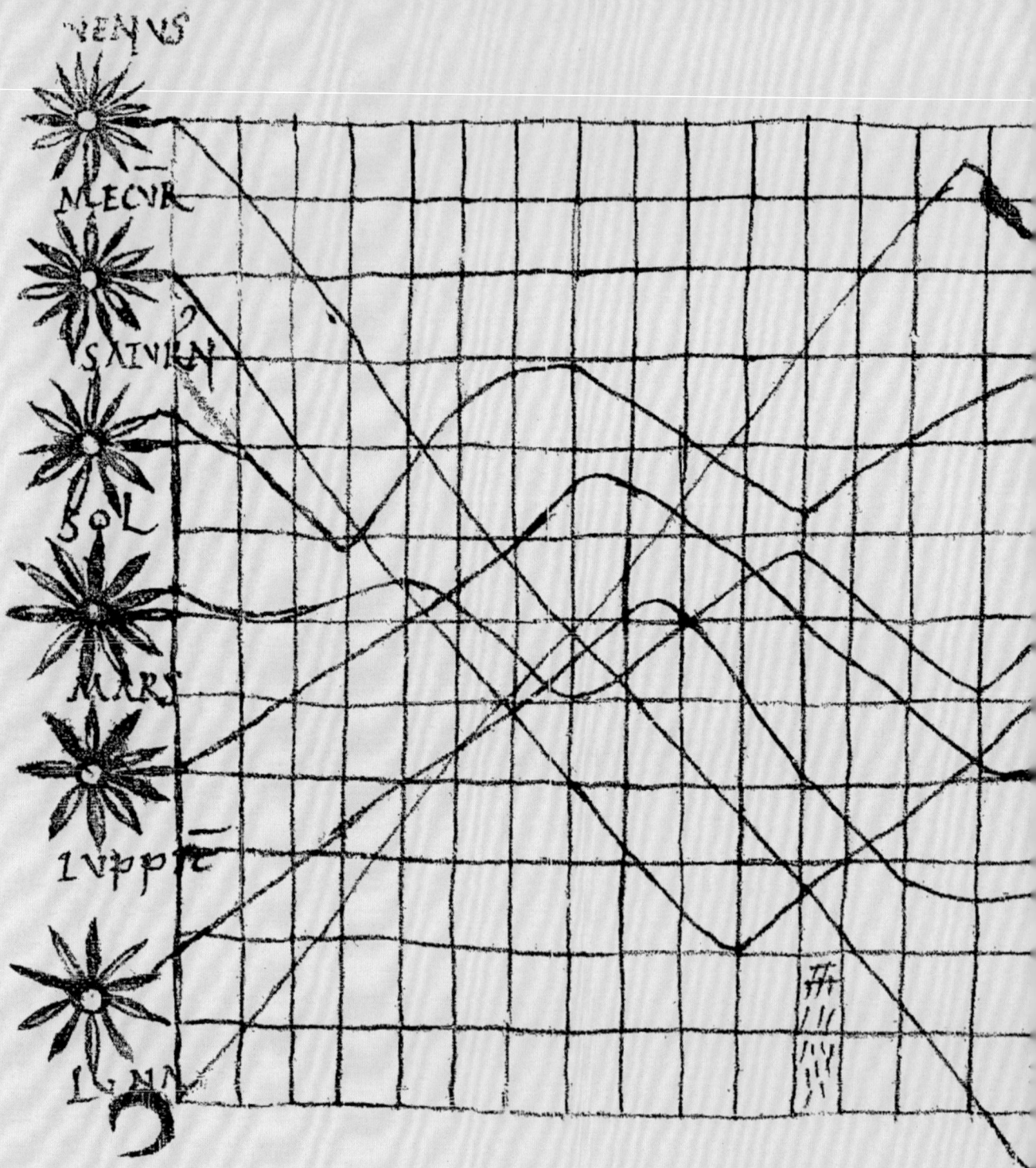

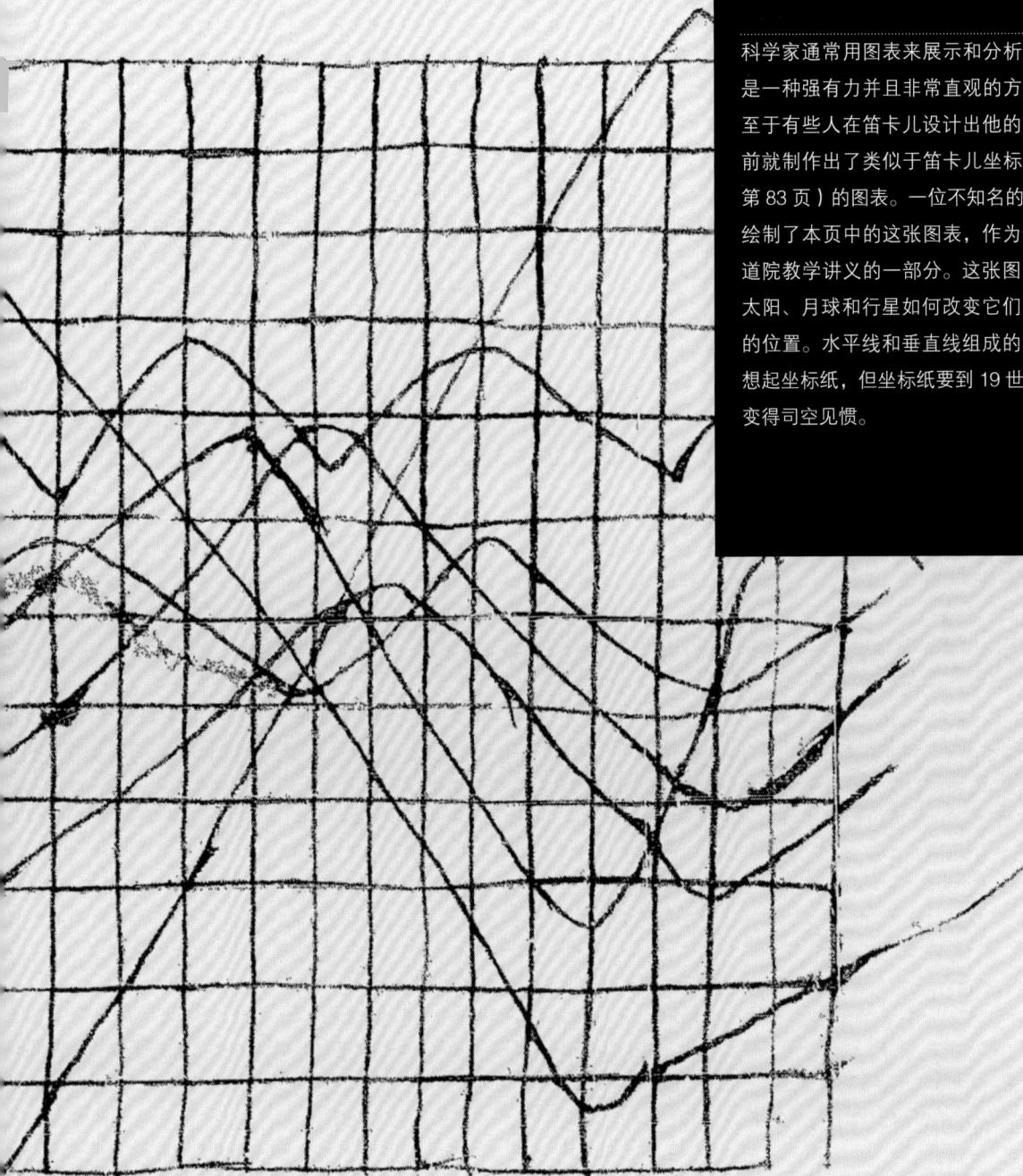

科学家通常用图表来展示和分析数据，这是一种强有力并且非常直观的方法——以至于有些人在笛卡儿设计出他的坐标系之前就制作出了类似于笛卡儿坐标系（参见第 83 页）的图表。一位不知名的天文学家绘制了本页中的这张图表，作为他们在修道院教学讲义的一部分。这张图表展示了太阳、月球和行星如何改变它们在天空中的位置。水平线和垂直线组成的图案让人想起坐标纸，但坐标纸要到 19 世纪后期才变得司空见惯。

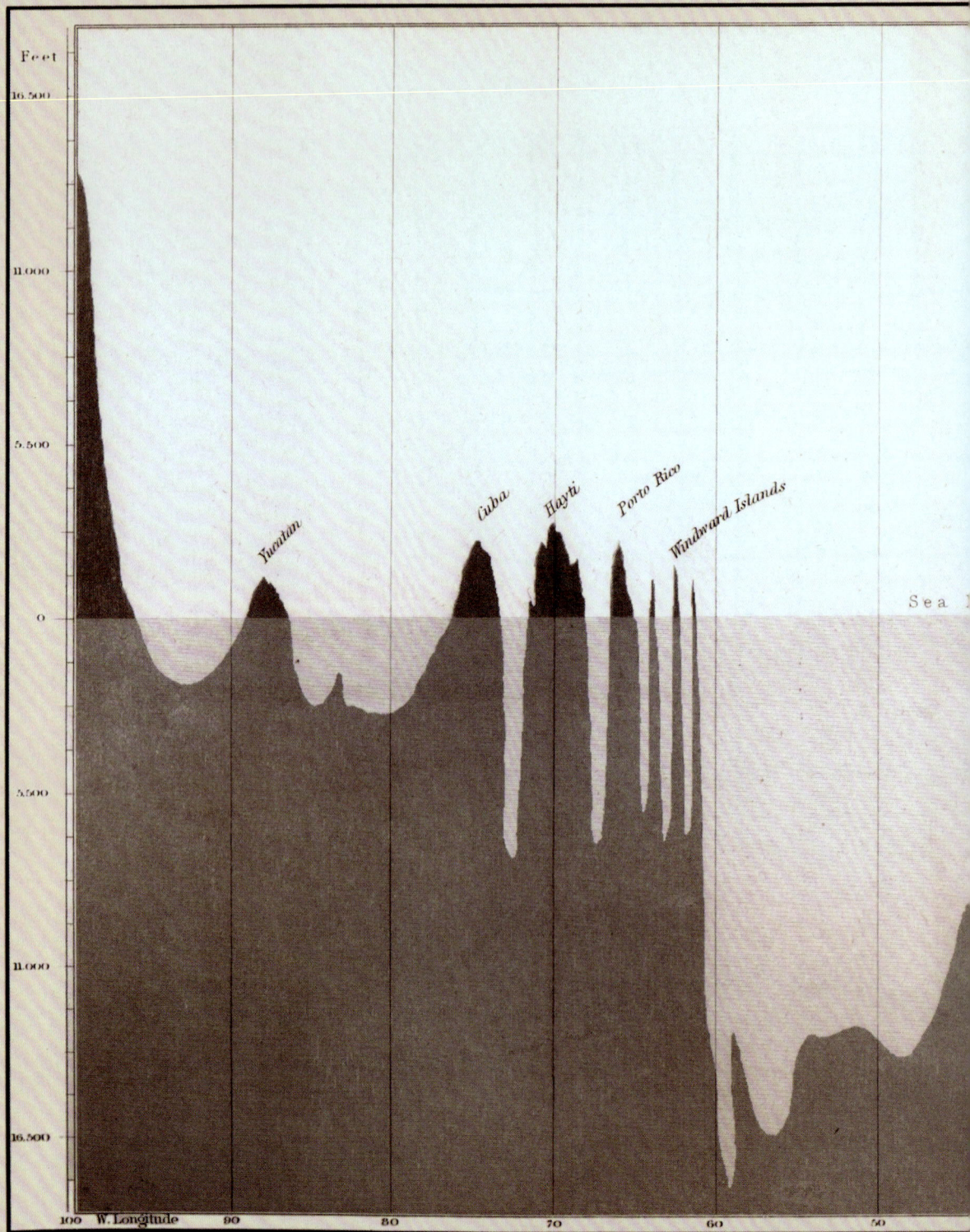

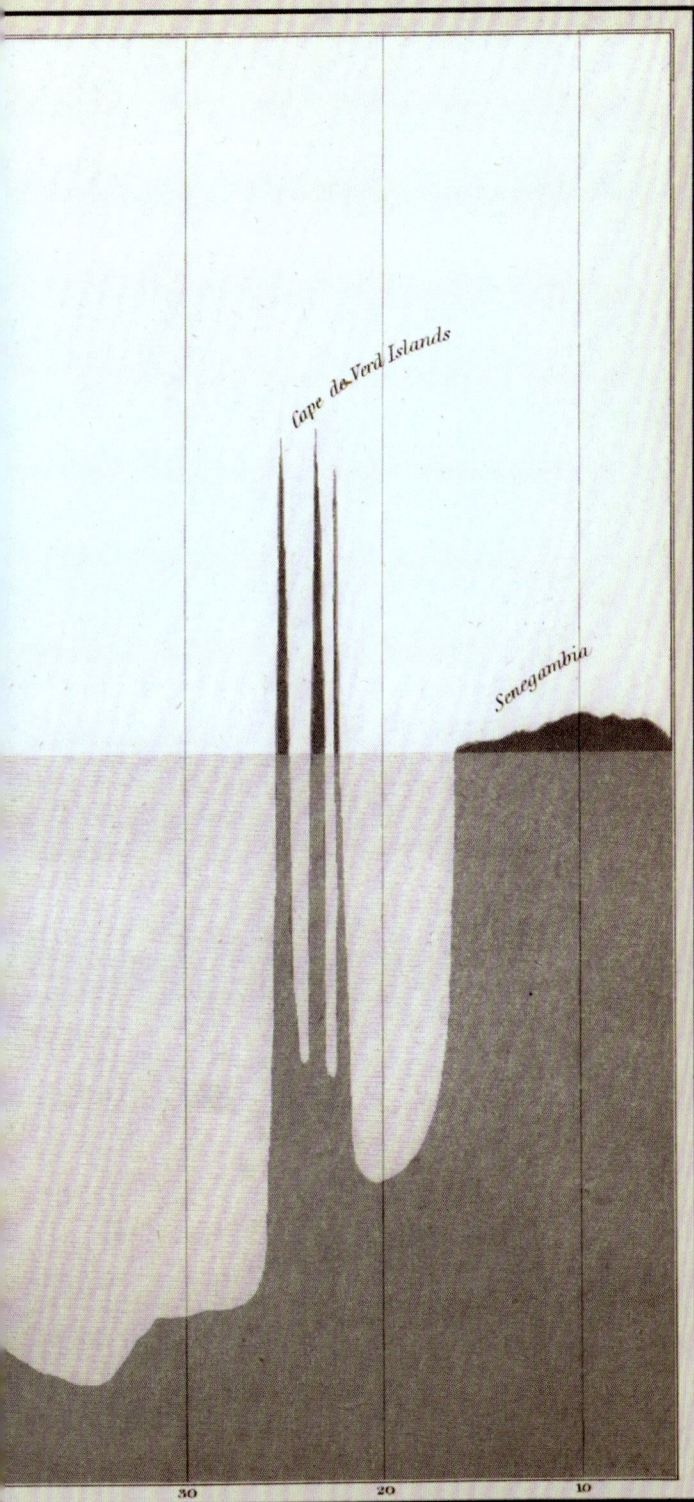

PLATE XV.

Cape de Verd Islands

Senegambia

Engraved & Printed by J.M.Butler, Philada.

30   20   10

史上第一份大洋盆地剖面图

马修·方丹·莫里，1854 年

这张图表是由天文学家和海洋学家马修·方丹·莫里制作的，它非常出色地展示了横跨大西洋的一条线上海洋深度与经度的关系。自古以来，水手们就在河流和浅海中进行"测深"，他们将重物从船上投入水中，从而估测水的深度。但是直到莫里在19 世纪 50 年代初期组织了两次探险之前，人们对深海海底的性质一无所知。通过将多次探测的结果绘制在图表上（纵坐标被放大了），他发现了一个以西经 45 度为中心的浅水区域。这是人类第一次察觉到大西洋中脊的存在（参见第 206 页）。

注：为了维护原图的完整性、科学性及美观性，本书对这些年代较为久远的图片不进行翻译处理。

卡尔·维罗特，1873 年

在这张漂亮的手绘图表中，不同的曲线展示了油灯发出的光的强度与波长之间的关系。该图表出自一本详细介绍化学家根据化学元素在特定波长下吸收光量的不同来识别化学元素的书。在进行分析时，研究人员必须考虑光源强度如何随波长变化，该图表正是为此提供了参考。这张图表中的测量值代表了光谱中不同取样点处光的明暗度，这些数值都是通过煞费苦心的估算得来的，因此如水平误差线所示，这些测量值的固有误差范围相当大。比起数据表格，这种可视化形式的图表使得测量数据更容易被理解。

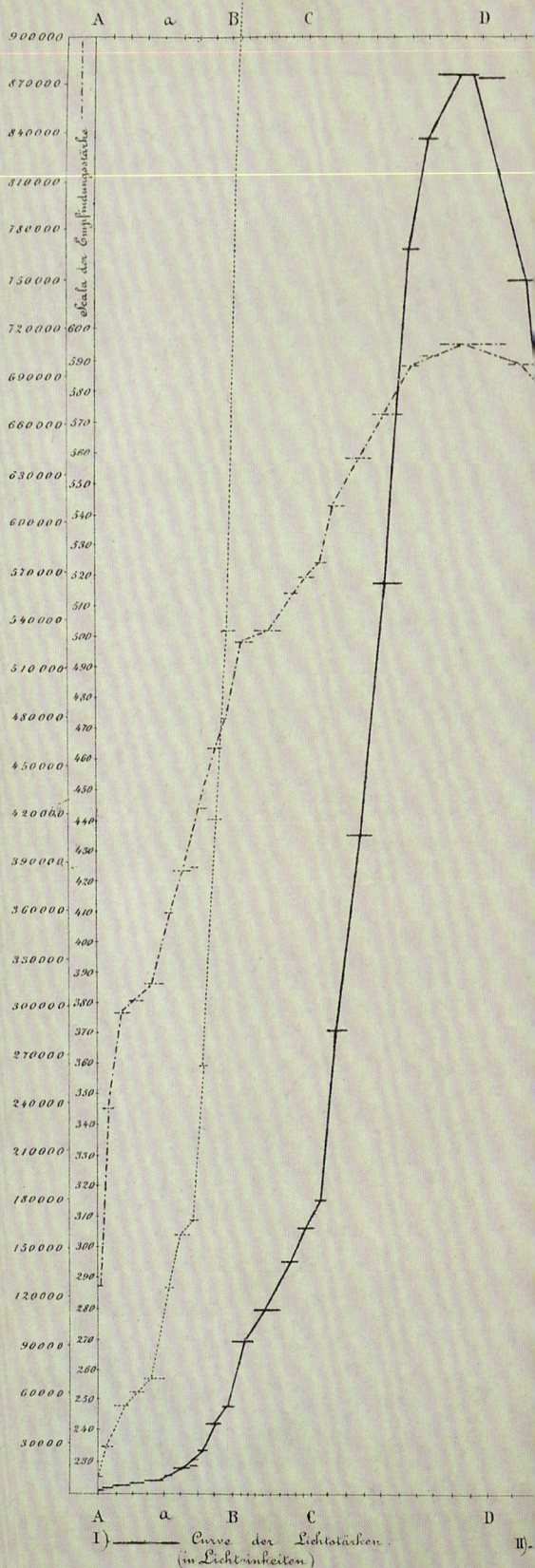

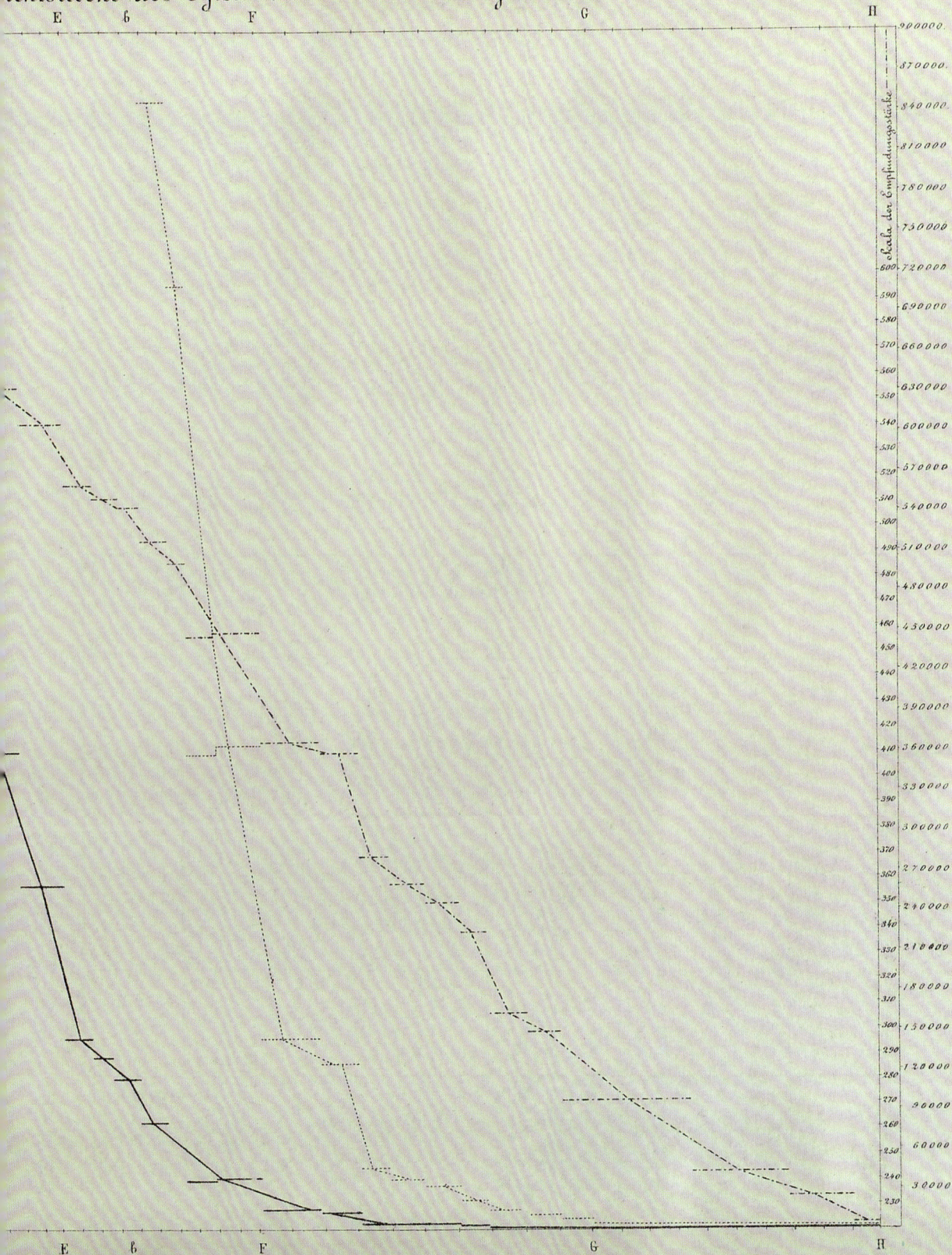

Lichtstärke des Spectrum's der Petroleumflamme.

Taf. 2.

II) ------- Curve der Lichtstärken in minder hellen Spectralbezirken
(mit um das Zehnfache vergrößerten Ordinatenwerthen.)

III) —·—·— Curve der Empfindungsstärken (Logarithmen der Lichtsstärken).

星系（后退）的速度和星系到地球的距离之间的关系图

埃德温·哈勃，1929 年

这张图表为宇宙膨胀提供了第一个证据。在膨胀的宇宙中，任何两个星系之间的空间越大，它们彼此远离的速度就越快。这种相关性在图中一目了然，哈勃通过绘制各种"最佳拟合"线试图找到宇宙膨胀系数，即拟合线的斜率。但哈勃只能测量出地球到相对较近的星系的距离，因为这些星系在太空中的运动比较显著，具有统计意义；因此这张图表中星系后退的速度和星系到地球的距离之间具有不完全相关性。在这张图表被出版之后的几年里，较远的一些星系的后退速度也被测量出来，使得图表中显示出的相关性变得更精确，宇宙膨胀系数也得以确定，这反过来也让我们可以推算出宇宙的年龄。

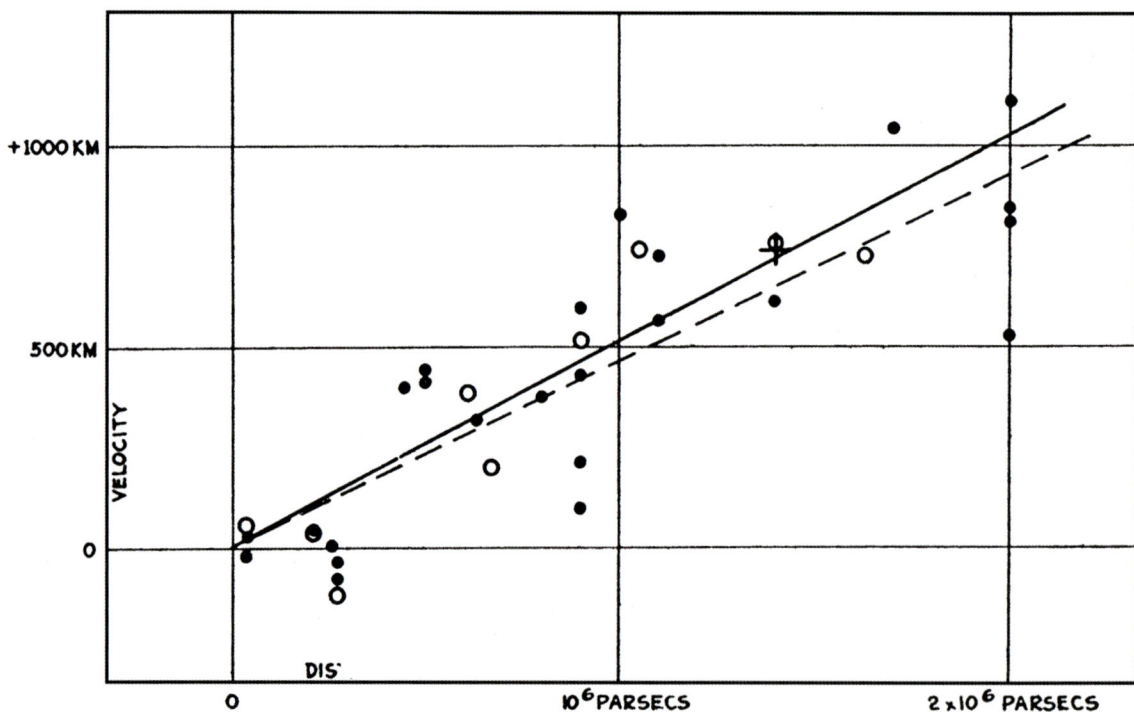

动物体形与代谢率之间的关系图

马克斯·克莱伯，1947 年

这张图表也是一张展示相关性的数据图，它展示的是不同动物每天产生的热量与其体重之间的关系。这里需要注意的是，图中的坐标轴均为对数坐标轴，这表示坐标轴上的每个等级都是前一个等级的几倍（在该图中为 10 倍）。双对数图（两个坐标轴上都是对数刻度的图）中的直线表示相关性遵循"幂法则"。克莱伯假设每种动物每天产生的热量与体重的 2/3 次方成正比（标有"表面积（surface）"的线），数据显示实际上是 3/4 次方（图中的红线）。如果这两者之间存在直接相关性（1 次方），那么数据点应该位于标记为"体重（weight）"的这条斜线上。

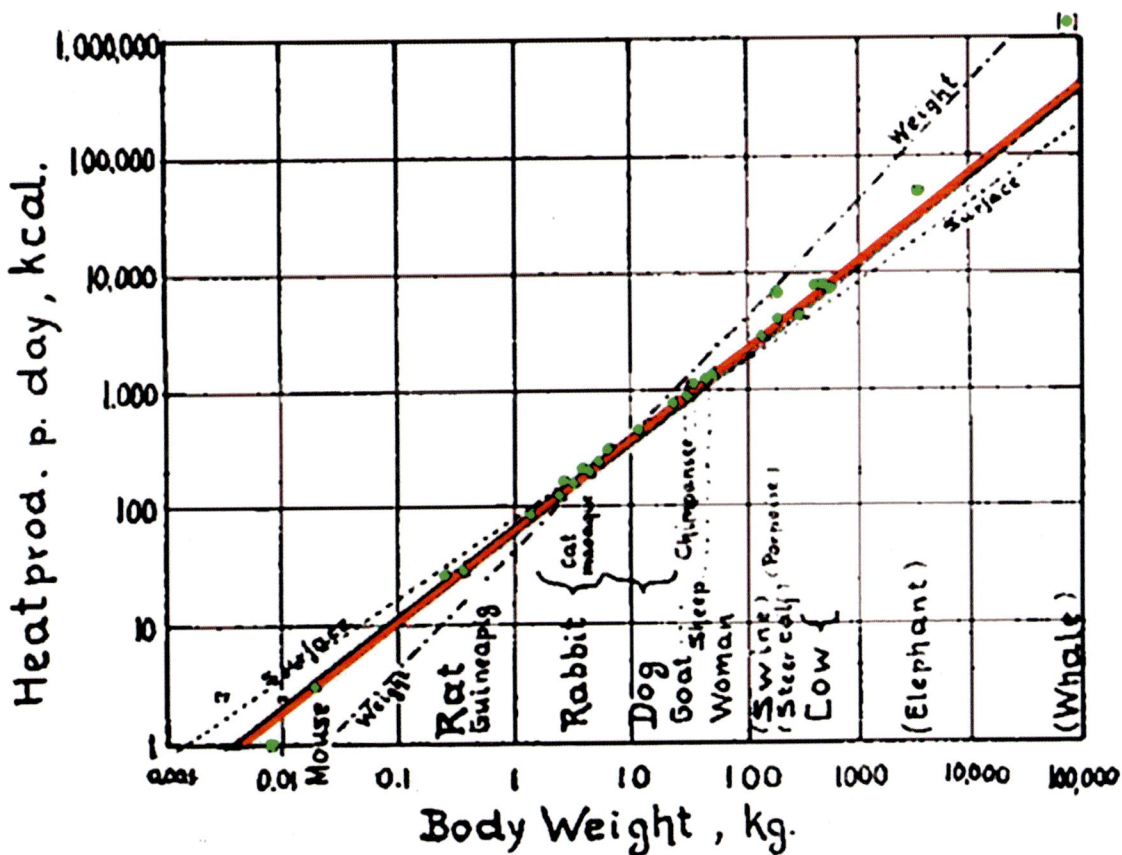

Fig. 1. Log. metabol. rate/log body weight

过去一千年全球温度变化图表

迈克尔·E.曼恩，雷蒙德·S.布拉德利，马尔科姆·K.休斯，1999 年

这张图表是气候学家迈克尔·E.曼恩及其同事的科学论文中的数据图。另一位气候学家杰里·马尔曼创造了"曲棍球棒"这个词，因为曲线右端的急剧上升让人联想到曲棍球棒的形状，而其余部分显示温度稳定下降的曲线看起来就像是曲棍球棒的手柄。曼恩和他的团队通过大量的数据收集"重现"了过去一千年中的全球温度的变化，这些数据来自其他很多研究人员和数据库。自 19 世纪以来，温度记录才得到系统性地保存，因此大部分数据是间接数据。数据来源包括树木年轮的宽度和从冰冠中取出的冰芯里溶解的气体种类。

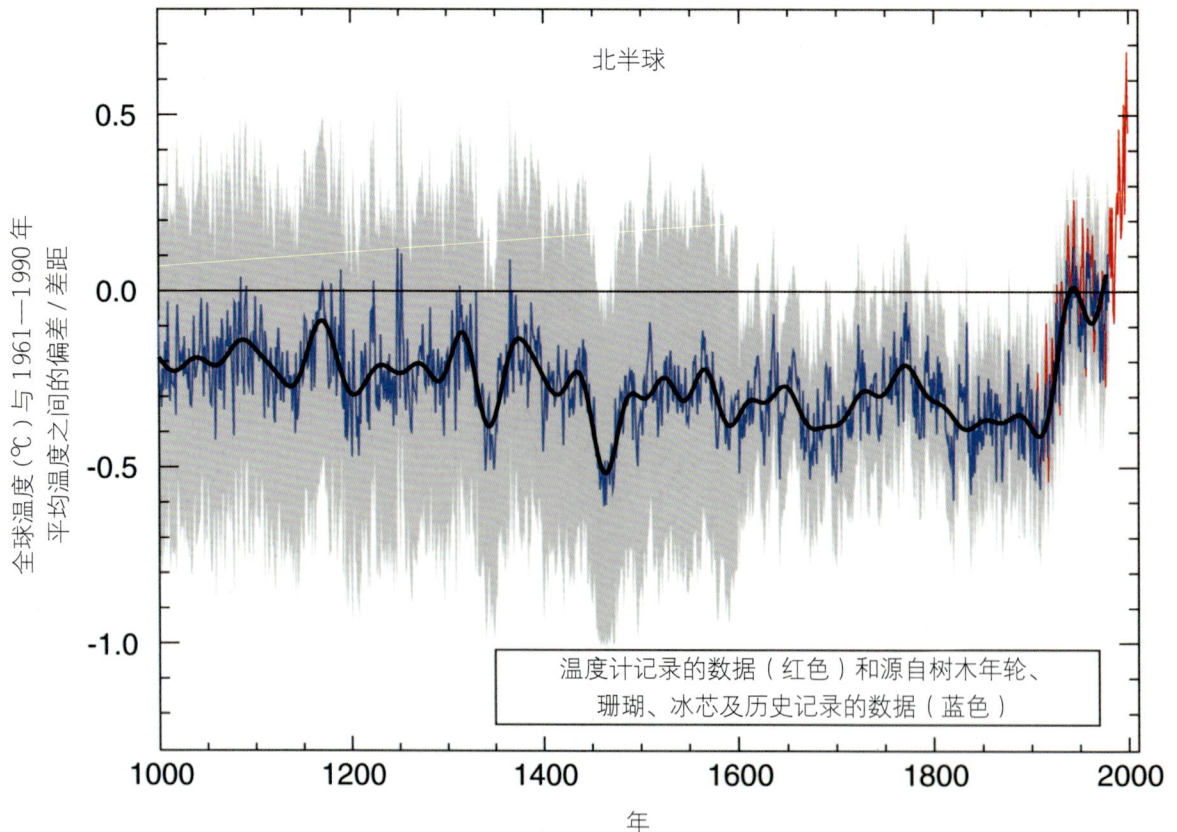

1958—2021 年大气中二氧化碳浓度变化图表

作者利用斯克利普斯海洋学研究所的数据绘制的此图，2021 年

1958 年，地球化学家和海洋学家查尔斯·基林开始监测夏威夷冒纳罗亚火山周围大气中的二氧化碳浓度。从那以后，甚至在基林 2005 年去世之后，监测都一直没有中断过。绘制二氧化碳浓度值时得到的曲线通常被称为基林曲线，它说明了两个明显的现象，第一个是大气中二氧化碳含量的季节性变化十分明显，这是因为北半球有很多的树木，它们在春季和夏季生长时会吸收二氧化碳。第二个是二氧化碳总体水平从 1958 年到 2021 年呈现出显著的增长：从 315 mg/L 增加到将近 420 mg/L。

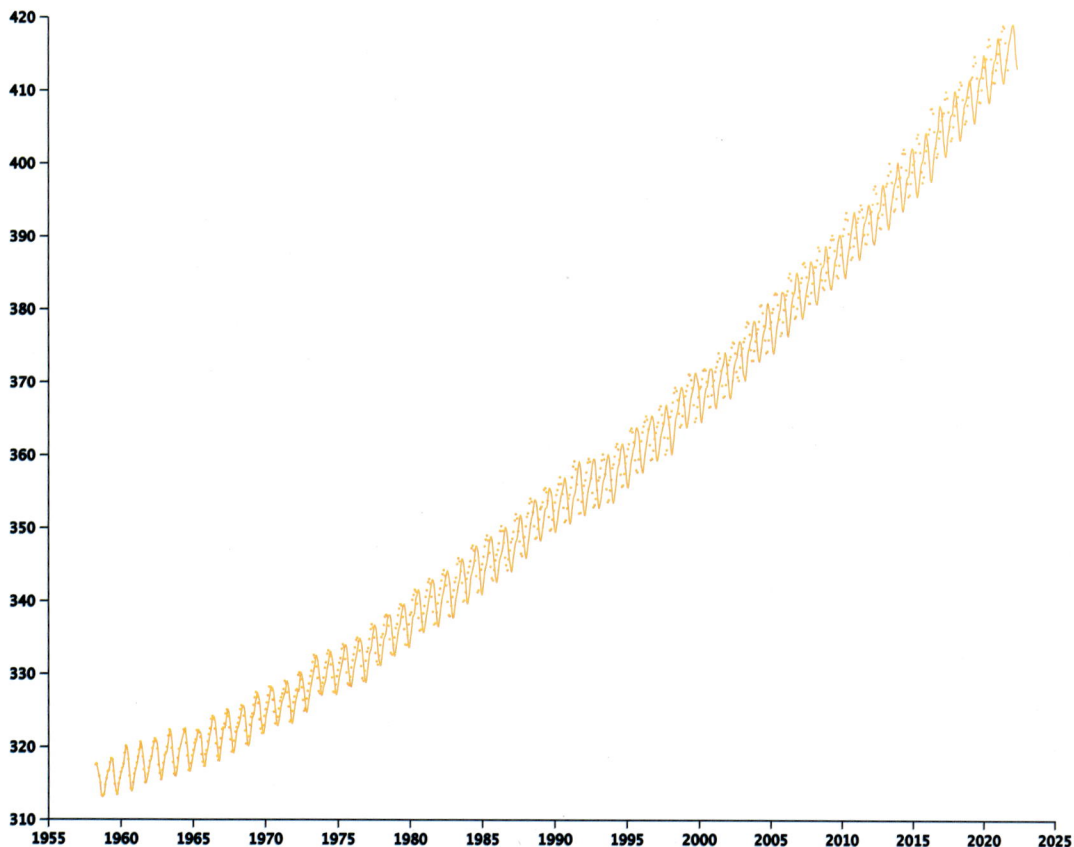

伪虎鲸叫声的极坐标图

水下声学（项目），日期不详

这幅图采用了极坐标的方式，也就是将笛卡儿坐标系中的一个坐标轴（此处为时间轴）以圆圈的形式呈现，它证明了数据可视化可以同时是美丽有趣且有用的。这个作品中对伪虎鲸（实际上是一种海豚）的高频咔哒声、口哨声和叫声进行了可视化处理。这幅图是通过一种称为小波分析的技术创作的，这种技术通过一个数学函数将原始信号分解成其分量频率，并将它们显示为时间的函数。小波分析还消除了信号中不需要的噪声，使研究人员能够更清楚地关注信号本身。

聚焦：

大数据

现在许多人都已熟悉"大数据"一词，因为它与生活的方方面面都有关联。顾名思义，大数据涉及海量数据的存储、分析或者"挖掘"。尽管大数据的应用具有明显的潜在优势，但大数据也容易引起争议，例如谁可以拥有数据，以及人们的隐私泄露会在多大程度上受到损害。这种争论在医疗保健领域最为普遍，包含数百万人医疗记录的数据库可以协助研究人员跟踪药物的有效性或研究哪些因素会影响特定疾病的发病率，但这些数据库同时也包含了人们最为隐私的信息。

大数据在大多数其他科学的应用中不存在此类问题，因为那些数据大多是电压表、热量计或红外光谱仪等仪器的测量结果。结合人工智能（AI），大数据为科学研究提供了新的手段，面对不断涌现的海量数据，我们可以让人工智能先过滤掉那些不太相关的数据，然后在剩余数据中预测和寻找新的模式。随着人工智能变得越来越强大，它有可能使传统的假说驱动的科学方法被淘汰掉。取而代之的是"算法和统计工具，用于筛选大量数据以找到可以转化为知识的信息"。然而，就目前而言，数据科学工具的使用还保持在既定的科学过程当中。

大数据通常具有 3 个特征，即数量大、多样化和速度快。它涉及海量数据的收集（数量大），这些数据通常具有不同的来源，并且种类繁多（多样化），而且这些数据通常可以被快速地获得和处理（速度快）。当如此大量的数据快速出现时，则需要许多台计算机同时进行存储和处理（分布式存储和并行处理）。另外每当涉及如此庞大的数据量时，大数据的另一个特征（可视化）就会变得尤为重要。

在科学领域，大数据可被应用于追踪动物的活动，可视化是其中最重要的目标。一个名为移动数据库（Movebank）的国际组织充当数据的存储库，电子标签可以将收集到的数据保存在这个数据库中，并向卫星传输信号，同时在野外工作的研究人员也可以将地面信息存储到这个数据库中。移动数据库从 20 多亿个地点收集了大量的数据，并将这些数据提供给有需要的科学家来帮助他们面对"气候和土地利用变化、生物多样性丧失、入侵物种、野生动物贩卖和传染病传播"等挑战。

肯尼亚白胡子角马活动轨迹的可视化

422 南方工作室和移动数据库，2020 年

自从 20 世纪初这些研究人员开始给动物贴上标签以来，动物学家和生态学家用来记录动物旅程的技术已经取得了长足的进步。从 20 世纪 80 年代开始，研究人员便可以使用阿尔戈斯这个全球数据收集系统，其中数千只动物携带的发射器可以将数据上传到近地轨道卫星中。自 2020 年起，一个名为伊卡洛斯的更为复杂的系统也开始投入使用。轻型发射器向国际空间站上的接收器发送了大量的信息。这些来自阿尔戈斯和伊卡洛斯的数据，以及研究人员使用无线电项圈等地面技术提交的数据现在都可以通过移动数据库免费访问。

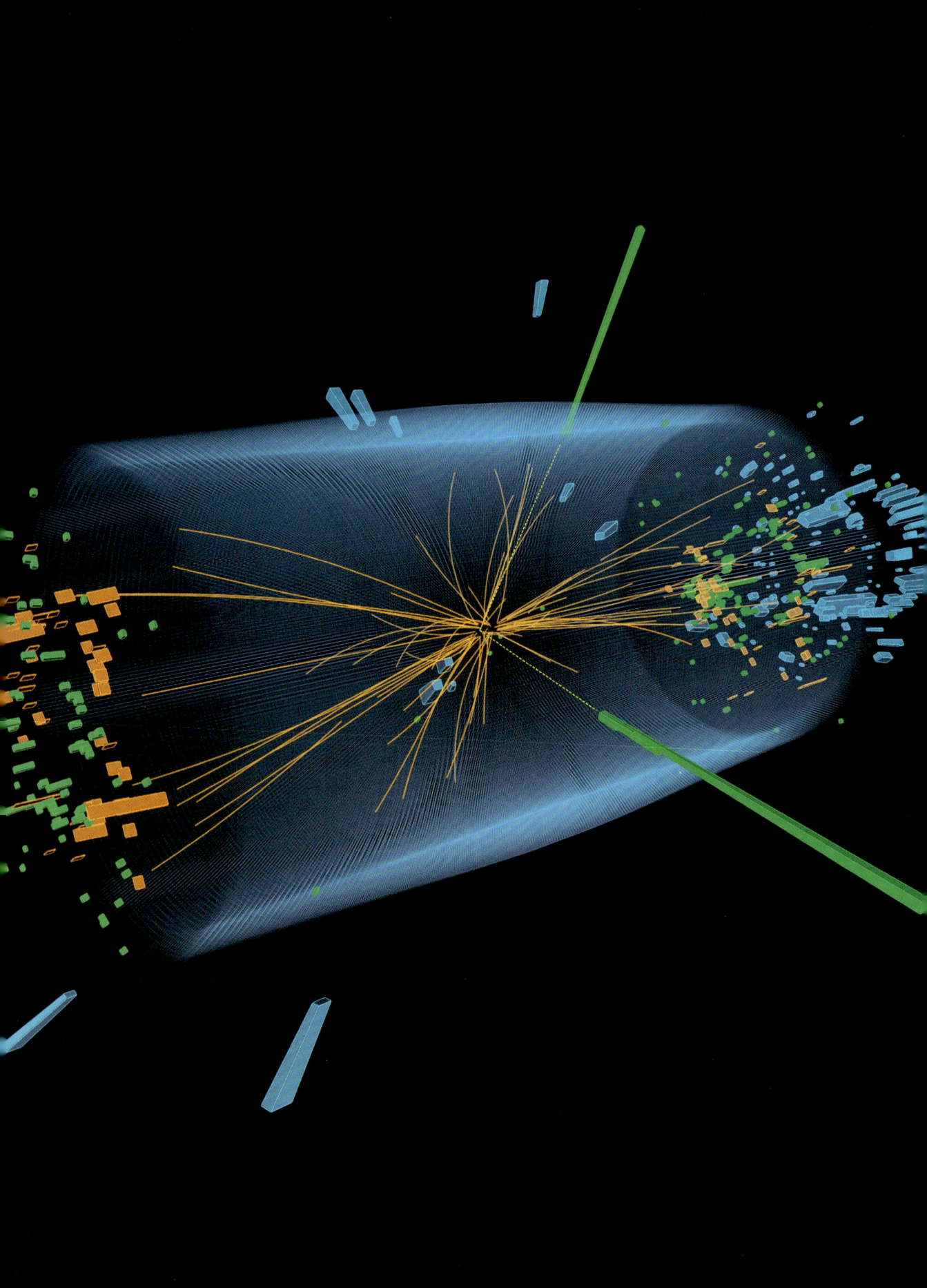

希格斯玻色子衰变的候选事件

紧凑渺子线圈（CMS）探测器，
欧洲核子研究组织（CERN），
2012 年

大型强子对撞机（LHC）中只有十亿
分之一的事件代表了"希格斯玻色子
事件"，这就像巨大数据冰山的一角。
希格斯玻色子是由具有非常高能量的
质子碰撞产生的，这幅图像中的希格
斯玻色子已经衰变，产生了理论预测
的粒子雨。图像对于解释粒子物理学
中的实验数据非常重要。该图像是根
据欧洲核子研究组织大型强子对撞机
中的紧凑渺子线圈探测器提供的数据
重建的。

移动数据库收集和处理的数据量与其他一些项目相比相形见绌。以智利的薇拉·鲁宾天文台为例，它将为"空间和时间的遗产调查"提供数据。它的望远镜配备了一个分辨率为 32 亿像素的相机，在夜间每 20 秒便会进行一次 15 秒的曝光。每隔几个晚上，它就会以非常高的清晰度对整个天空进行拍摄。到项目结束时，大约在 2033 年，天空中的每个点都将被捕获 1000 次。这足以使天文学家和人工智能系统发现和研究范围极广的天文物体。该天文台在 10 年中每晚将产生约 20 TB（差不多相当于 200 部超高清或 4K 电影）的数据，最终总计将超过 15 PB（15 000 TB）。世界各地的计算机将在项目观测阶段的整个过程中不断地存储和挖掘数据，并在观测结束后仍会继续。

欧洲核子研究组织大型强子对撞机中的粒子碰撞实验也是一个体现大数据在科学领域中拥有巨大潜力的范例。在 4 个探测器内，反向运动的粒子束以接近光速的速度相互撞击。高能碰撞会产生更小的粒子，每台探测器内的仪器都可以检测到这些粒子的位置和能量。当大型强子对撞机处于运行状态时，每秒可以产生大约 6 亿次粒子碰撞，海量的数据也随之产生。但这当中只有不到 1000 次碰撞可能会产生有用的粒子，因此每秒生成的 40 TB 的大量数据会被探测器本身的处理器先减少到 100 GB，然后再减少到略高于 10 GB。之后欧洲核子研究组织的 7 万多台计算机处理器会在这些数据中进行挖掘，并将它们存储在该研究组织和世界各地的 11 个数据中心，然后这些数据会被传递到 42 个国家和地区的 160 多个站点进行进一步分析。为了实现这一壮举，由高能物理学界开发的系统被称为全球大型强子对撞机计算网格。站点之间的数据流量平均每秒 20 GB，迄今为止存储的数据总量远远超过 1000 PB。

最后一个有趣的例子是"连接组学"，同样体现了大数据在科学中不断扩展的应用：神经科学家使用包括电子显微镜在内的一系列工具，正在努力绘制出人脑（以及其他物种的大脑）内部连接的精细图谱（参见 106 页）。由于大脑非常复杂，很多数据是自动收集和处理的，大数据在这个过程中发挥了重要作用。

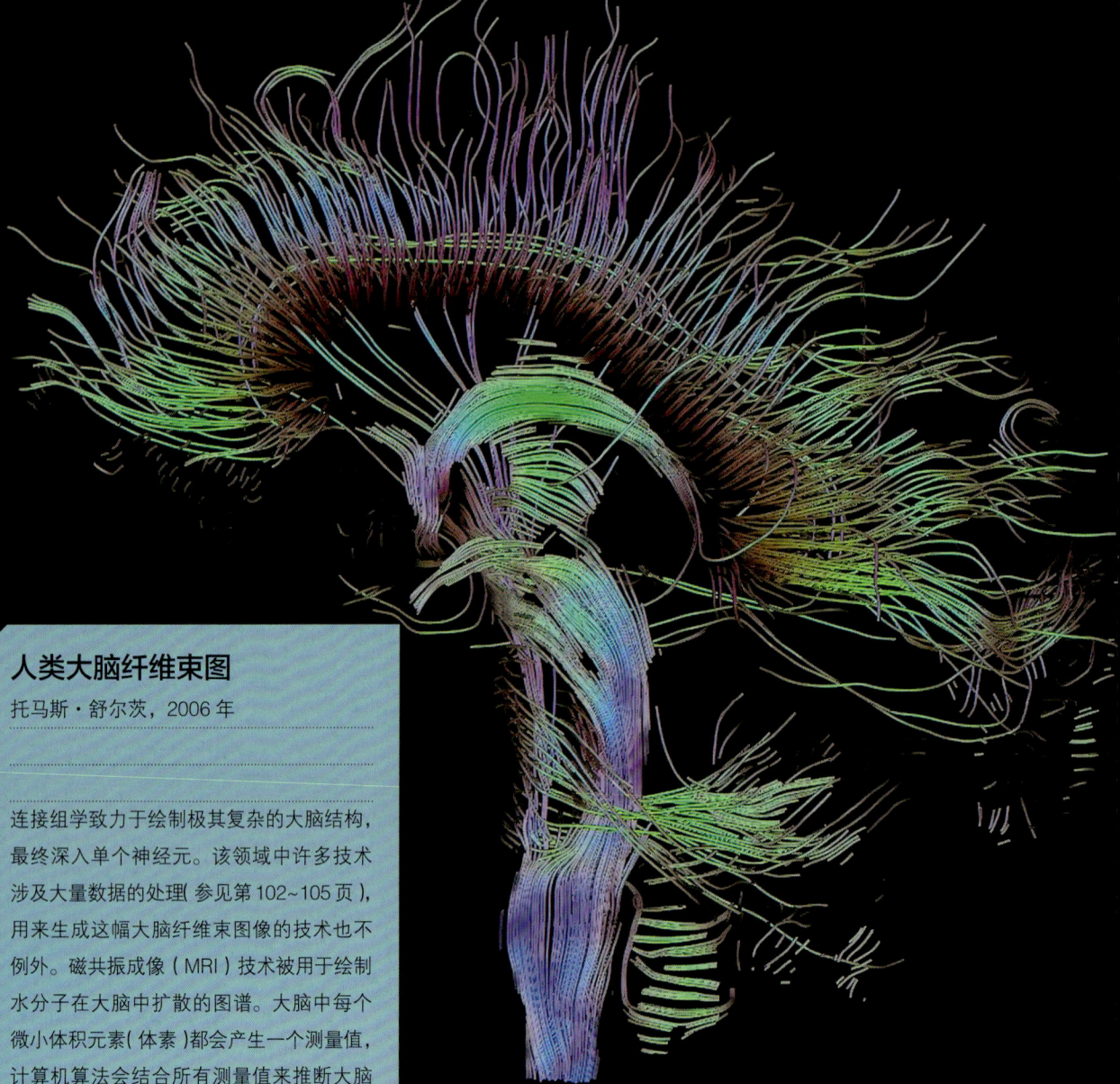

人类大脑纤维束图

托马斯·舒尔茨，2006 年

连接组学致力于绘制极其复杂的大脑结构，最终深入单个神经元。该领域中许多技术涉及大量数据的处理(参见第 102~105 页)，用来生成这幅大脑纤维束图像的技术也不例外。磁共振成像（ MRI ）技术被用于绘制水分子在大脑中扩散的图谱。大脑中每个微小体积元素(体素)都会产生一个测量值，计算机算法会结合所有测量值来推断大脑白质中髓鞘神经纤维的位置和方向，并据此构建出这幅图像。

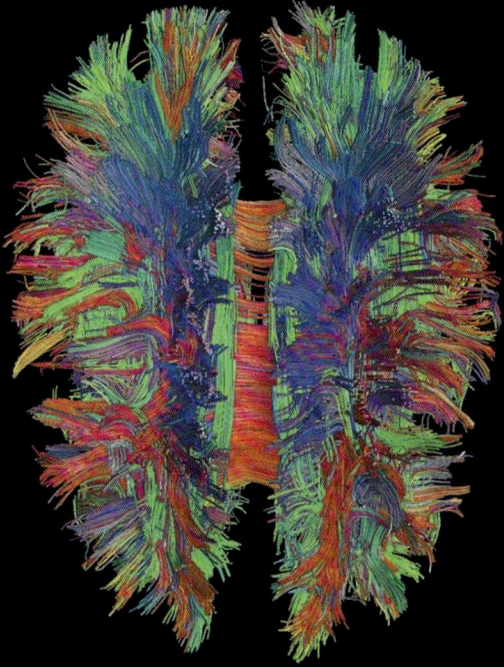

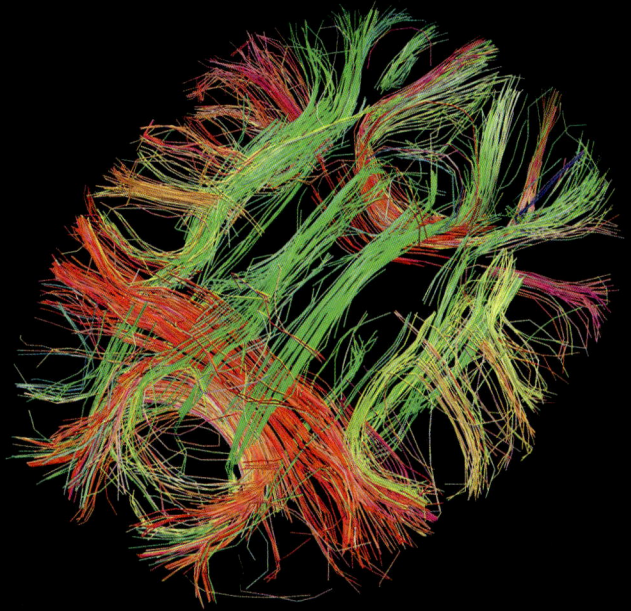

人类大脑纤维束图

帕特里克·哈格曼，瑞士洛桑大学医院连接组学实验室，日期不详

这幅图像和右边的图像是用相同的方法制作的，都使用了弥散磁共振成像技术和之后的弥散张量成像技术。这里请注意，大脑中每个体积元素（体素）都对应一个笛卡儿空间中的三维坐标（参见第83页）。作为弥散磁共振成像过程的结果，每个体素都被分配了一个描述水分子扩散量（运动的随机性）的数字和一个描述它们首选扩散方向的数字。这幅图像中一个突出的结构是胼胝体（伪色显示为橙红色），这是连接大脑皮层两个半球的横向纤维束。

人类大脑纤维束图

人类连接组计划，日期不详

人类大脑的另一个纤维束图，由弥散磁共振成像和弥散张量成像技术创建。这些技术在制定人脑详细图谱（人类连接组计划）的过程中发挥着重要作用，同时它们在诊断脑损伤中也变得卓有成效。除弥散磁共振成像技术之外，人类连接组计划还使用了很多其他复杂的技术来收集大量的数据，从而拼凑出各种尺度的人脑地图。可以看到这些纤维根据其方向都进行了颜色编码：红色从左到右，绿色从前到后，蓝色表示通过脑干。

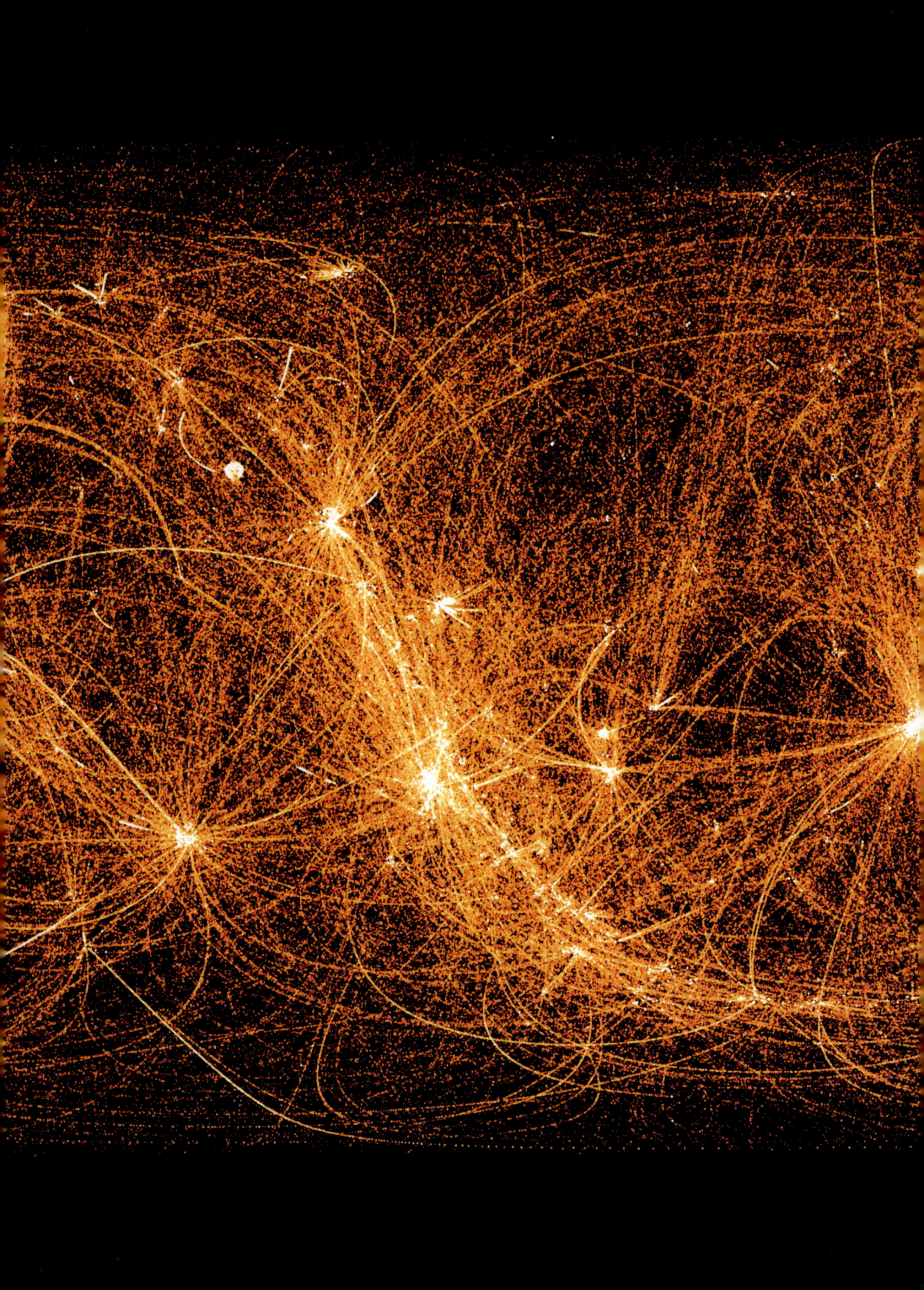

来自整个天空的 X 射线数据

中子星内部组成探测器（NICER），2019 年

这幅图像是根据中子星内部组成探测器最初 22 个月中收集到的数据所做的可视化呈现，它在绕地球运行时偶尔会向某些目标倾斜。每个像素的亮度代表了天空中不同位点处 X 射线的强度。图中较亮的斑点大多数是银河系中的脉冲星（旋转的中子星），或者是能量极高的活动星系。还有许多星系不会发射出任何可见光，因此它们在传统光学望远镜中是完全看不到的。

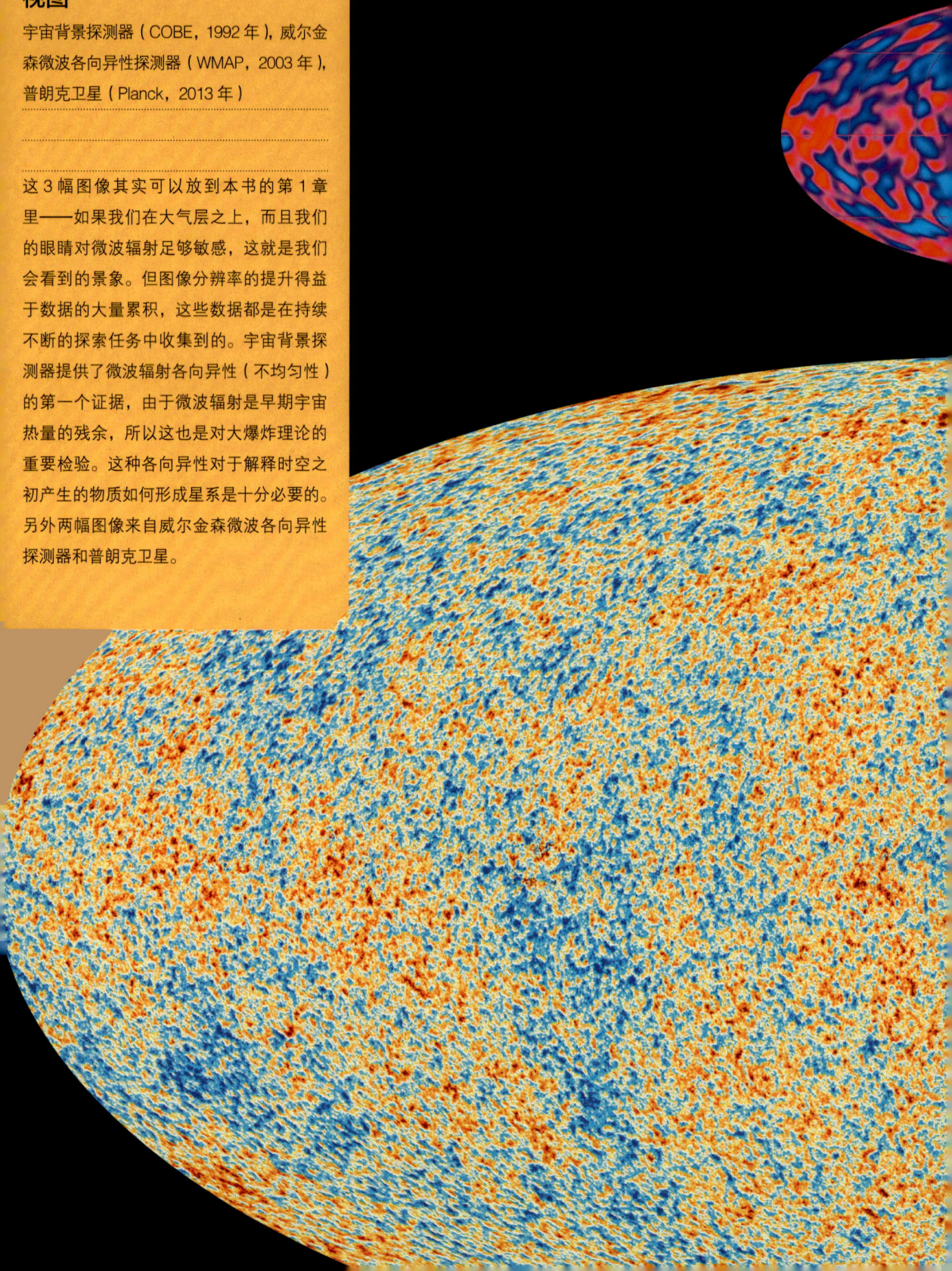

宇宙微波背景的 3 个全天空视图

宇宙背景探测器（COBE，1992 年），威尔金森微波各向异性探测器（WMAP，2003 年），普朗克卫星（Planck，2013 年）

这 3 幅图像其实可以放到本书的第 1 章里——如果我们在大气层之上，而且我们的眼睛对微波辐射足够敏感，这就是我们会看到的景象。但图像分辨率的提升得益于数据的大量累积，这些数据都是在持续不断的探索任务中收集到的。宇宙背景探测器提供了微波辐射各向异性（不均匀性）的第一个证据，由于微波辐射是早期宇宙热量的残余，所以这也是对大爆炸理论的重要检验。这种各向异性对于解释时空之初产生的物质如何形成星系是十分必要的。另外两幅图像来自威尔金森微波各向异性探测器和普朗克卫星。

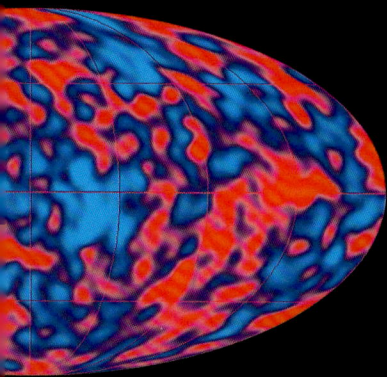

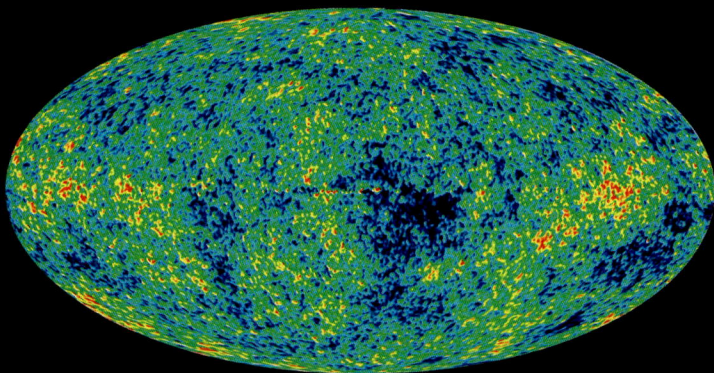

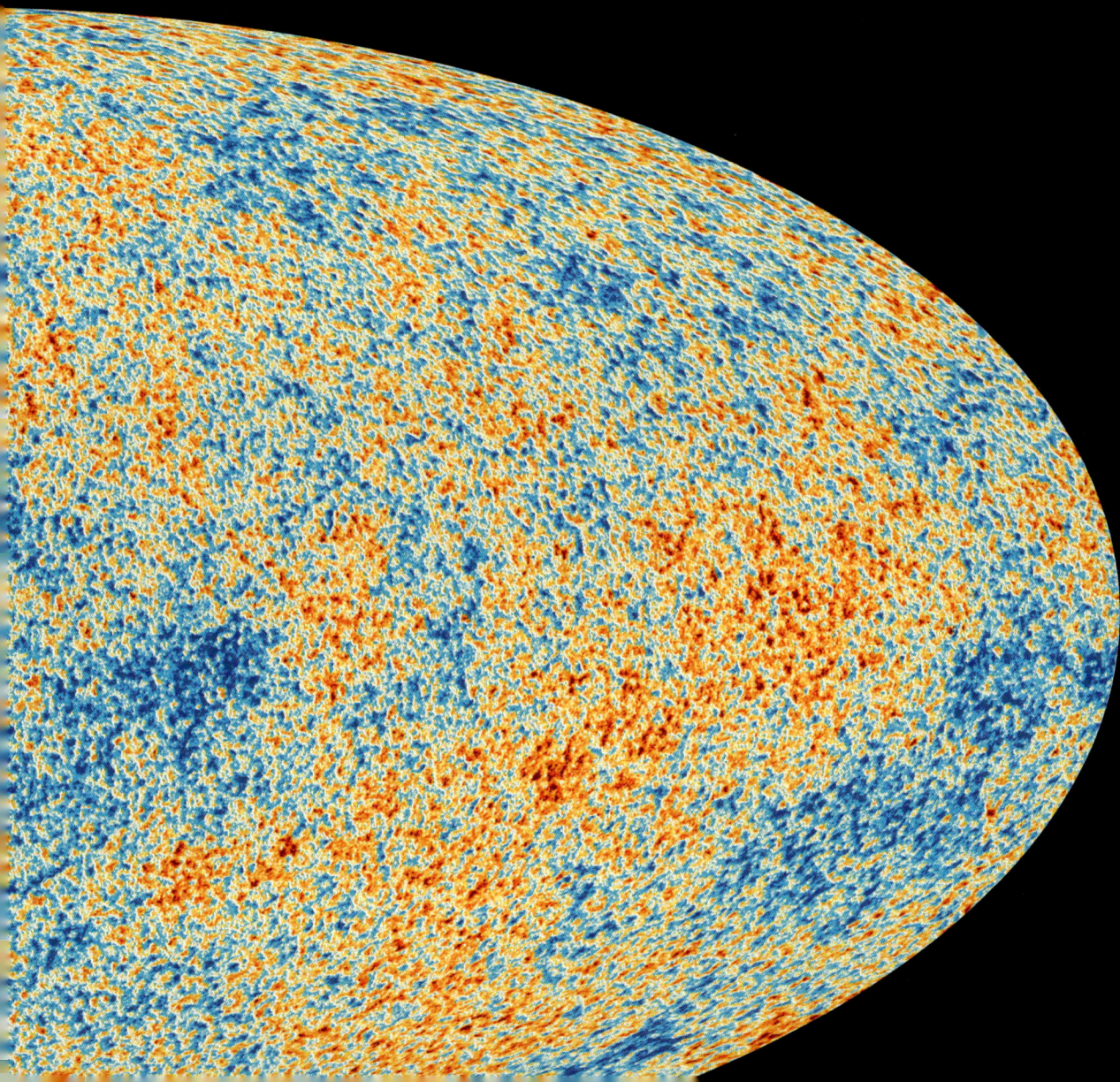

墨西哥尤卡坦半岛的卫星图像和红外图像

美国国家航空航天局喷气推进实验室，2003 年

墨西哥尤卡坦半岛的这两幅图像提供了关于希克苏鲁伯陨击坑的数据，该陨击坑是在 6 500 万年前由于一次小行星的撞击而形成的。这次撞击事件导致了恐龙的灭绝。这幅俯视图虽然看起来像一张照片，但它实际上是根据地形数据制作的图像，这些数据是由航天飞机在雷达地形测绘任务中使用的雷达仪器收集而来的。第二幅图像也是根据数据创建的，数据来源于可以检测到红外线的仪器，这些仪器是陆地卫星 4 号上携带的专题测图仪的一部分。雷达图像清楚地显示了陨击坑的边缘，而红外图像则展现了植被类型，这些植被直到今天仍受到撞击造成的底层地质的影响。

长期以来，小鼠一直被当作模式生物，用来研究哺乳动物尤其是人类的生物学特征。生物学中一个重要领域便是研究早期胚胎（原肠胚）中的少量细胞是如何发育成器官和身体的。本页中的这幅图像记录了 48 小时内从原肠胚（最小的蓝色斑点）开始的一连串的发育时间节点。图中的蓝色漩涡是每个细胞迁移和分裂时产生的轨迹。这些图像是在计算机中通过一种算法分析了实验产生的 10 TB 数据之后生成的，这些实验装置提供了胚胎生存和生长所需的一切，还配有一台可以随着胚胎生长自动调整视野的显微镜。

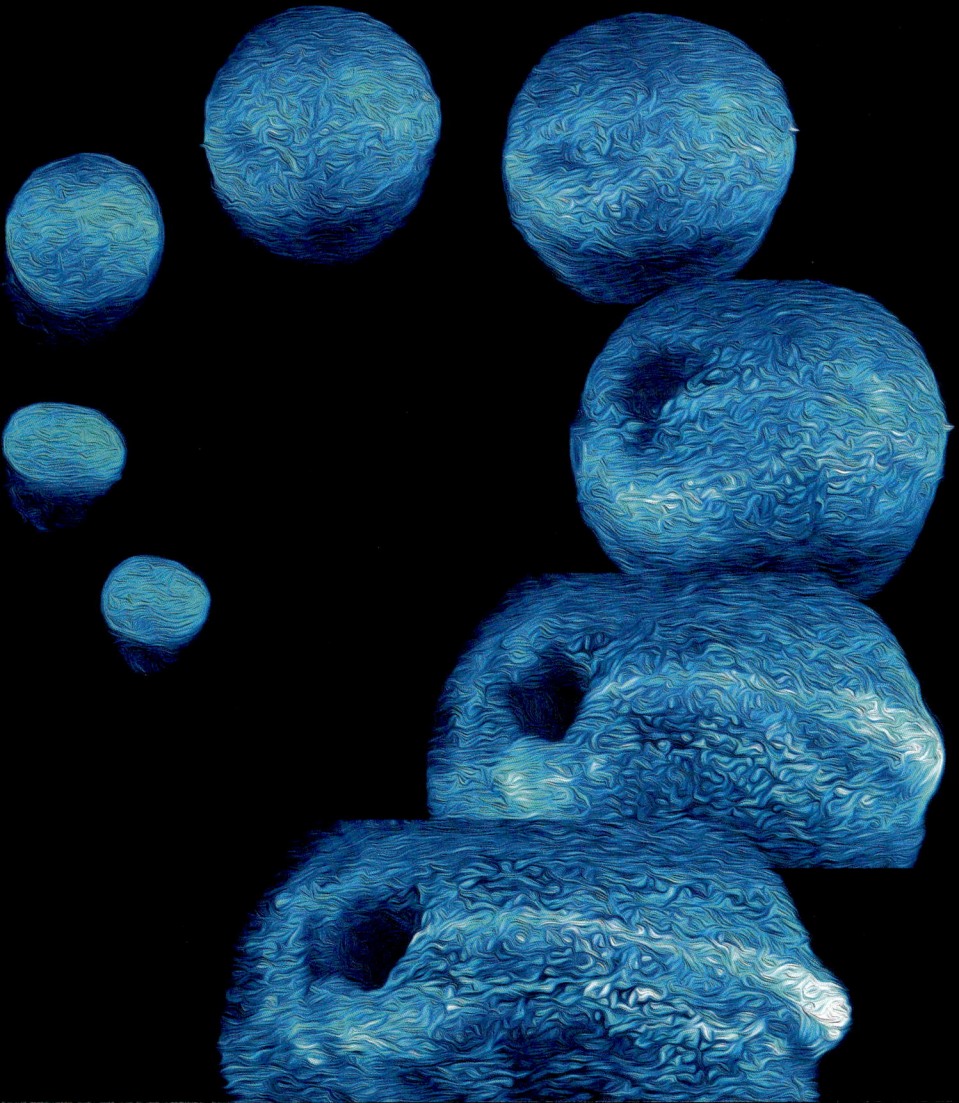

小鼠胚胎发育

凯特·麦克多尔等，2018 年

第 113 页中已经介绍了小鼠胚胎发育这项研究，在这项研究中人工智能被用来识别正在分裂的细胞，并追踪由此产生的子细胞的命运。此外，这项研究还使用了分子标记技术，以便更容易地识别某些细胞类型，例如心脏中的细胞。有了这些研究手段，便有可能在细胞水平上追踪器官发生（器官的发育）的某个特定实验过程。研究人员用不同的胚胎将实验重复几次便可以构建一个"正常的"小鼠胚胎发育模型。在这一系列图像中，颜色表示细胞的发育速度，蓝色表示较慢，红色表示较快。

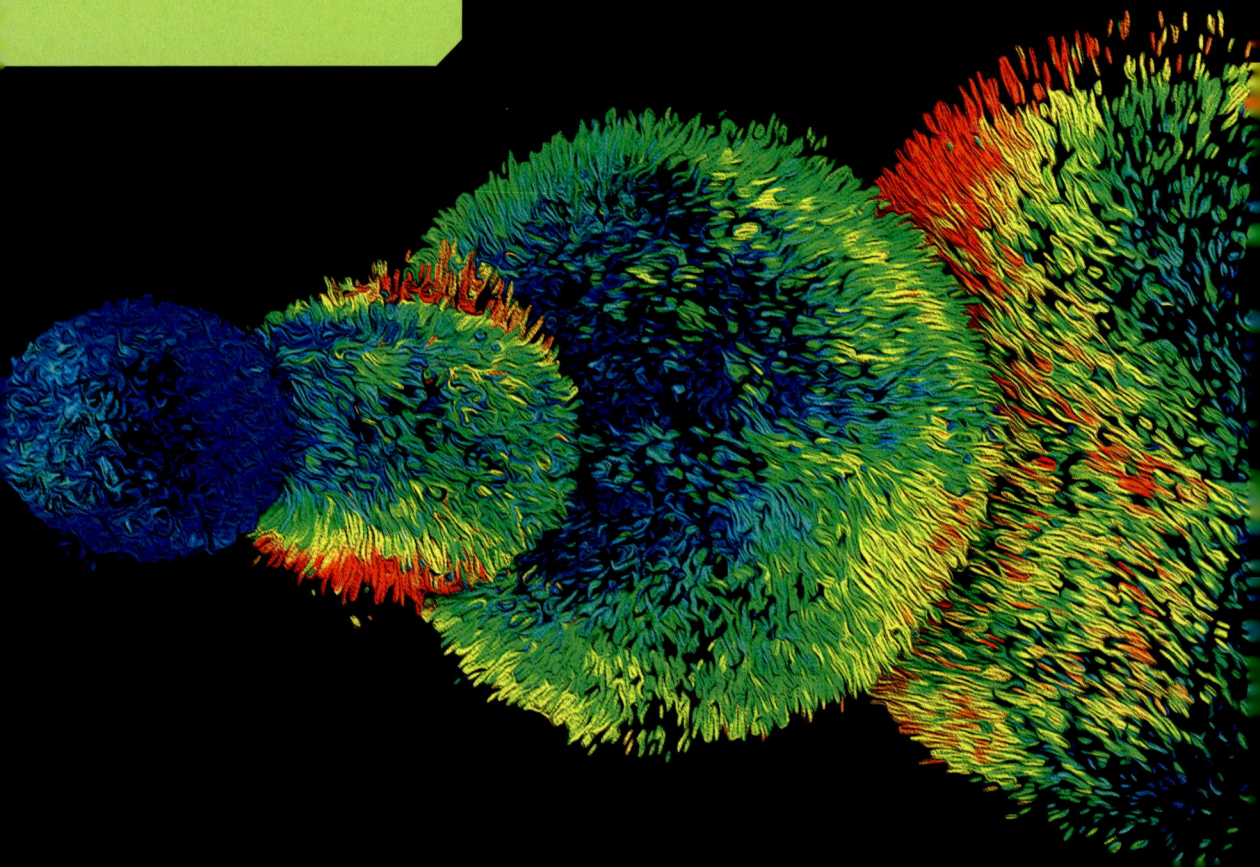

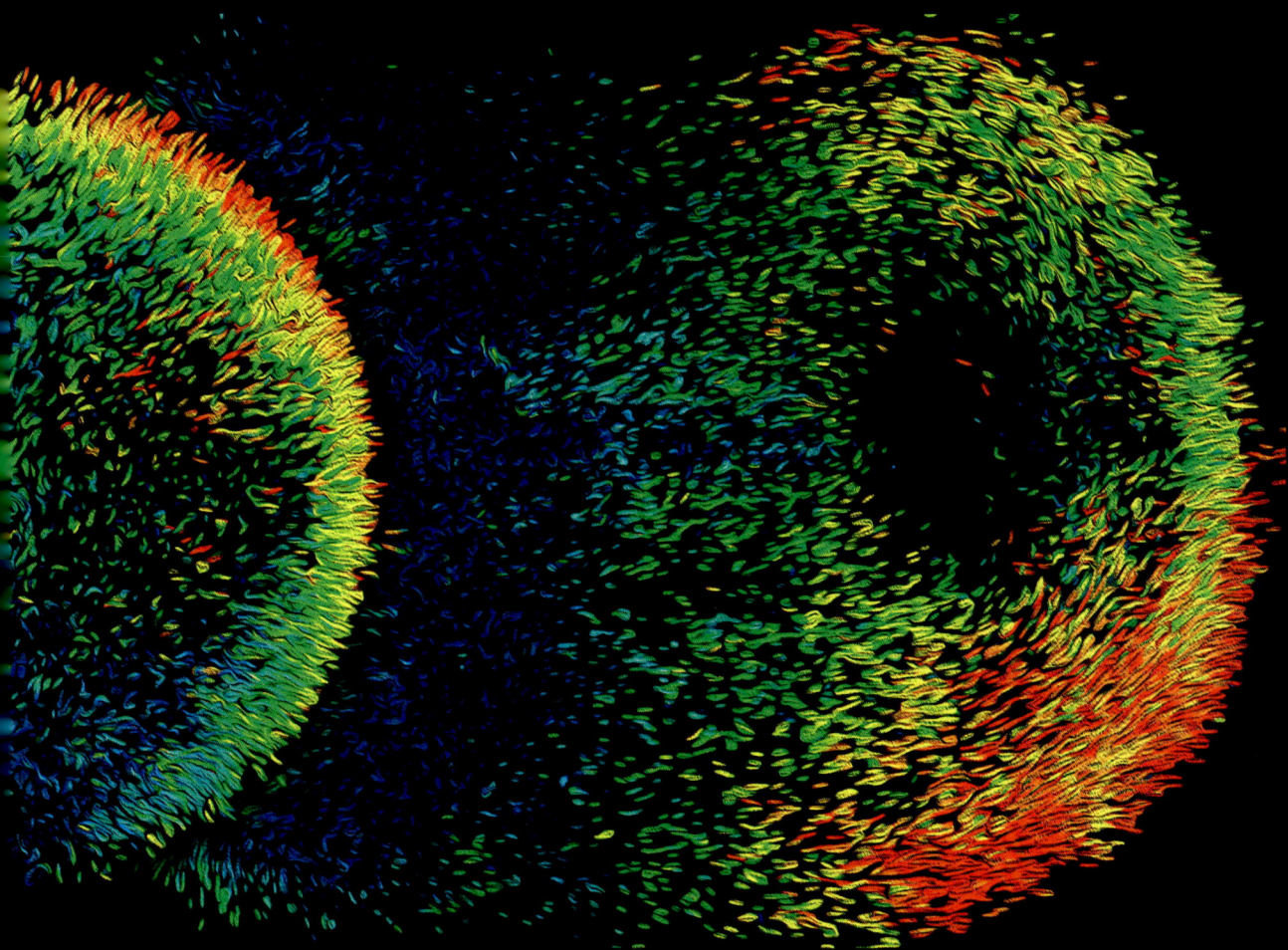

信息传达

数据和信息

正如本章第一部分导言所述，对科学家来说，数据很重要，数据可视化也很重要。本章第二部分的主题"信息"也是如此。数据和信息之间的区别通常是模糊的，但是撰写有关"DIKW"金字塔（参见第 81 页）或一般数据和信息的人通常认为信息是具有语境或意义的数据。信息可视化的创建者通过整理自己的或许还有他人的数据，并且以某种表达方式来提供信息，或是在某些情况下表达一种观点。无论是哪种情况，相较于数据而言，信息的可视化通常是为了对观众产生某种影响，或者是给其他科学家提供参考。

如前所述，科学家用于信息可视化的技术同样也用于其他领域，例如政治和经济学。事实上，信息可视化的先驱之一便是一位经济学家——威廉·普莱费尔（他除了是一位经济学家，还拥有工程师等多重身份）。在 18 世纪 80 年代，普莱费尔设计推广了几种图表来直观地展示信息，其中包括折线图、条形图和饼状图（参见第 117 页）。普莱费尔的统计图表被科学家们频频采用，随着信息可视化的日益广泛，另一位统计学先驱也受到了启发，她的名字家喻户晓，她就是弗洛伦斯·南丁格尔。本书第 118 页介绍了她对统计和信息可视化最著名和最有影响力的贡献。地图是另一种重要的图形工具。地质学是另一门需要地图的科学，在汇总信息方面，地图发挥了重要作用（参见第 124~125 页）。

信息图表

今天，由于信息图表的大量涌现，一些引人入胜的信息可视化范例随处可见（不仅仅在科学领域）。得益于设计师爱德华·塔夫特 1983 年出版的里程碑式的著作《定量信息的视觉显示》的熏陶，以及数字革命的滋养，信息图表不仅引人入胜，而且可以有效地传递大量信息。信息图表中使用的各种图形方法在科学信息的交流中变得司空见惯。这种可视化方式在传达关键信息时尤其重要，例如由人类活动导致的全球温度上升（参见第 126 页"暖化条纹"）。

颜色图例

■ 化石原料

■ 核能（亿千瓦时；替代能量）

■ 可更新能源

■ 传统生物量（亿千瓦时；替代能量）

1800

1850

1900

1950

2000

2019

展示 1800—2019 年世界能源使用的饼状图

作者使用 RAWGraphs（一款在线的可视化工具）制作的数据图，2018 年

饼状图比较适合用来展示数量的比例值。这种图示首次发表是在威廉·普莱费尔 1801 年出版的《统计摘要》一书中。该书通过一系列的饼状图清晰直观地概括了 1800 年人类对能源的使用情况。每个饼状图的总面积代表了人类使用的总能量，而圆圈内的彩色切片代表不同种类能源所提供的能量占耗能总量的比例。（注：考虑到某些类型的能源与其他能源相比效率低下，图中的数值是根据"替代法"调整过的。例如，燃烧化石原料时释放的大部分能量损失了，但这在使用太阳能或风能的时候却不是什么大问题。）

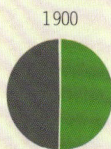

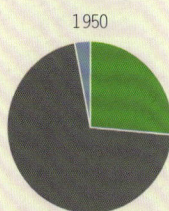

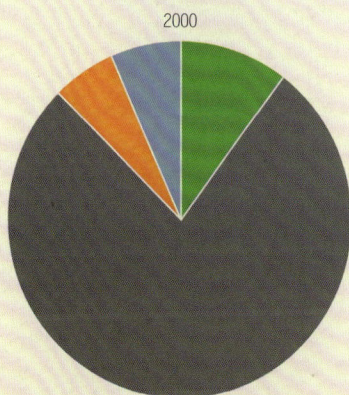

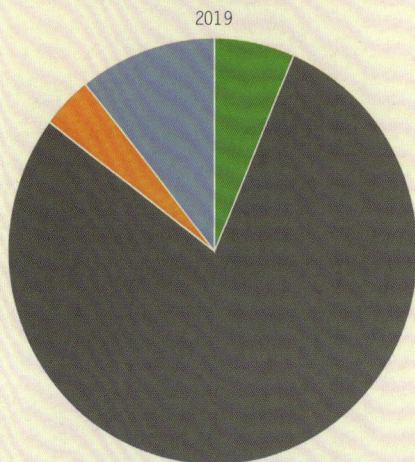

展示士兵死亡原因的极地区域图

弗洛伦斯·南丁格尔，1856 年

弗洛伦斯·南丁格尔在英国陆军医院度过了两年时间。她对那里的恶劣条件和由此导致的士兵的死亡感到震惊。她收集了有关士兵死亡原因的统计数据，并以图表的形式呈现出来，"让我们向公众传达我们无法通过他们的耳朵传递给他们的信息。"士兵死于可预防原因（蓝色楔形）的人数远远超过死于受伤（红色）和其他原因（黑色）的人数。该图表产生了预期的效果——军队医院条件因此改善，可预防原因导致的死亡率大幅下降。

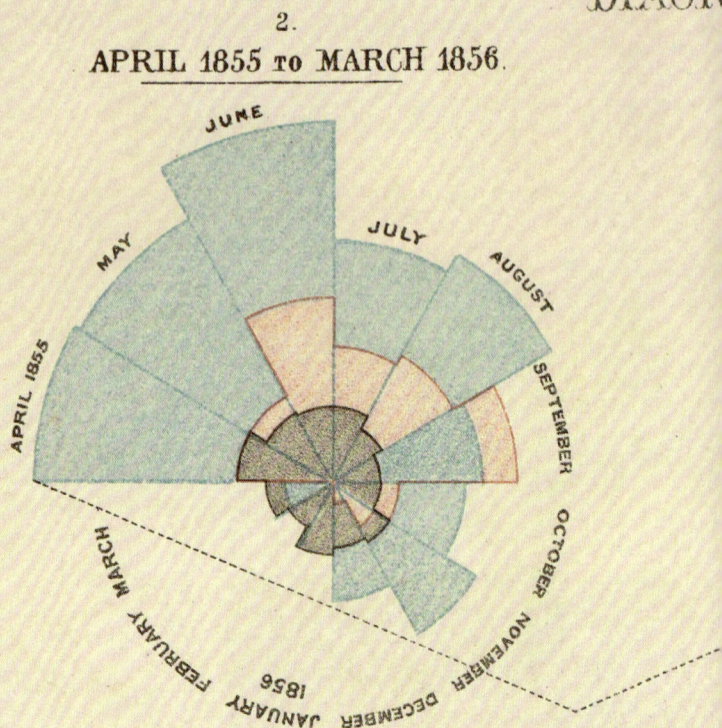

DIAGR

2.

APRIL 1855 to MARCH 1856.

The Areas of the blue, red, & black wedges are each the centre as the common vertex.

The blue wedges measured from the centre of the circle for area the deaths from Preventible or Mitigable Zym red wedges measured from the centre the deaths fro black wedges measured from the centre the deaths fr

The black line across the red triangle in Nov.ʳ 1854 ma of the deaths from all other causes during the mont

In October 1854, & April 1855, the black area coincide in January & February 1855, the blue coincides w

The entire areas may be compared by following the b black lines enclosing them.

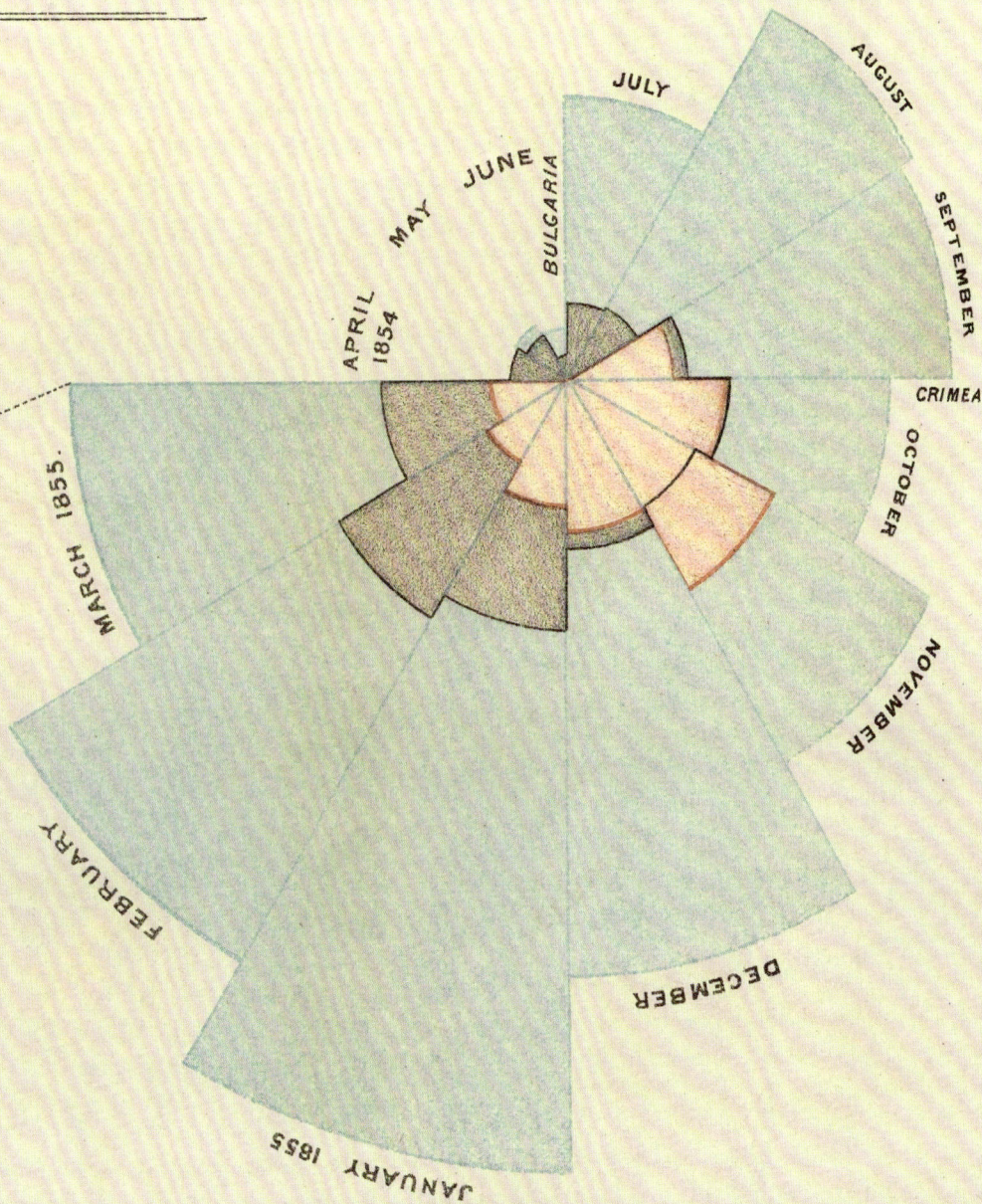

OF THE CAUSES OF MORTALITY
IN THE ARMY IN THE EAST.

1.

APRIL 1854 TO MARCH 1855.

BULGARIA

APRIL 1854
MAY
JUNE
JULY
AUGUST
SEPTEMBER
CRIMEA
OCTOBER
NOVEMBER
DECEMBER
JANUARY 1855
FEBRUARY
MARCH 1855

Harrison & Sons St.Martins lane

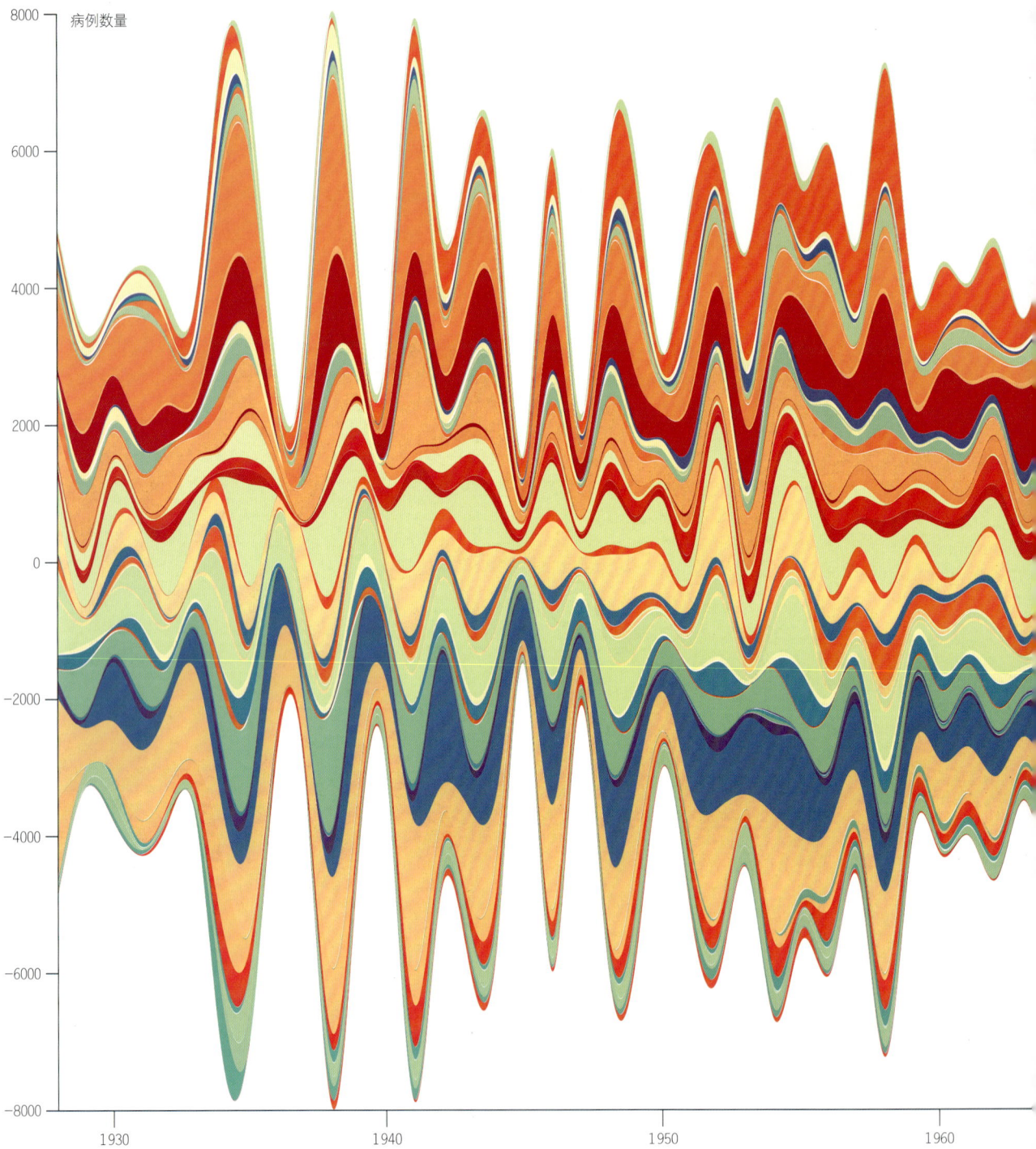

展示美国麻疹病例的流线图

作者使用 RAWGraphs 制作的数据图，2022 年

麻疹于 1912 年成为美国的国家法定传染病。在报告的第一个 10 年中，每年约 6000 人因此病死亡。由于医疗保健的普遍改善，这一数字有所下降，到了 20 世纪 50 年代，每年死亡人数仍为 500 人左右。1963 年推出了一种疫苗，使麻疹发病率和麻疹死亡人数急剧下降。在此流线图中可以清楚地看到疫苗的影响。彩色条带的整体高度显示了美国从 1928 年到 2002 年平均每周麻疹病例的数量。每种颜色代表美国不同的州。数据来自第谷计划（Project Tycho）。

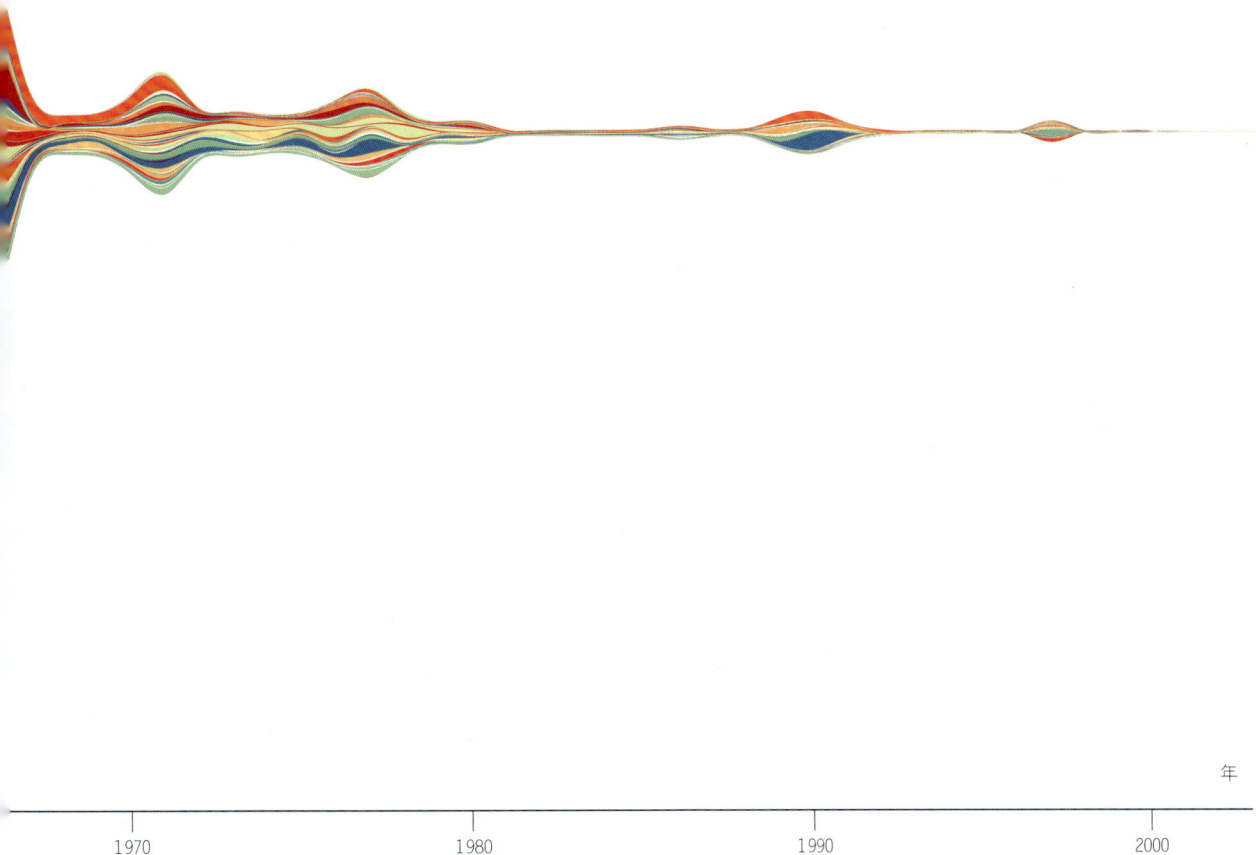

年

1970　　　　　　　　1980　　　　　　　　1990　　　　　　　　2000

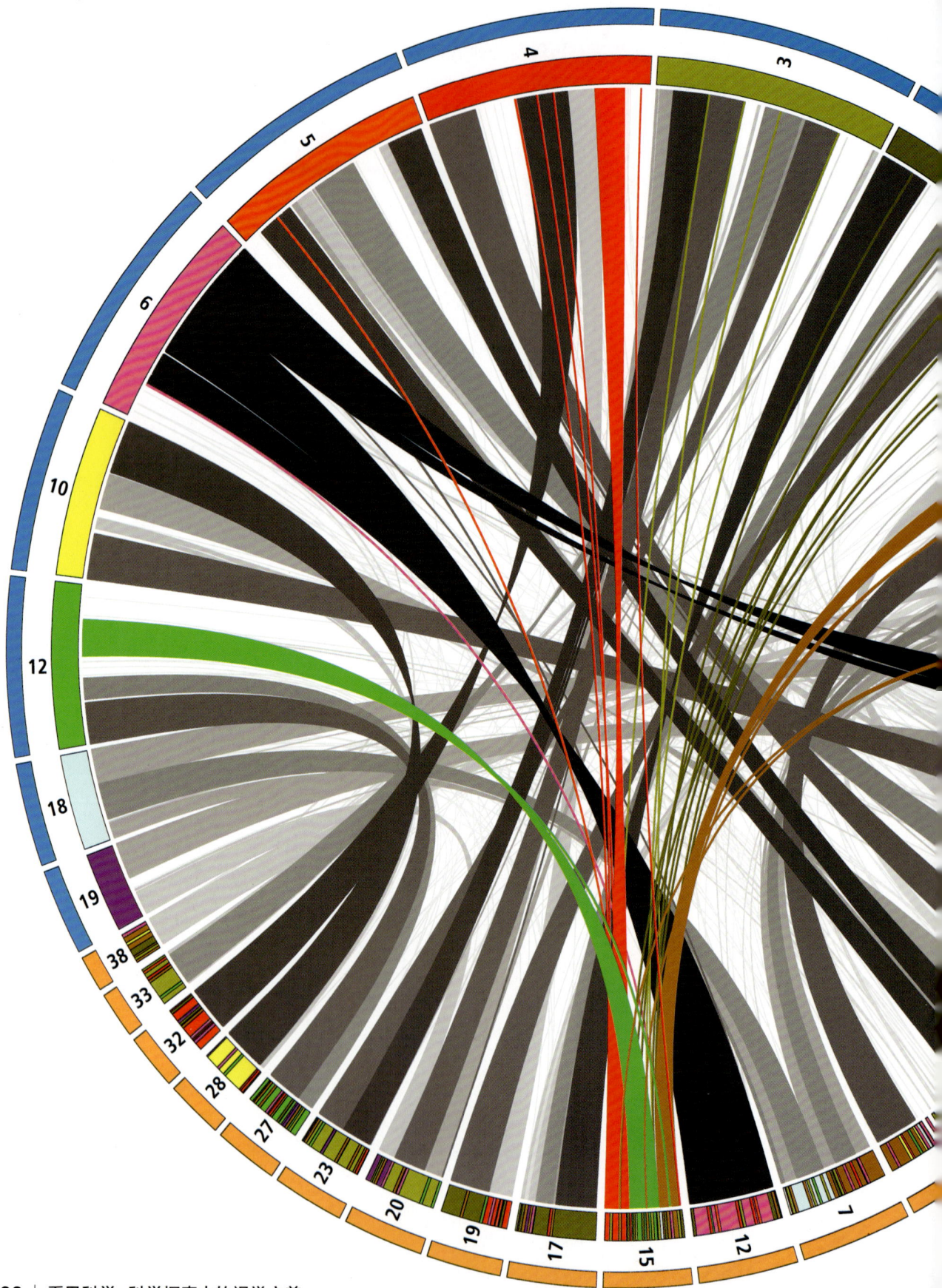

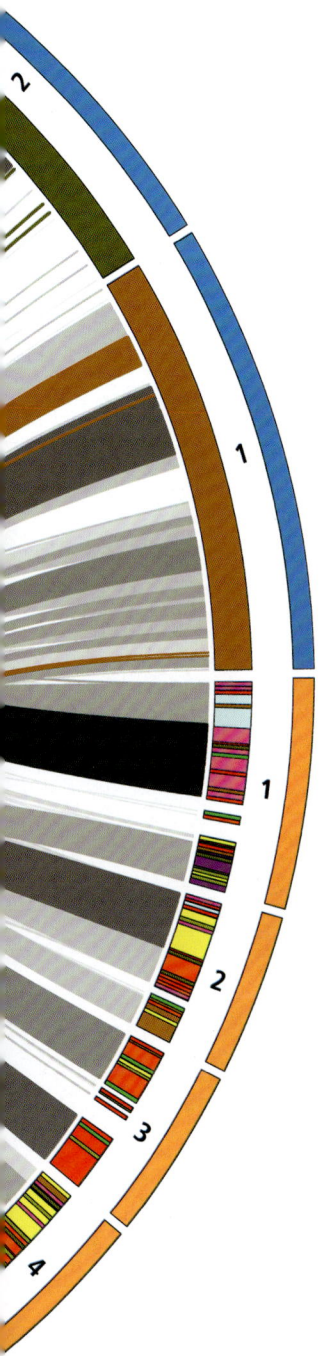

展示基因组相似性的环形可视化图

马丁·克日温斯基，2007 年

2005 年，一个科学家团队开发了名为 Circos 的可视化基因组软件，该软件可用于识别和分析基因组之间或同一基因组内不同染色体之间的相似性。Circos 提供的信息在大量生物医学应用中都非常有用（它已被用于一系列可视化图表的制作）。这幅图像突出了人类和犬的基因组之间的相似性。人类 23 条染色体中的 10 条排列在顶部（蓝色），而犬 39 条染色体中的 17 条排列在底部（橙色）。圆形阵列中纵横交错的色带连接的部分表示两个基因组共有的相当长的一部分 DNA 序列。这幅图重点突出了其中一条染色体——犬 15 号染色体上的连接，除此之外所有的连接色带都显示为灰色。

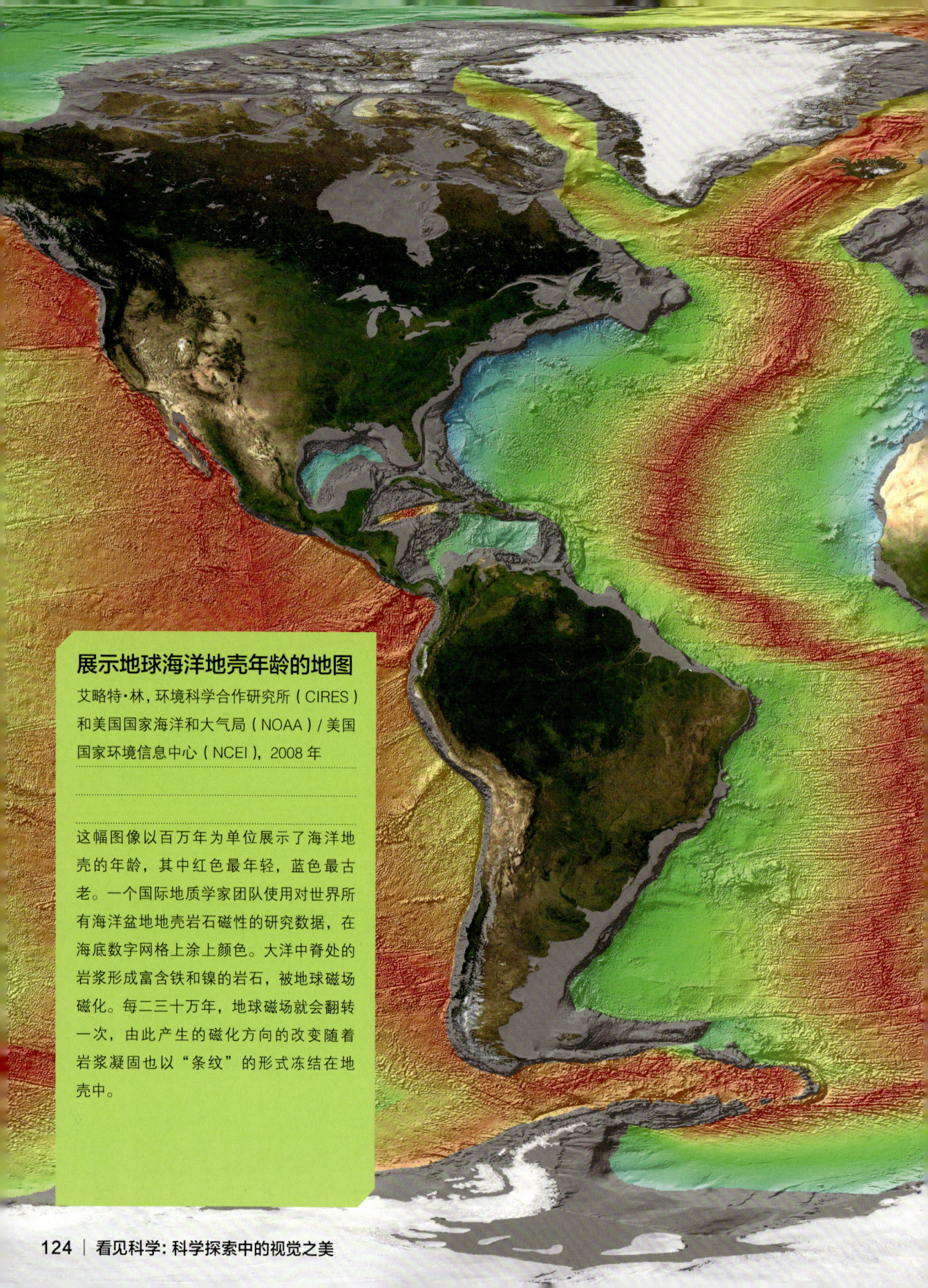

展示地球海洋地壳年龄的地图

艾略特·林，环境科学合作研究所（CIRES）和美国国家海洋和大气局（NOAA）/美国国家环境信息中心（NCEI），2008年

这幅图像以百万年为单位展示了海洋地壳的年龄，其中红色最年轻，蓝色最古老。一个国际地质学家团队使用对世界所有海洋盆地地壳岩石磁性的研究数据，在海底数字网格上涂上颜色。大洋中脊处的岩浆形成富含铁和镍的岩石，被地球磁场磁化。每二三十万年，地球磁场就会翻转一次，由此产生的磁化方向的改变随着岩浆凝固也以"条纹"的形式冻结在地壳中。

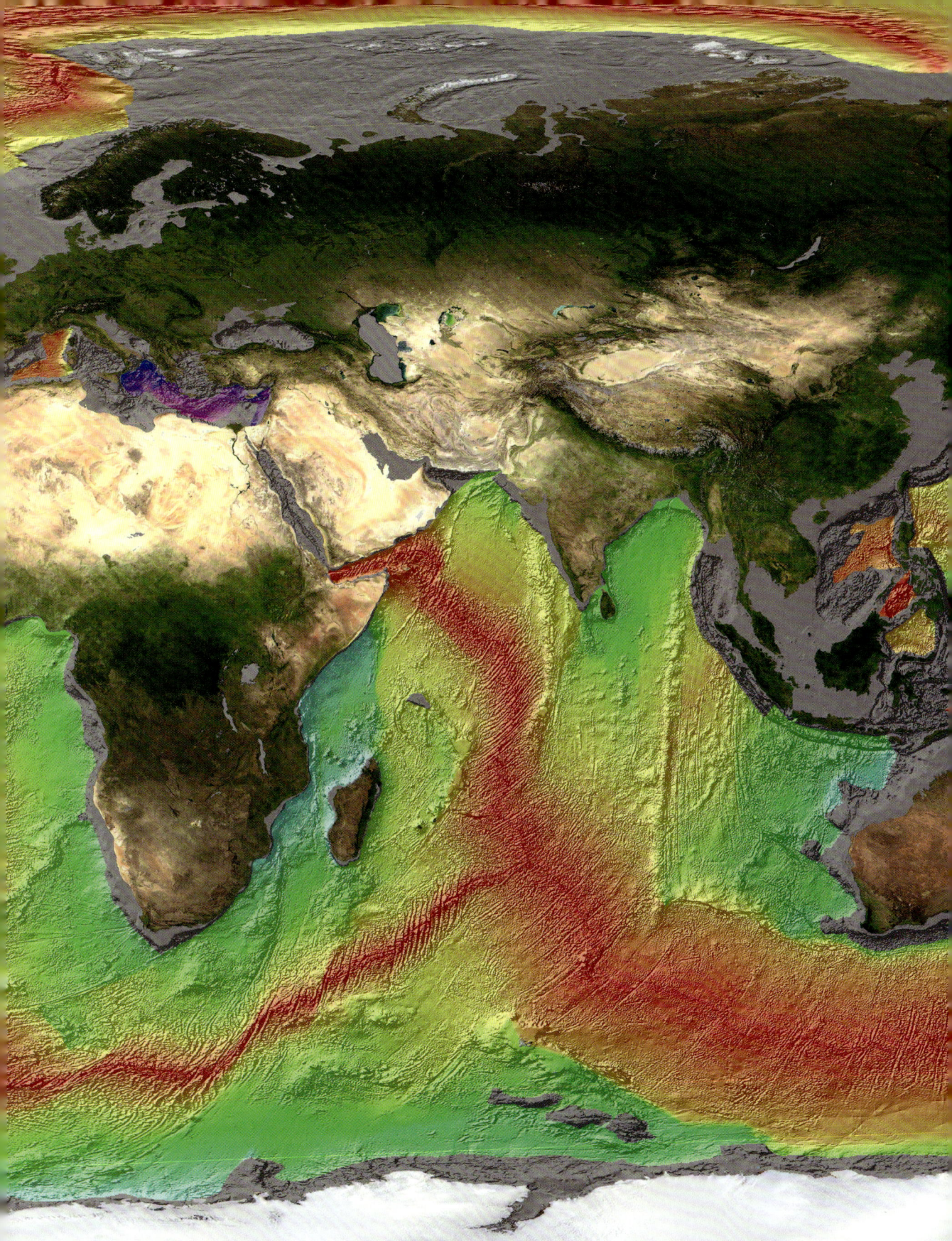

暖化条纹：代表了 1850—2020 年的全球温度的变化

埃德·霍金斯教授（英国雷丁大学），
2020 年

在这幅可视化作品中，颜色展示了从 1850 年到 2020 年全球平均温度的变化——温度上升超过了 1.2 摄氏度。在该项目的网站上，还可以看到显示特定区域温度变化的本地化版本。以这种简洁的方式展示数据可以使图表更具冲击力，颜色的选择在这其中也起到了辅助作用。

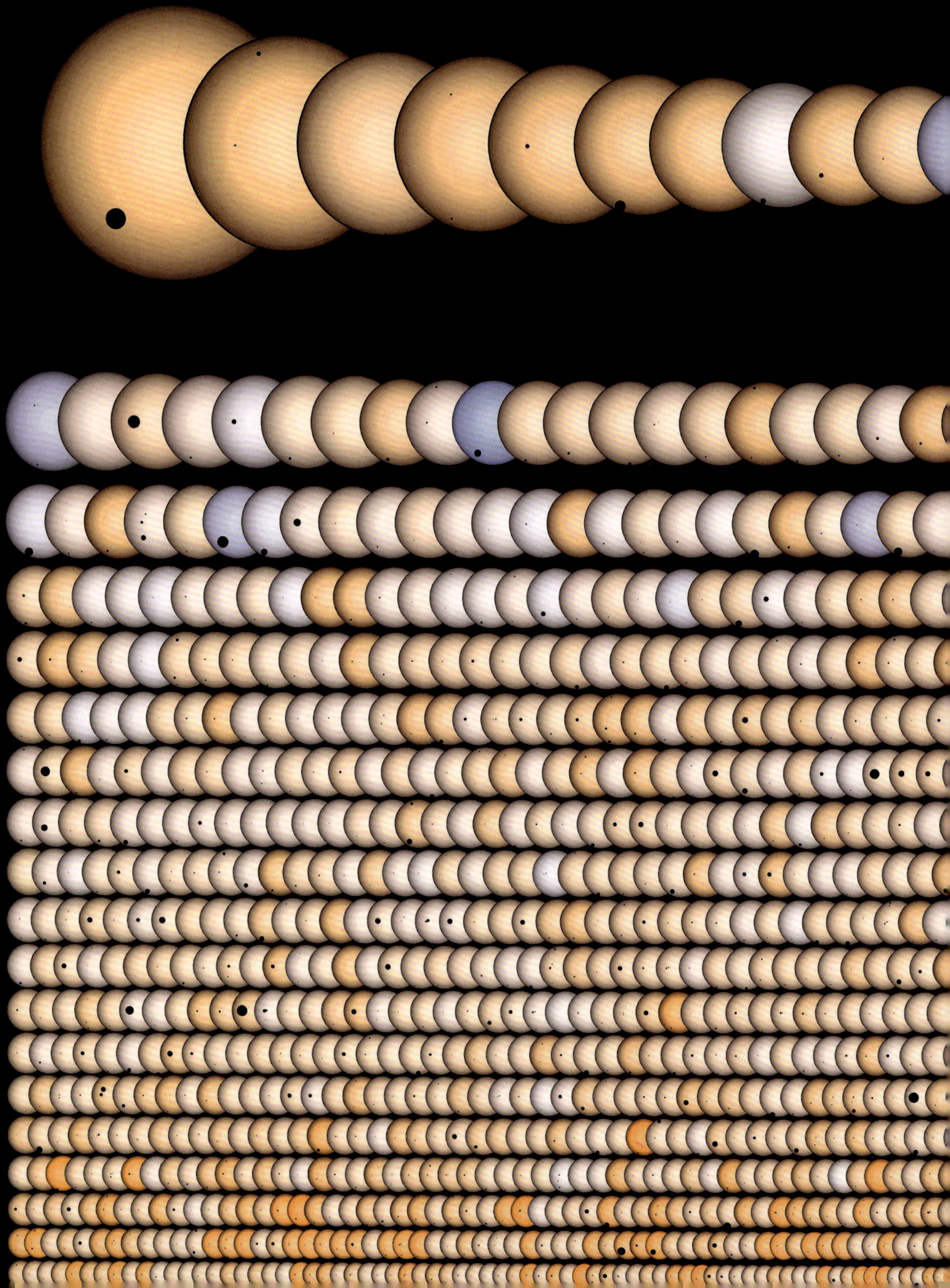

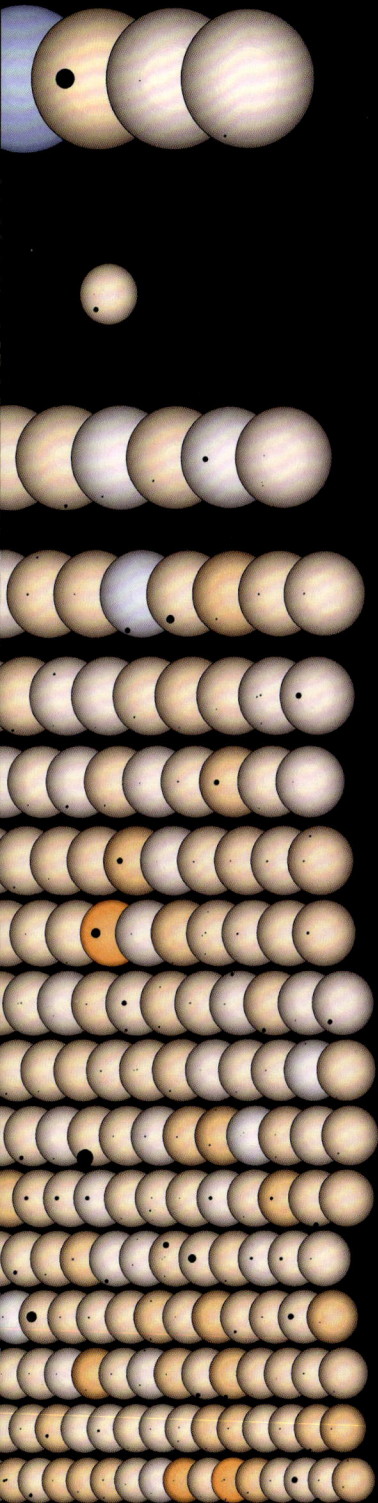

开普勒凌日行星

杰森·罗，2012 年

自 2009 年至 2018 年，开普勒太空望远镜收集了来自银河系中超过 50 万颗恒星的光。来自航天器的光度数据（对亮度的测量）的变化提醒执行该任务的科学家注意可能存在的行星，因为当行星凌日（经过它们的主恒星）时，该恒星的亮度会降低。后来也对候选行星用其他方法进行了检查。这幅"全家福"按比例显示了截至 2012 年底的所有候选恒星，以及凌日行星的预测尺寸。太阳与木星（还有地球，几乎看不见）作为对比显示在第一行的下方。到任务结束时，开普勒太空望远镜一共发现了 2662 颗行星。

传授知识

知识的产生

科学可以产生新的知识，它可以帮助我们了解有关未知世界的事实、熟悉以前未知的事物，还可以帮助我们理解以前被误解的现象。自弗朗西斯·培根提出现代科学方法（参见第 82 页）以来的 400 年间，科学家们创造了大量的知识。知识带来的启迪本身就是让人快乐和着迷的，而且知识也有实际的益处。科学知识被各行各业的人们所利用，其中包括工程师、建筑师、政策制定者和艺术家。出于这个原因，发现新知识的科学家有责任同时也希望将知识传递下去，不仅传递给其他科学家，还要传递给更广泛的大众。

为学习而生的知识

图表和其他视觉辅助工具对于传递科学知识至关重要。当沃森和克里克发现了 DNA 的分子结构时，没有比通过模型来展示这一重大发现更好的交流方式了（参见第 145 页）。有时，可视化是一种方法，可以将大量知识浓缩成可控范围内的东西，从而为科学家提供参考，或者为学习者提供帮助（视觉阐释是一种强大的学习工具），就像赫罗图（参见第 134 页）和元素周期表（参见第 140 页）所展示的那样。第 2 章最后一部分中介绍的可视化类型大多是抽象的示意图或图解。这将它们与艺术家创作的视觉印象区分开来，艺术家试图描绘的是我们看不到的物体或场景。此类作品在第 4 章中有所体现。

科学中比较讽刺的一点在于，虽然它是对知识的追求，但世界上所有的假说、理论和实验都无法产生绝对的真理或绝对的知识，只能排除不真实的事情。实验结果可以推翻或支持一个假说——但它永远无法证明它是正确的，因为总会有另一个假说可以解释同样的现象。阿尔伯特·爱因斯坦对此进行了优美的总结（这里如常所见，对其进行了转述）："再多的实验也无法证明我是对的；但一次实验就可以证明我错了。"因此，科学理解总是在变化和发展就不足为奇了（参见第 136 页"原子的可视化"）。我们今天以为我们知道的知识将在未来被新发现和理论所取代或至少被完善。但是，在科学中，就像在生活中一样，旅程本身就是目的地。

关于折射和白光如何形成颜色的解释

艾萨克·牛顿，1704 年

这些图表出现在牛顿开创性的著作《光学》中，它们解释了折射和彩虹形成的原理。其他思想家对彩虹如何形成也提出了类似的解释，并绘制了图表——特别是 14 世纪的卡迈勒·丁·法里西和弗莱贝格的狄奥多里克。但牛顿的解释是第一个现代的、严谨的解释（右下方标为"Fig.15"的图片），它是科学方法本身的产物。牛顿认为颜色是阳光本身固有的，而不是白光通过棱镜时被赋予的一种特性。牛顿在标为"Fig.16"的图片中展示了这一点，他也是第一个阐明这一点的人。

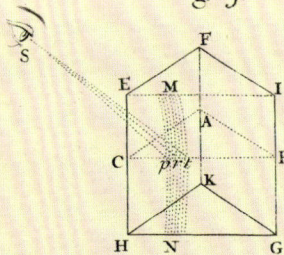

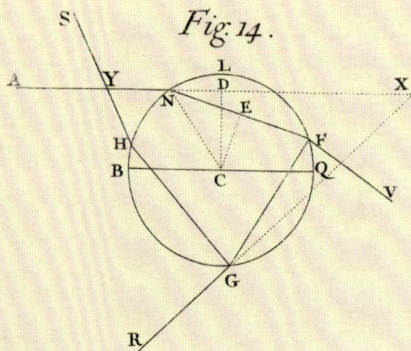

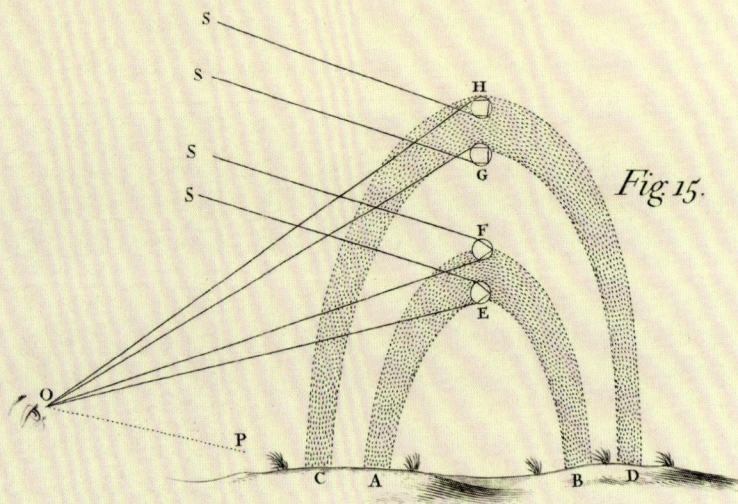

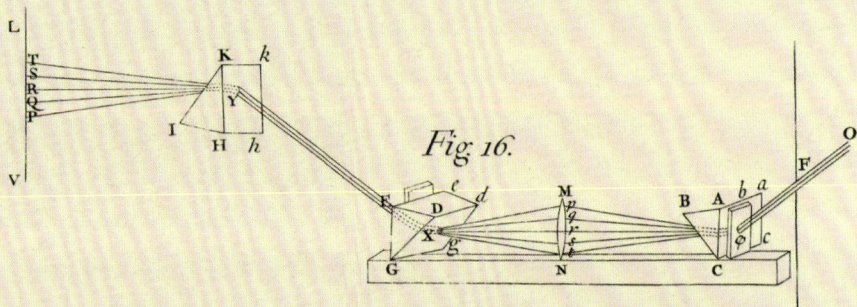

对极光做出建议性解释的图表

约翰·罗斯爵士，1835 年

有时，一张图表可以用来解释一个尚未建立的新假说（潜在的知识）。即便是错误的，此类插图也可被视作科学过程的重要组成部分，正如约翰·罗斯爵士绘制的这幅插图，被用来帮助解释他的关于北极光的假说。罗斯的假说认为，极光是由阳光的反射引起的——首先是来自"两极周围大片冰雪覆盖的平原和山脉"的反射，然后是来自"只有在这种光照下我们才能看到的"云层的反射。

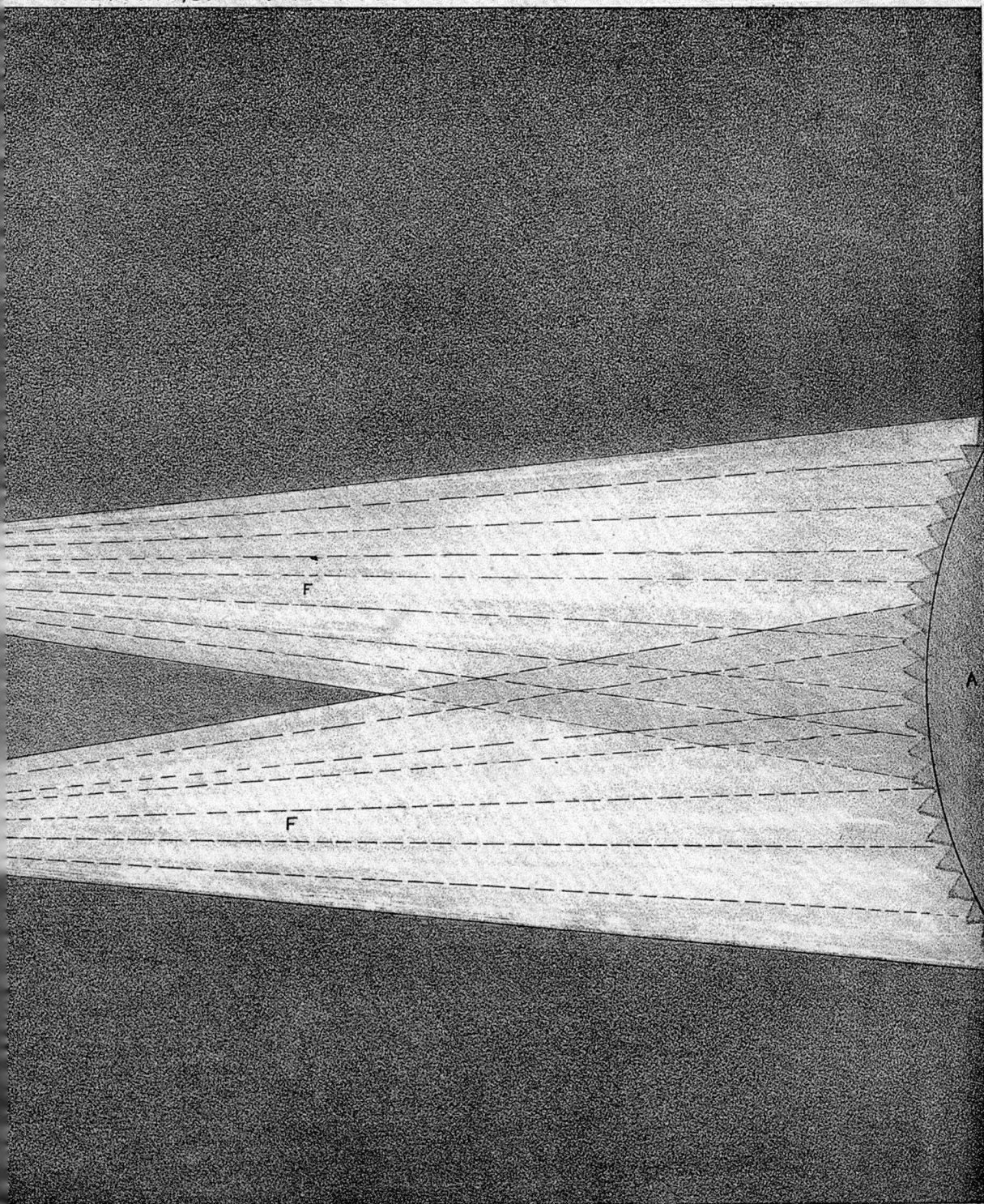

赫罗图

由埃纳·赫茨普林和亨利·诺里斯·罗素设计，1910 年左右

赫茨普林 – 罗素图（赫罗图）常被天文学家用作参考和学习的辅助工具。x 轴显示恒星的表面温度（以开尔文为单位），最热的位于轴的左侧。该轴通常表示"光谱类别"并标有字母——这相当于同一件事，因为表面温度与恒星的颜色直接相关。y 轴表示恒星的光度，即它发出多少光（这是一个对数轴，参见第 97 页）。最亮的星星在顶部。绝大多数的星星落在图表上 4 个明确定义的区域之中。最突出的是长对角线带，称为主星序。所有恒星在其生命中大部分的时间位于主星序中，在这里氢不停聚变形成氦。当氢燃料耗尽时，恒星会从主星序移动到其他 3 个区域之一。最亮的恒星，也是最大的恒星，它们燃烧得如此明亮，以至于它们在主星序处只停留几千万年，然后便膨胀产生更大的体积，成为超巨星。比太阳稍大的恒星也会膨胀到更大，成为巨星。像太阳这样的恒星，目前是一颗黄矮星，最终会变成小而暗的恒星，也就是白矮星。

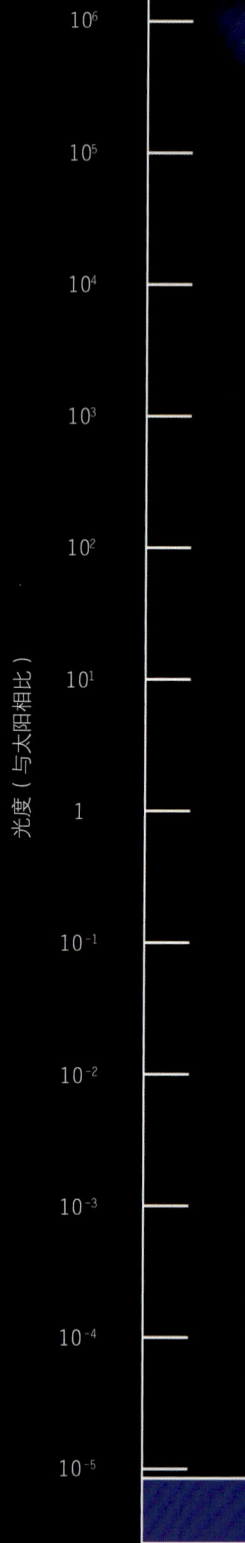

10^6

10^5

10^4

10^3

10^2

10^1

1

10^{-1}

10^{-2}

10^{-3}

10^{-4}

10^{-5}

光度（与太阳相比）

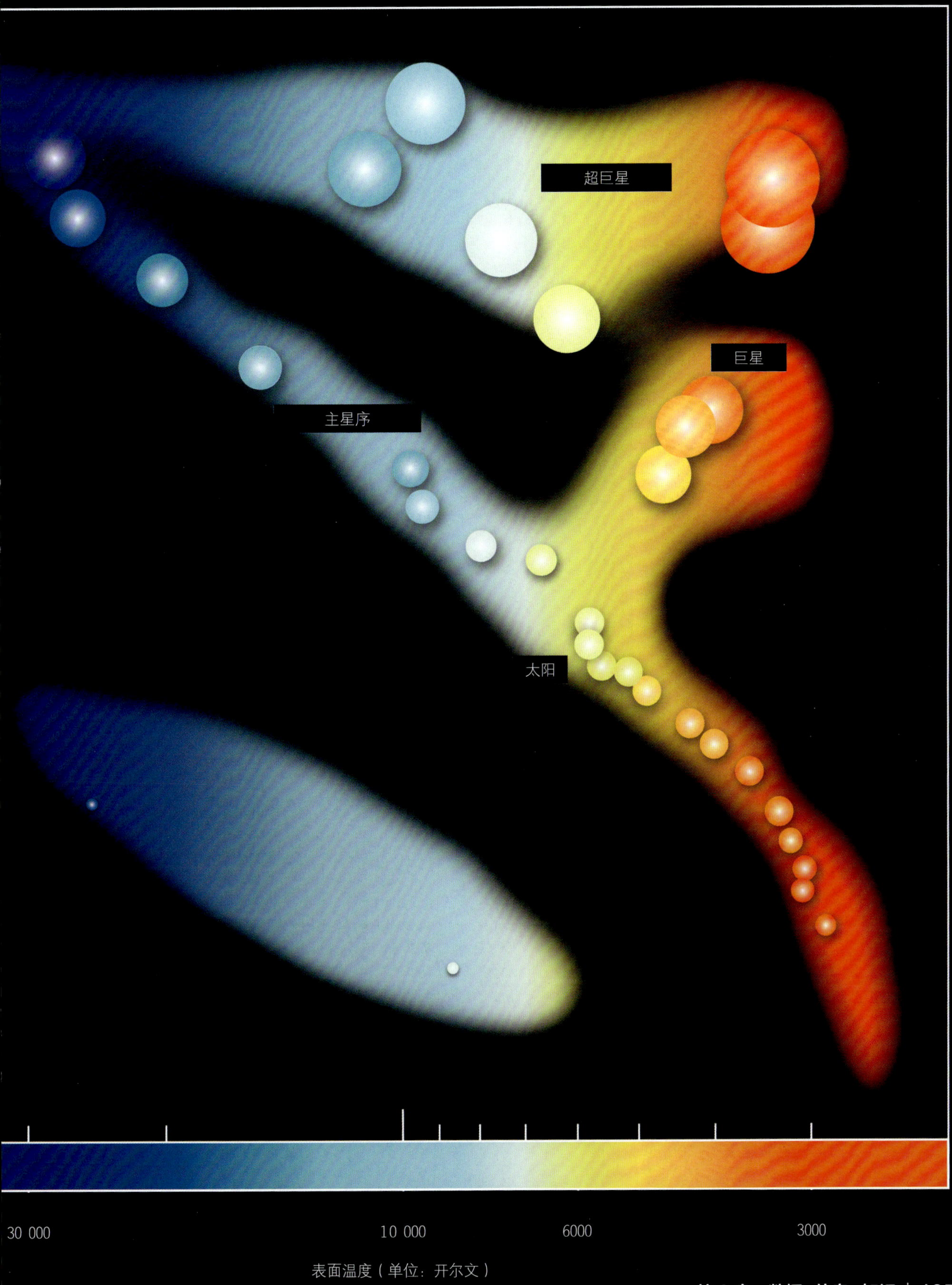

超巨星

巨星

主星序

太阳

30 000　　　　　　　　　　　　　10 000　　　　　6000　　　　　　　3000

表面温度（单位：开尔文）

科学的本质是，我们对任何学科的理解都会随着时间而改变，而科学家阐释概念或事实的方式也发生了变化。最能说明科学知识更替的主题之一便是原子理论的历史。我们经历了许多个世纪才形成了现代对原子复杂深奥的理解。自古以来，哲学家们就一直在讨论原子这个概念，即所有物质都是由微小粒子组成的。这个词源自希腊语 atomein，意思是"不可分割的"。古希腊的哲学家德谟克利特首先创立了一个综合理论，认为物质可能是由不可分割的粒子构成的。后来一些哲学家对德谟克利特的理论进行了改编，以适应古老的元素理论，该理论认为只有 4 种不同的原子，分别对应空气、土、火和水 4 种元素。他们将原子描绘成具有不同特征形状的固态物体。例如，土是立方体，火是四面体。

物质由原子构成这种观点被边缘化了数百年，直到 17 世纪科学家们才开始将原子画出来，在他们笔下原子通常是圆球形的。1690 年，数学家兼天文学家克里斯蒂安·惠更斯绘制了堆叠在一起的球体，就像水果摊上的橙子一样，用以说明原子的存在如何能够解释晶体所具有的规则的形状。他写道："总的来说，这些晶体由微小的不可见的同等粒子组成，而其中的规律性似乎正是源于这些粒子的排列。" 1738 年，数学家丹尼尔·伯努利阐明了他的设想，即由高速的飞来飞去的原子组成的气体是如何产生气压的。在一张顶部带有活塞的圆柱体的图片中，他将原子表示为圆球；"非常微小的微粒……以非常快速的运动"撞击活塞的底部，并"通过它们的反复撞击"支撑住活塞。

现代原子理论直到 19 世纪初才出现。气象学家兼化学家约翰·道尔顿从实践经验、实验和推理中认识到，每种特定元素的所有原子必然具有相同的质量，而且任何两种不同元素的原子量都会不同。道尔顿将原子表示为圆圈甚至木球，这有助于解释它们如何结合在一起形成分子。现代化学家和化学教师在构建分子模型时仍然会以实心球体表示原子。但是原子理论早已经超越了这种过于简化的观点……原子并不像科学家们曾经假设的那样不可分割。

虽然原子理论在整个 19 世纪受到物理学家和化学家的欢迎，但直到 19 世纪末，这个想法才真正被当作事实接受。但正当"物质是由微小的不可分割的

拟议分子的图纸

约翰·道尔顿，1808 年

约翰·道尔顿在他的开创性著作《化学哲学新体系》中，为物质"由大量极小的粒子或原子构成"这一事实做出了一个极好的且令人信服的解释。在这本书的插图中，"标记或符号的使用是随意的"，只是用于区分不同元素的原子。例如，1 是氢原子；4 是氧原子；21 是一个水分子（道尔顿甚至使用了"原子"一词来指代分子，而且他将水的分子式写为 HO，而不是 H_2O）。

ELEMENTS.

Simple

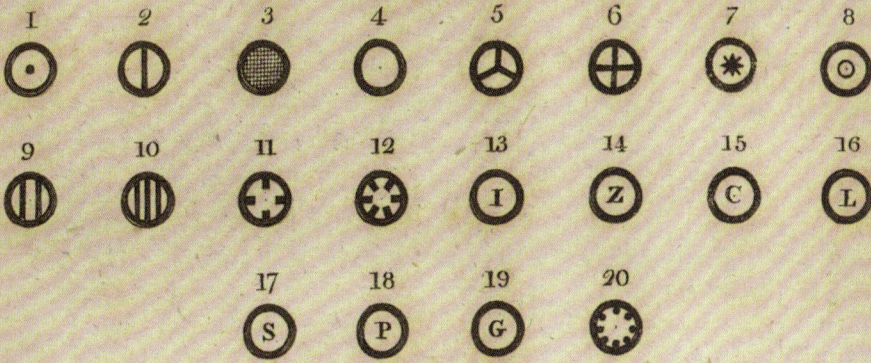

Binary

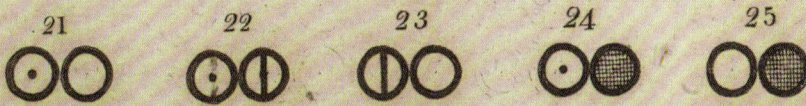

Ternary

Quaternary

Quinquenary & Sextenary

Septenary

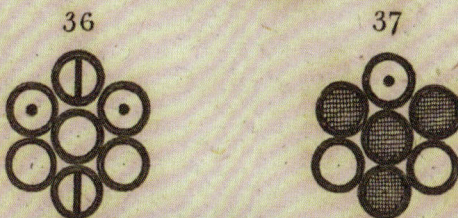

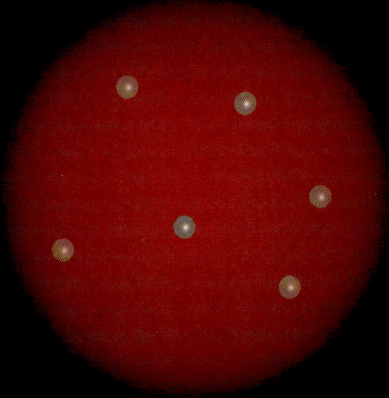

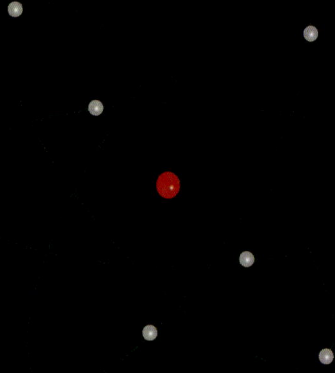

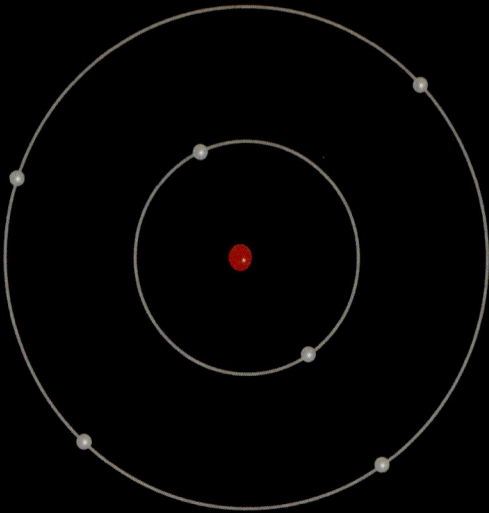

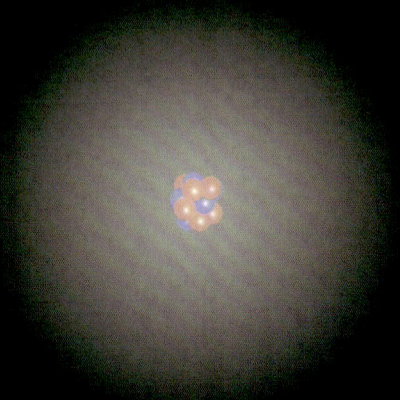

原子的视觉化的表现形式，1897—1928 年

图片源自汤姆森（1897 年）、卢瑟福（1910 年）、玻尔（1912 年）和薛定谔（1928 年）

图 1 是由 J.J. 汤姆森提出的"李子布丁"原子模型，它是一个带正电的球体，上面布满了带负电的电子。欧内斯特·卢瑟福发现汤姆森的模型可能不正确，相反，正电荷应该集中在中心，而电子则在轨道上（图 2）。在玻尔的模型（图 3）中，电子的轨道是量子化的；而在薛定谔的模型中，电子根本不在轨道上：它们以概率的三维"驻波"的形式存在（图 4）。

粒子构成的"这一概念得到大家公认时，科学家们发现有证据显示原子也具有内部结构，它始于物理学家 J.J. 汤姆森于 1897 年发现电子。（事实上，早在 19 世纪 90 年代之前的几十年里，就有其他的科学家曾经假设原子带有电荷，并且提出了"电子"这个名称。）汤姆森知道原子总体上是电中性的，他认为原子的结构类似于微小的带负电的电子位于带正电荷的球中——就像李子布丁中的李子一样。

1909 年，另一位物理学家欧内斯特·卢瑟福进行了一项实验，证明原子的正电荷集中在原子中心的一个微小物体中，而不是像汤姆森所提出的那样散开在原子中，他将这个物体命名为原子核。由此，对于原子可能是什么样子的描绘再次发生了变化：卢瑟福设想原子就像一个微型太阳系，原子核就像太阳，电子像小行星一样在轨道上运行。物理学家尼尔斯·玻尔在 1912 年改进了这个原子模型，当时量子理论兴起，科学家们从一些关键实验中得出了一个不可忽视的结论，即电子只能保持在特定距离上运行，它们的轨道是"量子化的"。随着量子物理学的成熟，物理学家欧文·薛定谔奠定了现代原子概念的基础，带正电的微小原子核（由质子和中子组成）被带负电的电子包围。电子无处不在，它们出现在某些位置的可能性比出现在其他位置的可能性更大，散布在具有确定形状的概率"云"中。

现代原子观点比前文所阐述的要详细得多，已经无法用一个简单的图例来表示它。这意味着在科学论文和教育中所展示的原子形象都是一种示意性的妥协表达。事实上，任何领域中的每一项科学知识、每一种科学理论，无论多么完善，都只是一种类比、一种描述。正如科学家兼哲学家阿尔弗雷德·科尔兹布斯基所写："地图不是领土。"换句话说，无论模型或对现实的描述多么准确，无论它如何准确地预测现实世界中某些事物，它永远只会是一个模型，而不是现实本身。

卷曲的带状元素周期表

詹姆斯·富兰克林·海德，1975 年

每个学化学的学生对标准元素周期表都很熟悉，但它并不是在逻辑视觉系统中进行化学元素排列的唯一方法。这幅图便是标准元素周期表的众多替代者之一，图中氢元素（淡紫色，原子序数 1）位于连续色带的起始位置。色带卷曲缠绕，每一层连续的条带代表一个周期（周期即标准表中的行）。同族元素排列在一起，就像它们在标准周期表中一样。每组元素都与同一组中的其他元素享有共同属性，因为它们最外层的电子也具有相同的构型（在色带外侧用字母 s、p、d 和 f 表示）。镧系元素和锕系元素，即此图中位于青绿色环带中的元素，与标准表中的其他元素进行了区分。其他一些需要注意的事项：104 号元素，图中写为 kurchatovium（Kh，"拟定名"），现在被称为钅卢元素（rutherfordium，Rf）；空格包含星号的元素在 1975 年尚未被发现或未命名（原子序数 118 以下的所有元素如今都已被发现并被赋予正式名称）。

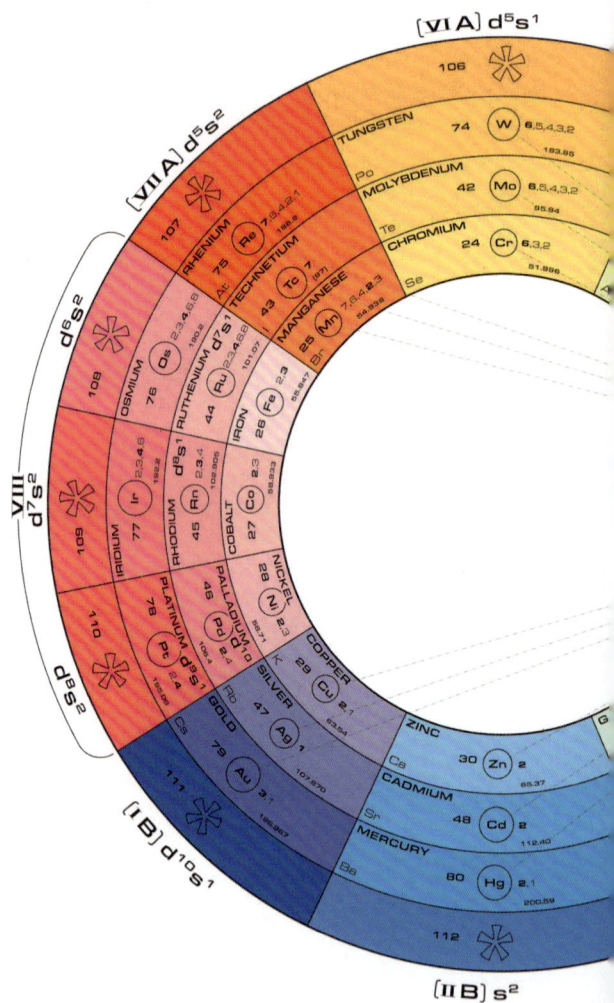

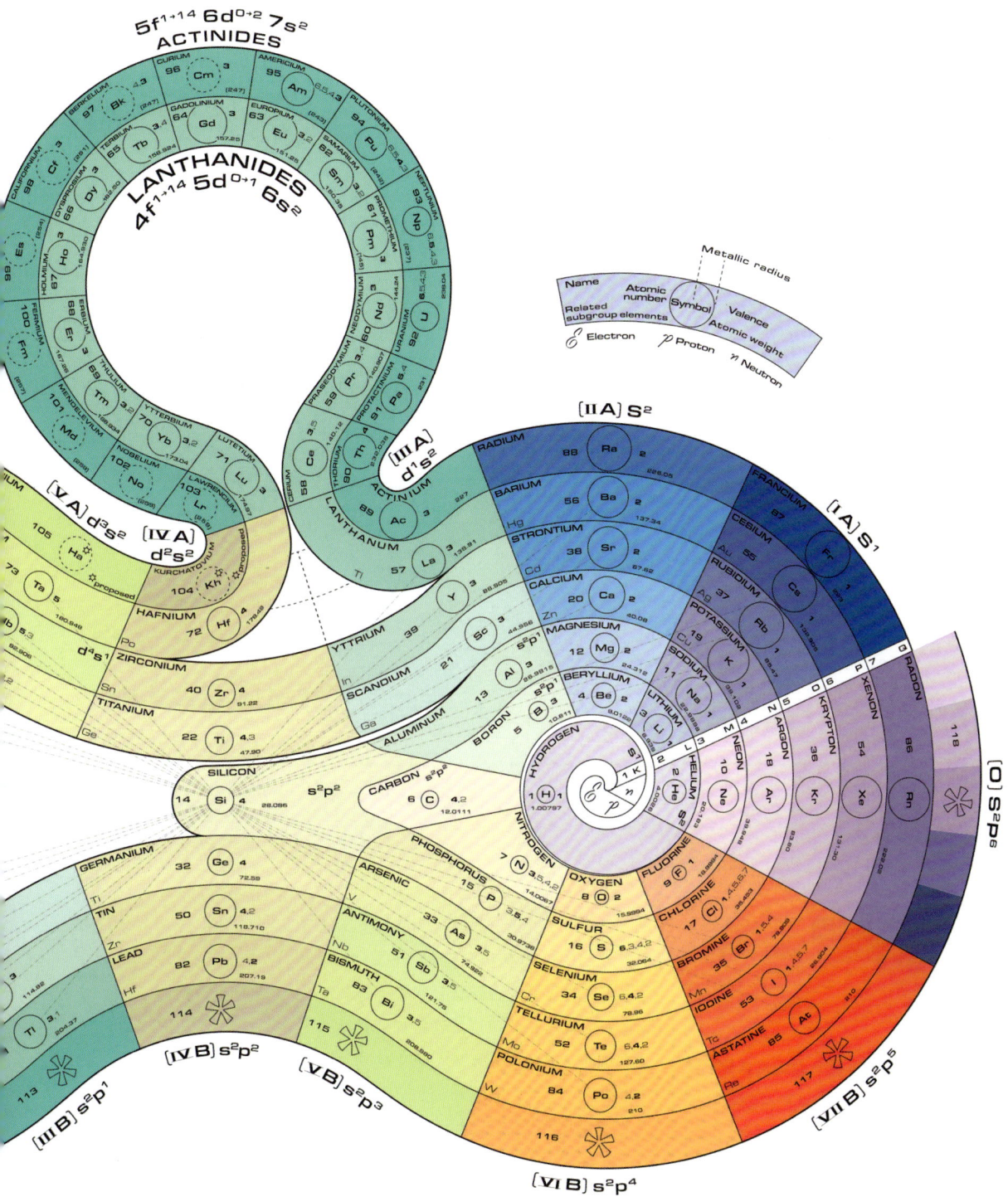

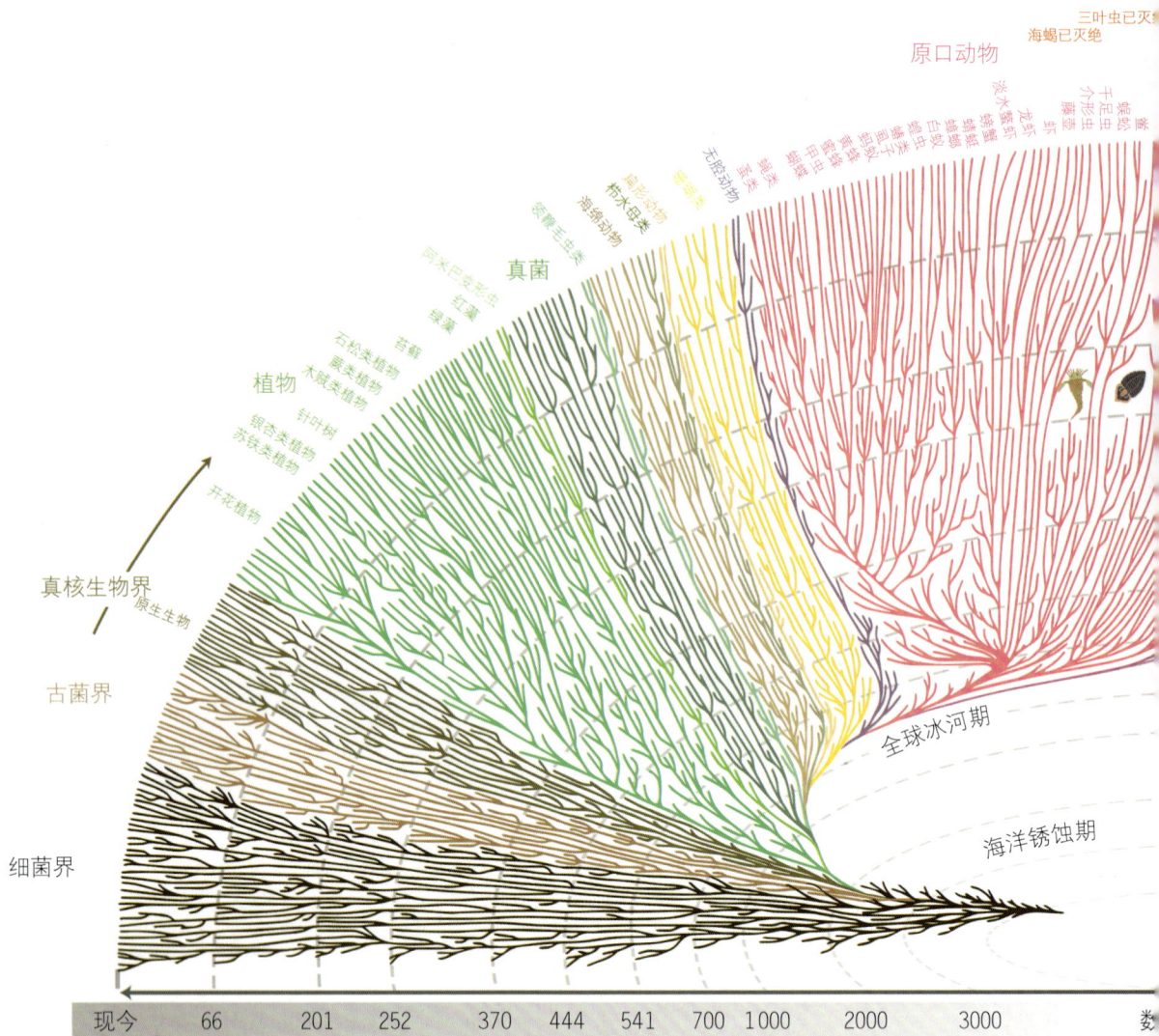

三叶虫已灭绝
海蝎已灭绝

原口动物

无脊动物

真菌

扁形动物
海绵动物

石松类植物
苔藓
蕨类植物
绿藻
红藻
阿米巴变形虫

植物

针叶树
银杏类植物
苏铁类植物
开花植物

真核生物界
原生生物

古菌界

细菌界

全球冰河期

海洋锈蚀期

| 现今 | 66 | 201 | 252 | 370 | 444 | 541 | 700 | 1000 | 2000 | 3000 | 数 |

生命进化树的简图

伦纳德·艾森伯格，2017 年

这幅图的目的并非准确全面地展示地球上生命的进化史，据这幅图所在的网站声称，其目的是帮助学生一目了然地了解进化。该图对生命的历史进行了广泛的概述，涵盖了大规模灭绝等重要事件背景下进化树的主要分支，而且它清楚地表明了当今地球上所有生物都起源于同一个共同祖先这一观点。将进化类比为树枝分叉这个概念起源于博物学家查尔斯·达尔文，他提出的物种通过自然选择来进行进化的理论为当代生物学家理解物种如何发展提供了基础。然而，近年来，进化生物学家收集的证据表明，竞争和灭绝只是进化背后的一种机制，除此之外还有共生（不同生物通过合作共存）和遗传信息交换两种机制；进化作为"树"的想法本身就是错的。

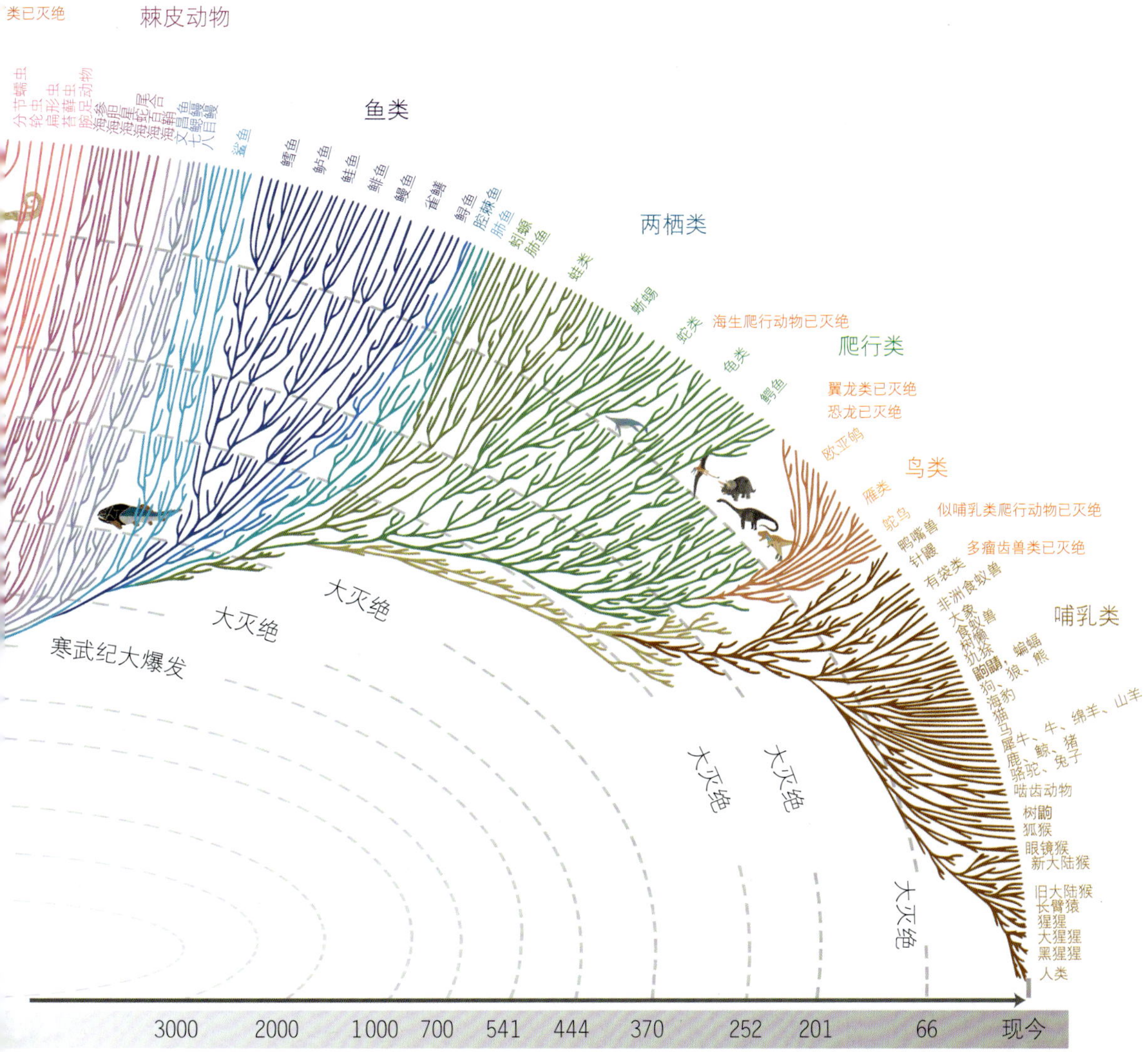

类已灭绝
棘皮动物
分节蠕虫
轮虫
扁形虫
苔藓虫
腕足动物
海参
海胆
海星
海蛇尾
海百合
海鞘
文昌鱼
七鳃鳗
八目鳗
鲨鱼
鱼类
鳕鱼
鲈鱼
鲑鱼
鲱鱼
鳗鱼
雀鳝
鲟鱼
腔棘鱼
肺鱼
蚓螈
肺鱼
两栖类
蛙类
蜥蜴
蛇类
海生爬行动物已灭绝
爬行类
龟类
鳄鱼
翼龙类已灭绝
恐龙已灭绝
欧亚鸲
鸟类
雁类
鸵鸟
似哺乳类爬行动物已灭绝
鸭嘴兽
针鼹
多瘤齿兽类已灭绝
有袋类
非洲食蚁兽
大象
食蚁兽
树懒
犰狳
鼩鼱，蝙蝠
狗、狼、熊
海豹
猫
马
犀牛、牛、绵羊、山羊
鹿、鲸、猪
骆驼、兔子
啮齿动物
树鼩
狐猴
眼镜猴
新大陆猴
旧大陆猴
长臂猿
猩猩
大猩猩
黑猩猩
人类
哺乳类
寒武纪大爆发
大灭绝
大灭绝
大灭绝
大灭绝
大灭绝
3000
2000
1000
700
541
444
370
252
201
66
现今

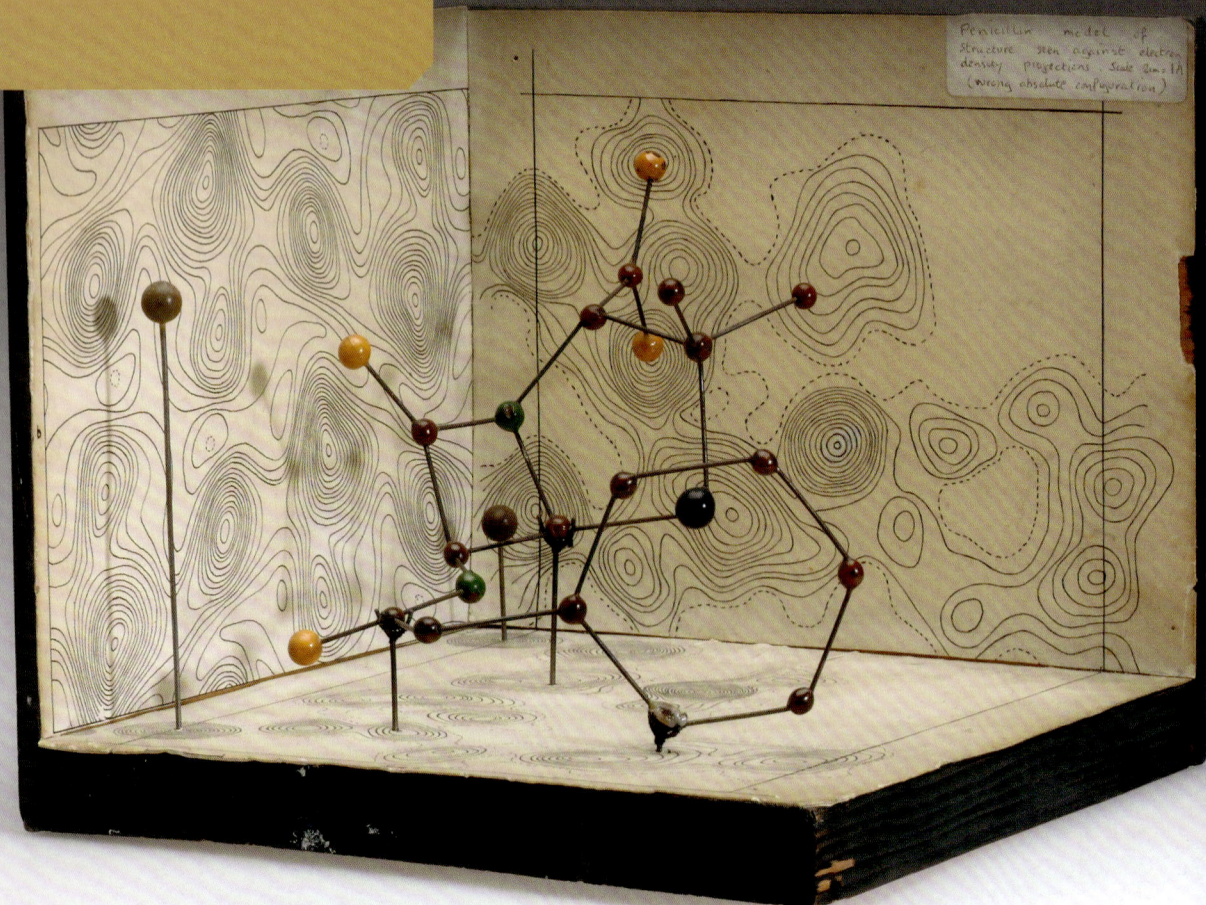

青霉素分子模型

多萝西·霍奇金，1945 年

在 20 世纪 40 年代，化学家多萝西·霍奇金率先使用 X 射线晶体学来确定生物分子的结构（具体而言，即不同元素的原子在形成分子时所处的相对位置）。生物分子往往又大又复杂，它们的结构比普通晶体更难研究，而常规晶体的结构自 20 世纪第 2 个 10 年以来就一直通过 X 射线衍射技术来确定。霍奇金在她的研究中还依靠极其复杂的计算来绘制这些分子中原子周围的电子密度。图中展示柜的 3 个侧面上绘制的等高线图形便展示了这些原子周围电子密度的变化。

脱氧核糖核酸双螺旋模型

詹姆斯·沃森和弗朗西斯·克里克，
1953 年

脱氧核糖核酸（DNA）结构的发现是 20
世纪最伟大的科学成就之一。根据照片 51
（参见第 85 页）提供的数据，分子生物学
家詹姆斯·沃森（图左）和弗朗西斯·克
里克（图右）提出了 DNA 分子呈双螺旋形
式的假说——为了检验这个假说，他们用
实验室器材构建了图中的这个模型。它展
示了标志性的 DNA 双螺旋结构，如今人们
无论是不是分子生物学家，都能一眼就认
出来 DNA 双螺旋结构。

酪氨酸蛋白激酶的 3 种呈现方式

作者使用公共数据库中的数据自己渲染的图像，2021 年

蛋白质分子是由较小的分子组成的长链，这些小分子被称为氨基酸。氨基酸序列则被称为蛋白质的一级结构。一些氨基酸会形成螺旋和带状结构，即蛋白质的二级结构，这对细胞内蛋白质的功能很重要。由于原子和原子团之间的电磁力，长分子自发向内折叠，最终形成蛋白质的整体形状，即三级结构。分子生物学家以各种不同的方式展示蛋白质，以突出他们关注的结构。右侧上图显示了蛋白质中的单个原子（根据元素着色——例如氧原子是红色的）；叠加在分子上的网格代表了恒定电子密度的表面，即分子在空间中的实际形状。右侧下图显示了分子扭曲的"骨干"结构。图中的颜色与分子的"官能团"有关，其中的螺旋显示的是蛋白质的二级结构。这些图像由名为 iCn3D 的免费软件生成。

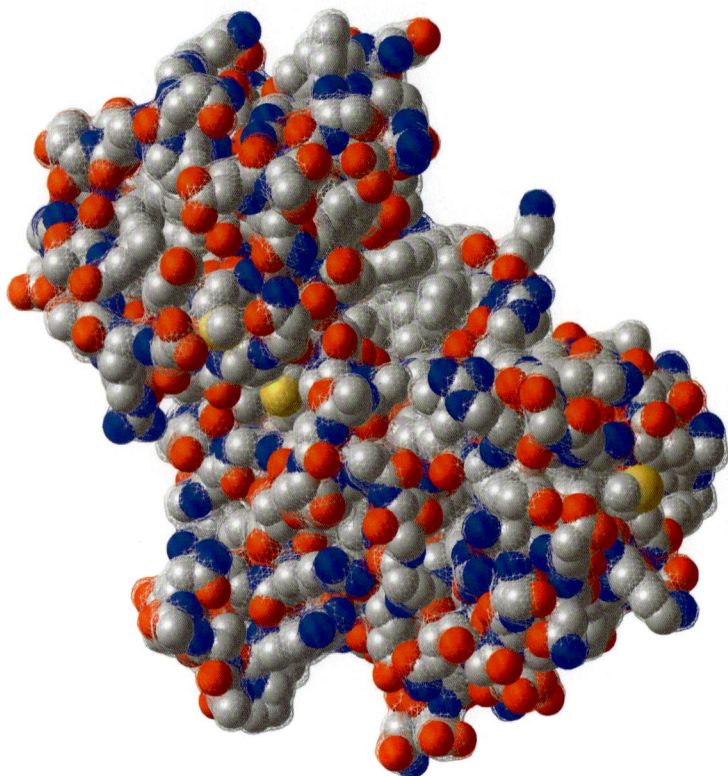

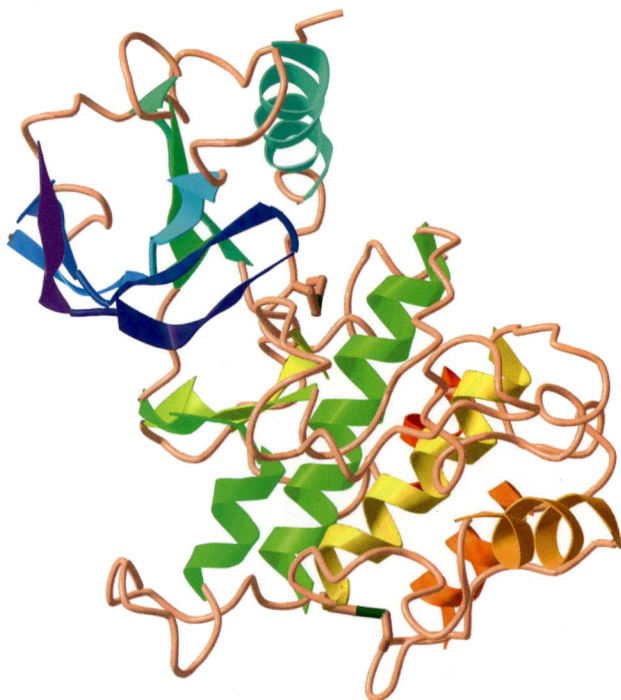

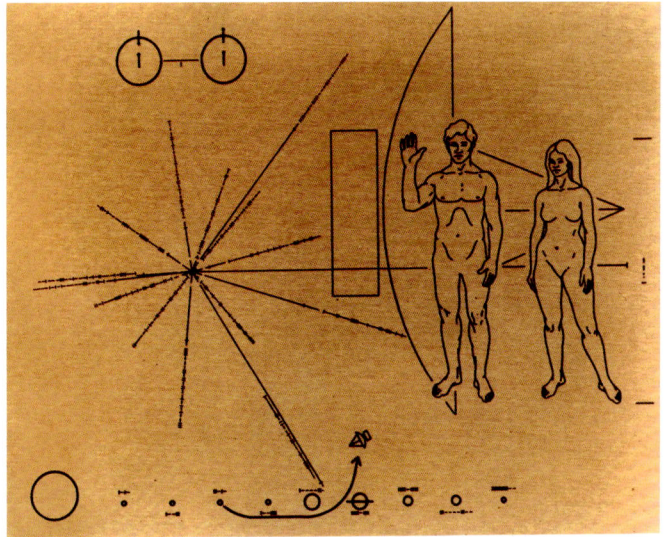

先驱者 10 号航天器上携带的镀金铝板

卡尔·萨根，弗兰克·德雷克，琳达·萨尔兹曼·萨根，1972 年

1972 年发射的先驱者 10 号和先驱者 11 号航天器上都附有这块经过阳极氧化处理的铝合金牌匾。牌匾上雕刻的图像旨在传递知识，但不是传递给人类同胞。它们携带着有关人类和我们在太空中的位置的信息。图中航天器的轮廓是为了说明两个人的相对大小；较小的飞船轮廓表示的是该飞船正在离开行星系统中的第三颗行星，而这些行星都围绕着一颗恒星（即太阳）。辐射线代表的是从地球到 14 个明亮的脉冲星（旋转中子星）的距离，这些辐射线揭示了我们在银河系中的位置。牌匾的创意来自记者埃里克·伯吉斯，他将这个创意告知了天体物理学家卡尔·萨根。卡尔·萨根和天文学家弗兰克·德雷克共同设计了牌匾，而后艺术家琳达·萨尔兹曼·萨根制作了这件艺术品。这两艘航天器已经离开了太阳系，目前仍在以极快的速度向外太空行进。

第 3 章
数学模型和模拟

数学不仅仅用来收集和分析数据，它在科学中具有重要作用。科学家使用代数来描述和预测物体和系统的行为。因此，代数方程式可用于"模拟"现实世界中的现象。在这个计算时代，数学模型可以在不同的起始条件下"运行"，从而模拟真实世界中的系统。这为科学家提供了检验假说的新方法，因为计算机模拟做出的预测可以与现实世界中的结果进行比较。更重要的是，科学家还可以使用计算机对模拟的输出进行可视化，使科学家自己和更广泛的受众更容易理解实验结果。本章集中介绍通过数学模型和计算机模拟产生的一些好看和发人深省的可视化作品。

洛伦茨吸引子

图片源自爱德华·洛伦茨，1963 年

这幅图中的线条是由 3 个简单的代数方程式定义的。数学家和气象学家爱德华·洛伦茨于1963 年提出了这些方程式，用于模拟大气中的对流运动。如果将方程中变量的值设置在某个特定范围内，便会导出混沌解，这反映了大气复杂、不可预测的性质（参见第 202 页）。正是洛伦茨的工作导致了"蝴蝶效应"一词的出现，它暗示着复杂系统的不可预测性，即使是系统起始条件的微小变化（例如蝴蝶扇动翅膀）也会对结果产生巨大的影响。有趣的是，洛伦茨方程为其他许多混沌系统提供了良好的模型。

数学：现实的模型

数学和现实

意大利天文学家和物理学家伽利略·伽利雷在 1623 年写道，宇宙是一本"用数学语言写成的……宏大的书"。此前的 30 年中，伽利略在做关于运动的实验时，发现自由运动物体的速度、距离和时间等变量之间存在恒定的数学关系。例如，他发现一个物体下落的距离总是与下落持续时间的平方成正比（比如说，持续时间加倍，物体下落的距离是原来的 4 倍；持续时间为 3 倍，物体下落的距离是原来的 9 倍）。伽利略还发现，单摆的周期（一次完整摆动所用的时间）与摆线长度的平方成正比。

现实世界变量之间诸如此类的数学关系可以表述为代数表达式。数学家阿布·阿卜杜拉·穆罕默德·伊本·穆萨·花剌子密于 11 世纪发明了代数，它可以巧妙地处理数学关系，为解决数学问题提供了一种通用方法。（否则就必须将每个问题视为唯一的，因为每个问题都由特定的数字组成。）花剌子密使用的不是我们现今在用的与代数相关的字母和其他符号，它们是在之后的几百年中才慢慢地出现的。即使是不起眼的加号、减号和等号也是分别在 14、15 和 16 世纪——1360 年、1489 年和 1557 年才发明出来的。17 世纪，在一定程度上受伽利略的影响，科学家们开始用代数的方法来描述自然现象——最初使用文字，然后越来越多地使用符号。例如，艾萨克·牛顿用拉丁文语写出了牛顿三大运动定律，但其使用方程式来表达这些定律更容易，也更简洁有效——力、速度和时间这些变量可以用方程式中的符号来表示。1687 年，牛顿在他的著作《自然哲学的数学原理》中首次提出了牛顿运动定律和万有引力定律。

科学定律

牛顿定律绝非唯一的科学定律。在每一个科学领域都有许多这样的定律，每一个定律都是对特定现象反复观测后做出的描述。这些定律大多数可以用公式来表示；公式是代数"函数"——一种变量之间的关系，由数学符号写成。因此，在牛顿万有引力定律的公式中，任何两个物体之间的力（F）是物体质量（m_1 和 m_2）和物体之间距离（d）的"函数"。大多数公式是方程式，方程式的等号两侧有一个或多个变量。通过在代表科学定律的公式中输入某些变量的值，可以确定其他变量的值，以便于预测物体或系统在不同条件下的行为。例如，将一个物体的温度值输入普朗克公式，可以计算出这个物体在现实生活中发出的任何频率的光或其他电磁辐射的辐射功率（强度）。

科学家们也经常推导出其他的代数表达式，这些表达式不是定律，但同样可以预测或描述自然现象。这证实了伽利略的话：宇宙是一本"用数学语言写成的……宏大的书"——尽管伽利略不是第一个意识到数学在描述世界中的重要性的人。例如，所有古代文明时期的数学家都使用算术来研究陆地和恒星的运动，并用算术来研究形状（几何）。在 13 世纪，数学家斐波那契试图用数学来描述一群兔子数量的增加。由此产生的"斐波那契数列"——或者有时是数列中连续数字之间的比值（所谓的黄金比例）——已被发现存在于许多现实世界的系统中，包括头状花序和动物的体形。但正是伽利略和他同时代的人，特别是牛顿和他之后的人对代数的使用，才真正使数学成为科学的基础。

由于像前文提到的普朗克公式这样的代数函数可以描述和预测现象，因此它们可以作为现实的"模型"。一个数学模型产生数据，就像现实世界中的实验产生实验结果一样。将模型的输出值与现实世界的数据进行比较，就可以检验模型的有效性——由于模型通常是对一个假说的数学表达，因此数学建模为科学家提供了一种检验假说是否成立的方法。而且，正如现实世界的数据可以用笛卡儿坐标系（参见第 2 章）进行可视化一样，数学模型产生的数据亦然。

尽管单个方程可以模拟现实，但"数学模型"这个词通常仅用于指方程组以及定义模型范围所需的某些约束，例如起始条件。无论哪种方式，计算机对于开发模型的科学家来说都已经变得不可或缺。计算机每秒可以执行数百万或数十亿次计算，并且可以"运行"一个模型，对所研究的系统进行模拟。计算机模拟最常见于物理科学——物理学、化学、地质学和天体物理学，当然，其他科学领域也会用到。例如，在生物学中，针对器官进行精准的计算机建模可以让研究人员通过计算机模拟（在计算机内），而不需要在体内（使用活的有机体）对"活的"系统进行实验——参见第 162~163 页。

动力系统

大多数数学模型涉及动力系统，即随时间变化的系统。这些模型大多数基于微积分这个数学分支。艾萨克·牛顿创立了微积分这种方法来分析连续变化的数量。（与他同时代的数学家戈特弗里德·莱布尼茨也独立发明了微积分）。在数学模型中，最常见的一个微积分特征是微分方程——这些方程涉及变量，例如 x 或 y，以及这些变量的变化率。对于任何动力系统，通常有一组可以描述和预测变化的微分方程，由此可以作为数学模型的基础。例如，第 148 页中描述洛伦茨吸引子的方程就是微分方程。

计算机模拟现实世界现象的一种常用方法是，将复杂系统分解成更小的部分，即元素（或存储卷），并允许计算机计算出每个部分如何与其相邻部分相互作用。这种方法在描述流体行为的模型中很有用（参见第 188 页）。同样，分子动力学也是基于类似的方法，即物质的整体行为可以通过对组成物质的单个原子或分子之间的相互作用进行建模来模拟。分子动力学可以为化学家提供有价值的信息，以便化学家更好地理解化学反应的动态变化。分子动力学还有助于分子生物学家研究蛋白质等生物分子如何相互作用（参见第 160 页）。类似的方法也可用于模拟人类或动物的行为。例如，在基于主体建模中，定义了大量单独的虚拟实体，称为主体。每个主体在笛卡儿空间中都有一个位置，并配备了一组简单的目标（例如寻找食物、能源或安全地点）和要避免的事物（例如障碍物或高温）。有趣的集体模式从这种模拟中浮现，使科学家能够研究人类和动物的行为（如群聚或疾病传染，参见第 168~169 页）。

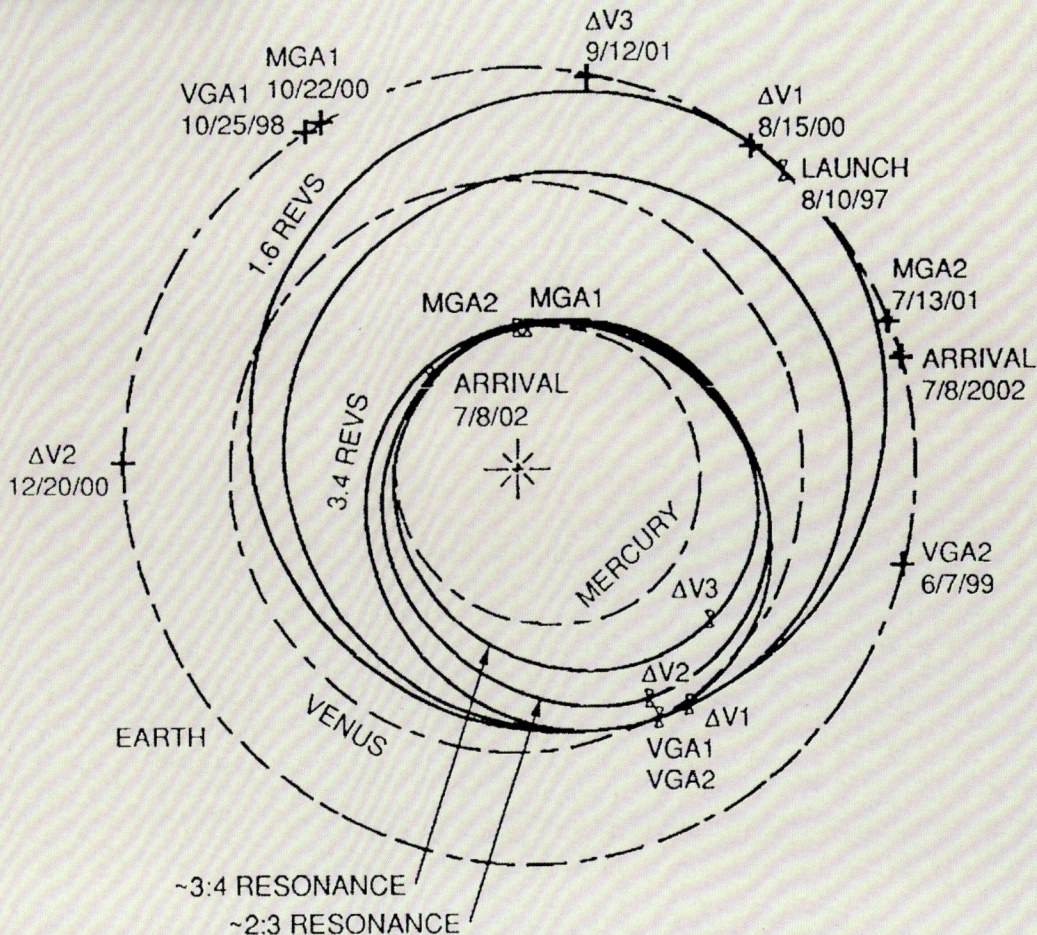

水星轨道航天器的预计空间探测轨迹

美国国家航空航天局科学工作组，1991 年

美国国家航空航天局的一个团队使用计算机制作了这幅图，图中给出了太空探测器的预计运行轨迹，由于该探测器是发往水星的，所以暂定名为水星轨道航天器。这台计算机根据牛顿提出的万有引力定律和运动定律以及有关太阳系内测行星运动的信息进行了编程。该水星轨道航天器从未起飞，但其轨道计划经过调整后提供给了另一个探测器使用，该探测器称为"信使号"，于 2004 年发射，并于 2011 年至 2014 年一直绕水星运行。

ΔV3
9/12/01

MGA1 10/22/00
VGA1
10/25/98

ΔV1
8/15/00

LAUNCH
8/10/97

1.6 REVS

MGA2
7/13/01

MGA2　MGA1

ARRIVAL
7/8/2002

ARRIVAL
7/8/02

3.4 REVS

ΔV2
12/20/00

MERCURY

ΔV3

VGA2
6/7/99

ΔV2

ΔV1

EARTH

VENUS

VGA1
VGA2

~3:4 RESONANCE

~2:3 RESONANCE

电场模拟

图片源自卡尔·弗里德里希·高斯，1835 年

带电物体之间由于吸引力和排斥力而产生的电场是"矢量"场，具有强度和方向。高斯定律由数学家卡尔·弗里德里希·高斯于 1835 年提出，可以用于预测空间中任意一点处的电场，该定律之前曾被约瑟夫·拉格朗日推导出来过。这里展示的两幅图是由一个计算机程序生成的，这个程序利用高斯定律的公式对两个带电的物体周围的电场进行了可视化，第一幅图中两个物体带有不同的电荷，另一幅中两个物体带有相同的电荷。绿色箭头表示电场的方向（正电荷被吸引的方向），它们的亮度则代表了电场强度。

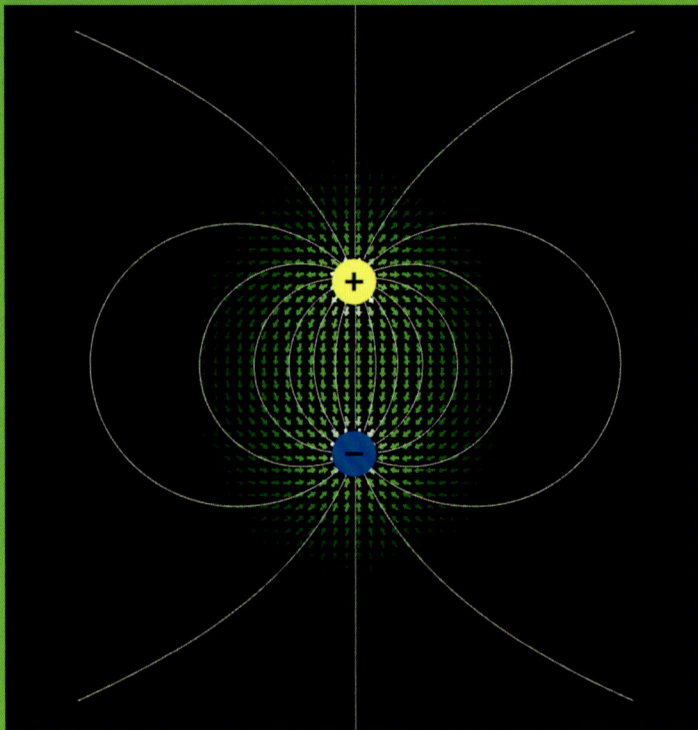

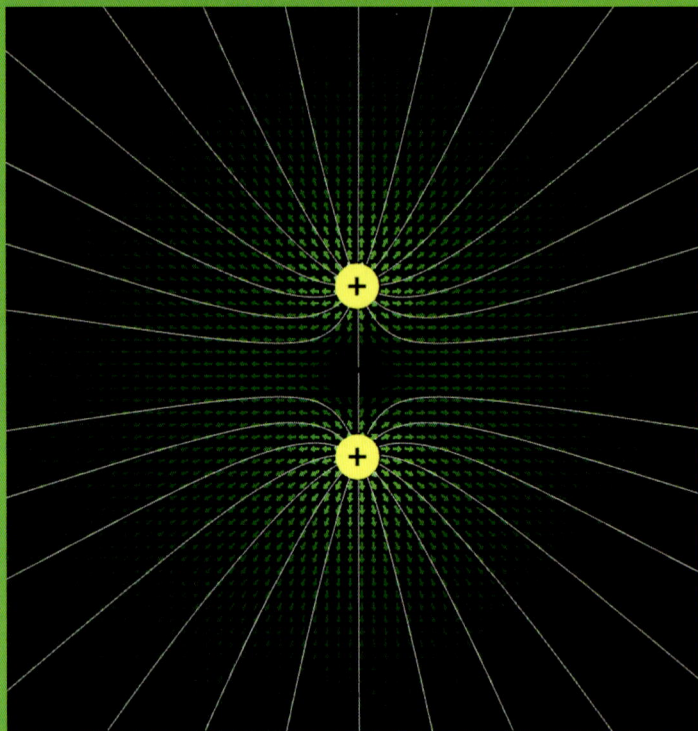

逻辑斯谛映射的分叉图

图片源自罗伯特·梅，1976 年

在 20 世纪 70 年代，数学家和生物学家罗伯特·梅提出了一个简单的代数函数，可以计算出动物种群在代际更迭过程中是如何发展的。这个函数包含一个变量 r，即增长率；初始种群大小设置为 0.5（其最大值的一半）。在数以千计的世代之后，针对 r 绘制种群数量 x，便生成了这张图表，称为逻辑斯谛映射。如果将 r 设置为 2（此处未显示），每一对繁殖的亲本产生两个后代，那么种群数量便保持在 0.5。当 r 值低于 1

（此处未显示）时，种群数量将减少到 0。如果 r 值介于 1 至 3 之间，种群数量在许多代之后将稳定在一个特定值上（图表上的单线）。令人惊讶的是，当 r 值大于 3 时，种群数量有规律地在两个值之间振荡，图中的直线出现分裂或"分叉"。当 r 值高达 3.4 以上，会出现另一个分叉——种群数量开始在 4 个值之间振荡。在特定的 r 值范围内，种群数量永远不会固定在某一特定的值——这便是混沌行为。但在这些 r 值之间有"稳定岛"，当 r 值位于"稳定岛"区间时，种群数量便会逐渐稳定下来。罗伯特·梅的方程式及其在多次迭代后产生的图表正是混沌理论的一个重要支柱。

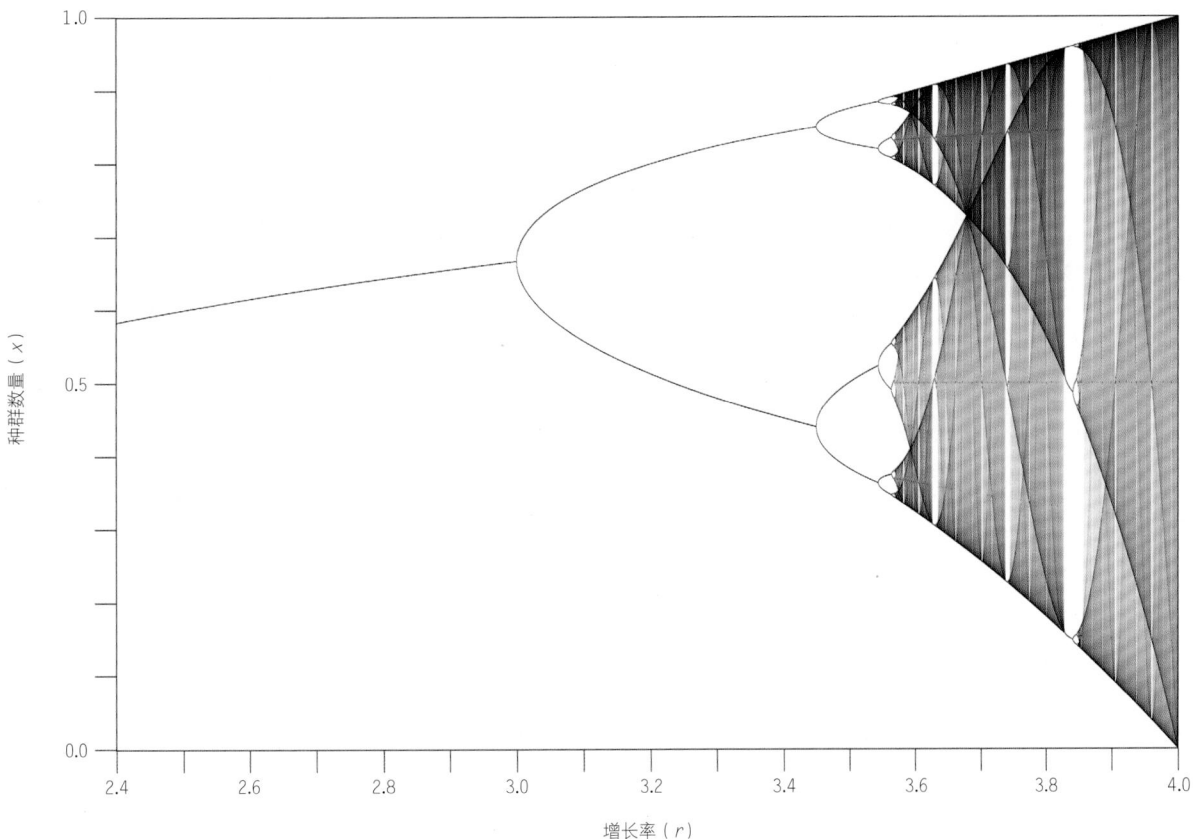

薛定谔波动方程

图片源自欧文·薛定谔, 1926 年

1926 年, 物理学家欧文·薛定谔推导出了量子物理学中最重要的方程之一——薛定谔方程。薛定谔方程可以计算"波函数", 这是一种代数函数, 可以准确算出在任何特定时间和空间找到一个粒子的概率 (参见第 139 页)。

薛定谔将他的方程式应用于一个简单的系统：氢原子, 这个系统中所讨论的粒子是电子。该方程有许多解, 每个解对应于电子所处的状态, 这些状态可以用某些量化 (而不是连续的) 值的组合来描述, 包括与能量有关的主量子数 (n) 和与角动量有关的角量子数 (l)。这两个量子数定义了电子出现在任何一点的概率的空间分布。这里显示的是这些解决方案的一部分, 每个解决方案都对应一个被称为轨道的三维形状。每个轨道都有一对独特的 n 和 l 值, 由一个数字和一个字母代表。数字是能级, 而字母可以取 4 个值之一：s、p、d 和 f, 每个值都有不同的形状。计算机使用薛定谔方程将轨道可视化。任何一点的亮度增加都表示在那里发现电子的可能性增大 (颜色反映的是波的不同"相位")。

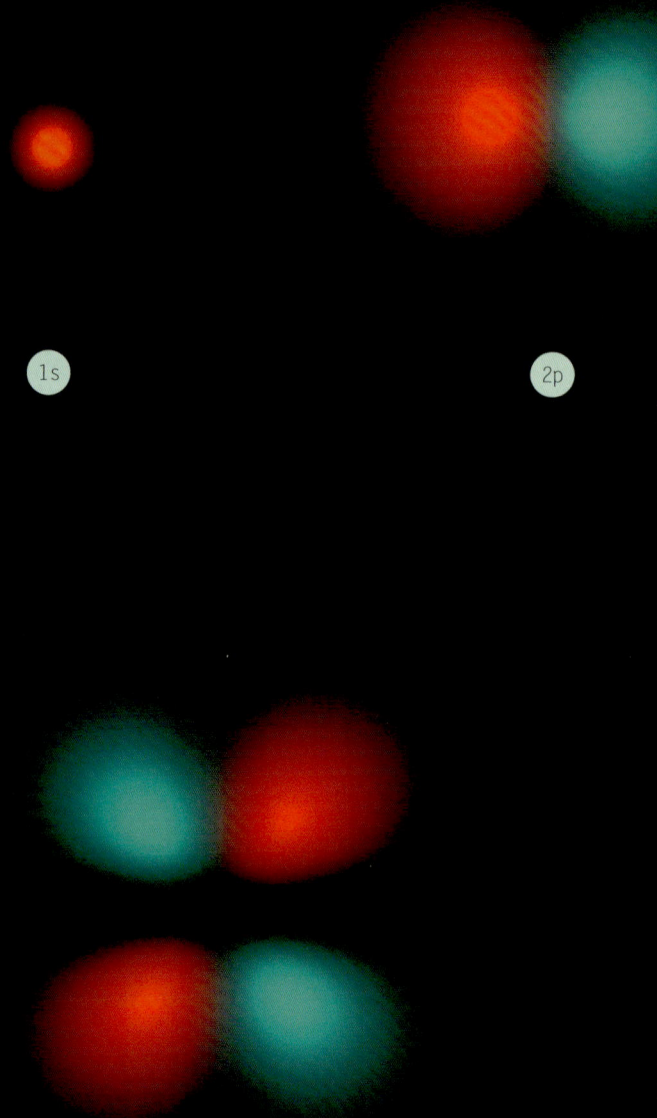

1s

2p

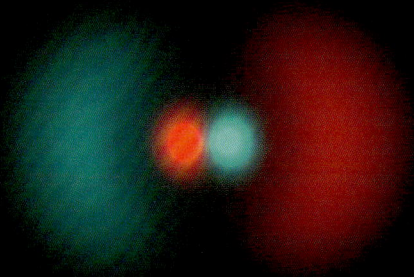

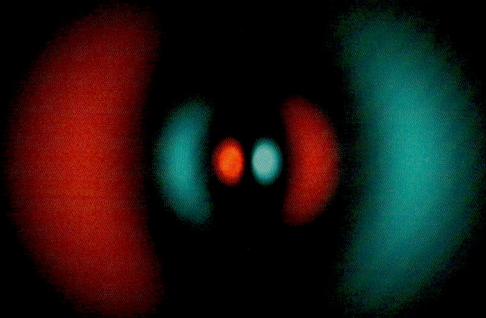

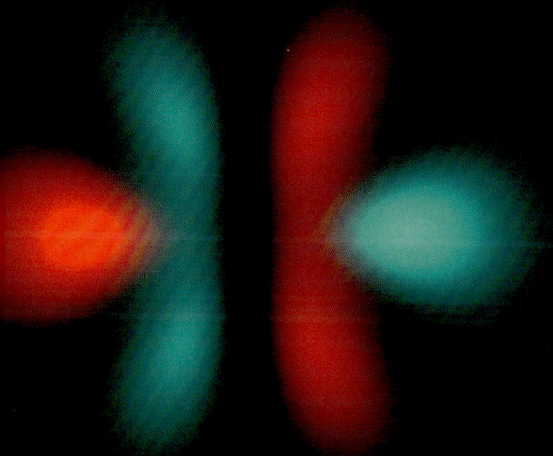

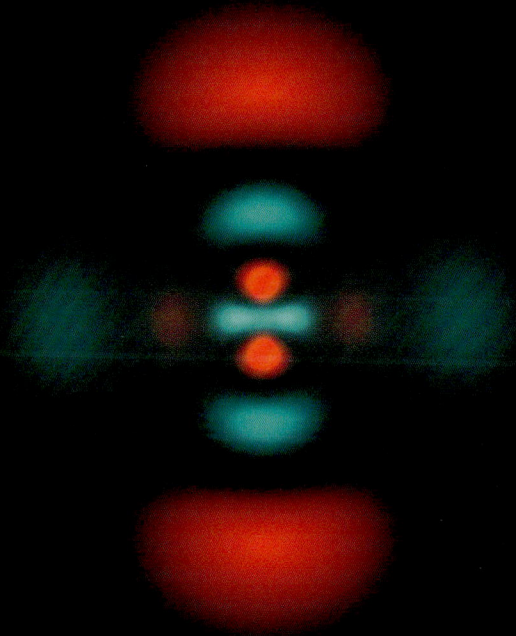

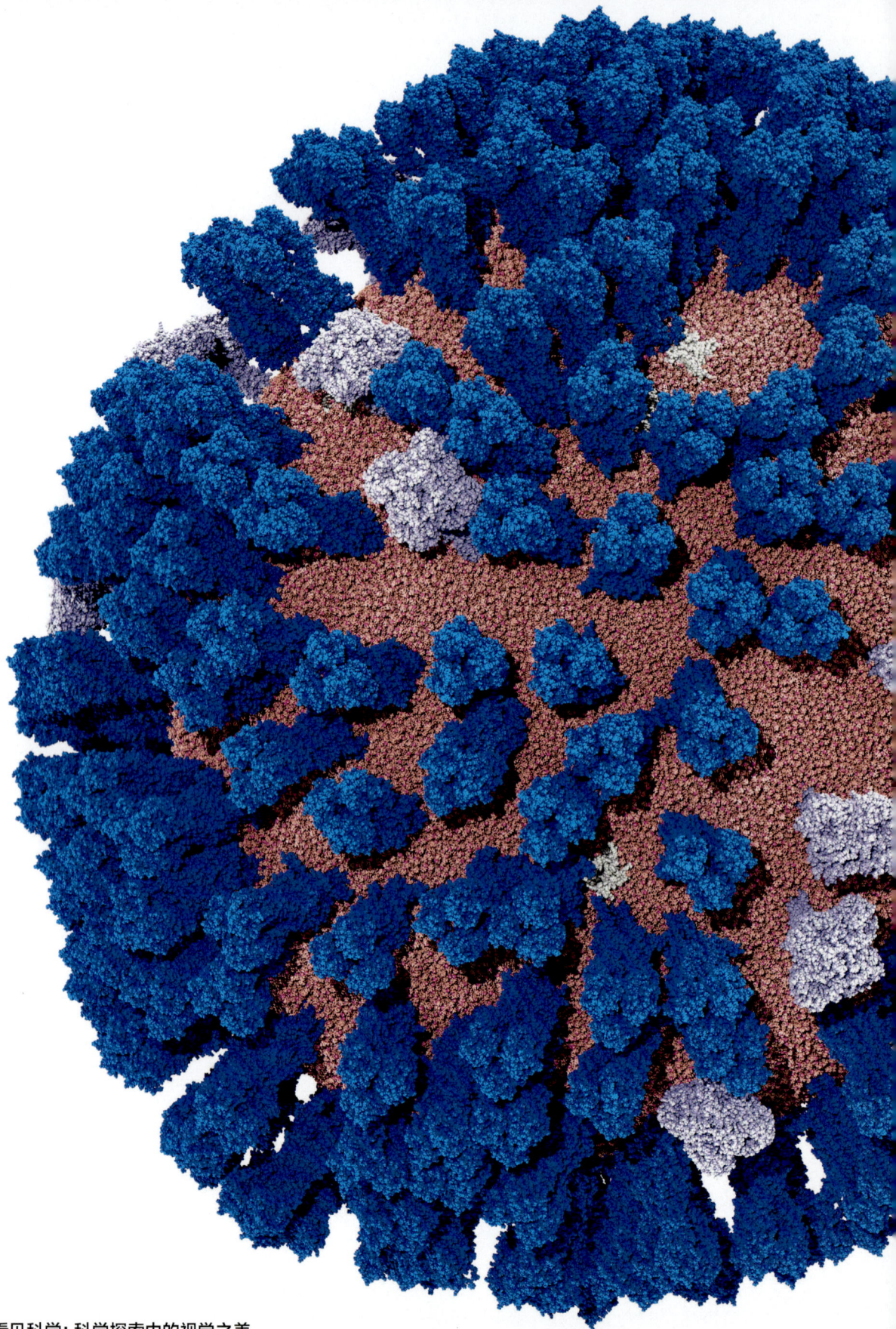

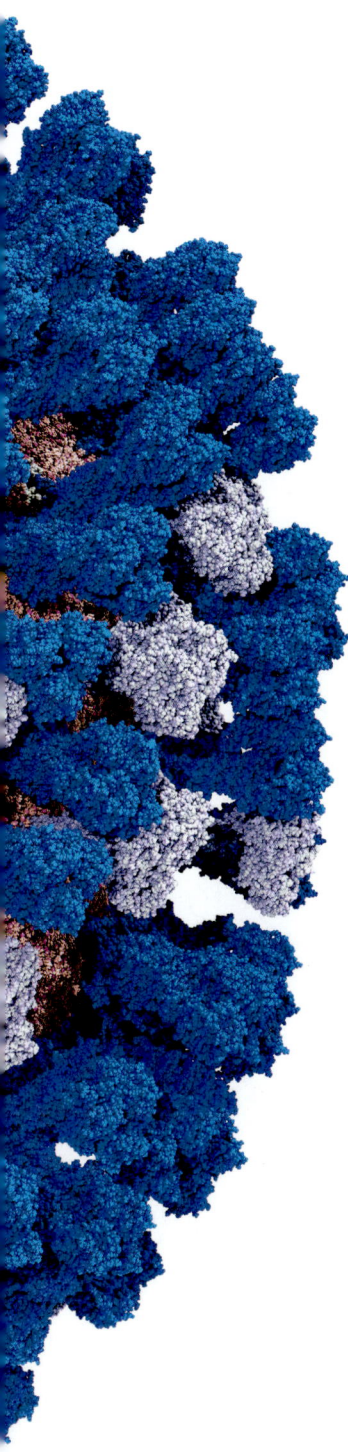

甲型 H1N1 流感病毒的分子动力学模型

阿玛罗实验室，2015 年

在这幅令人惊叹的静止图像中无法捕捉到的大概是分子动力学模拟中最重要的部分：相关原子和分子的运动（动态）。该图像中的模型是对甲型 H1N1 流感病毒的模拟，这是一种可以引起流感的病毒。甲型 H1N1 流感病毒是导致 2009 年猪流感和 1918 年西班牙流感大爆发的罪魁祸首，造成了数千万人死亡。该模型含有数亿个原子，因此模拟是在超级计算机上运行的。免疫系统中的免疫分子可以中和这些外来病毒，通过该模型研究人员能够研究已知免疫分子的作用，并为开发和测试新方法提供指引，以对抗此类疾病。

微管分子的动力学模型

大卫·威尔斯和阿列克谢·阿克西门耶夫，
2010 年

微管是在真核生物（植物、动物和真菌）的细胞中发现的一种非常细的纤维状结构，它们有助于细胞形状的塑造。这些微管形成了一个"电缆"网络，可以在细胞中运输蛋白质，同时它们在细胞分裂过程中也是必不可少的，它们可以将子细胞拖向相反的方向。每根微管纤维都是一种聚合物，由两种蛋白质的重复单元组成，即阿尔法（α）和贝塔（β）微管蛋白，图中分别以橙色和蓝色表示。这幅图同样由分子动力学模拟生成，其目的是计算微管的力学柔韧性——这在物理上是不可能实现的，因为微管的尺寸太小（大约 0.002 毫米）。除微管外，这个模型中还包括了数以千计的水分子（较小的红白两色分子）。

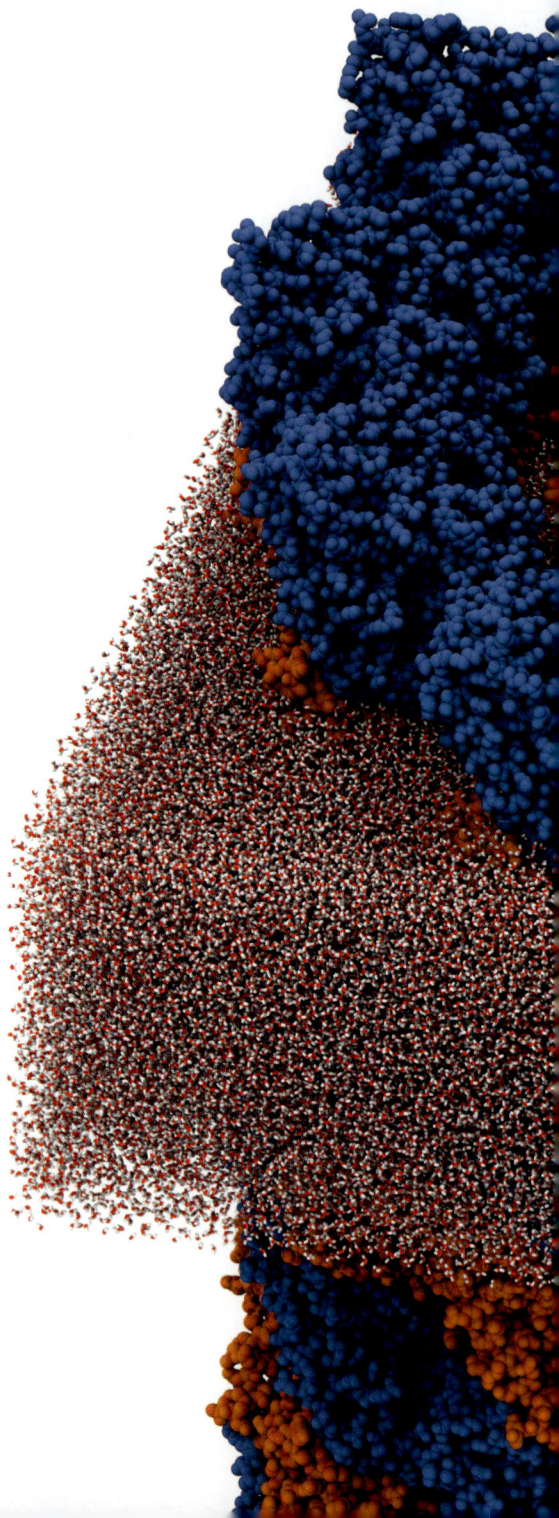

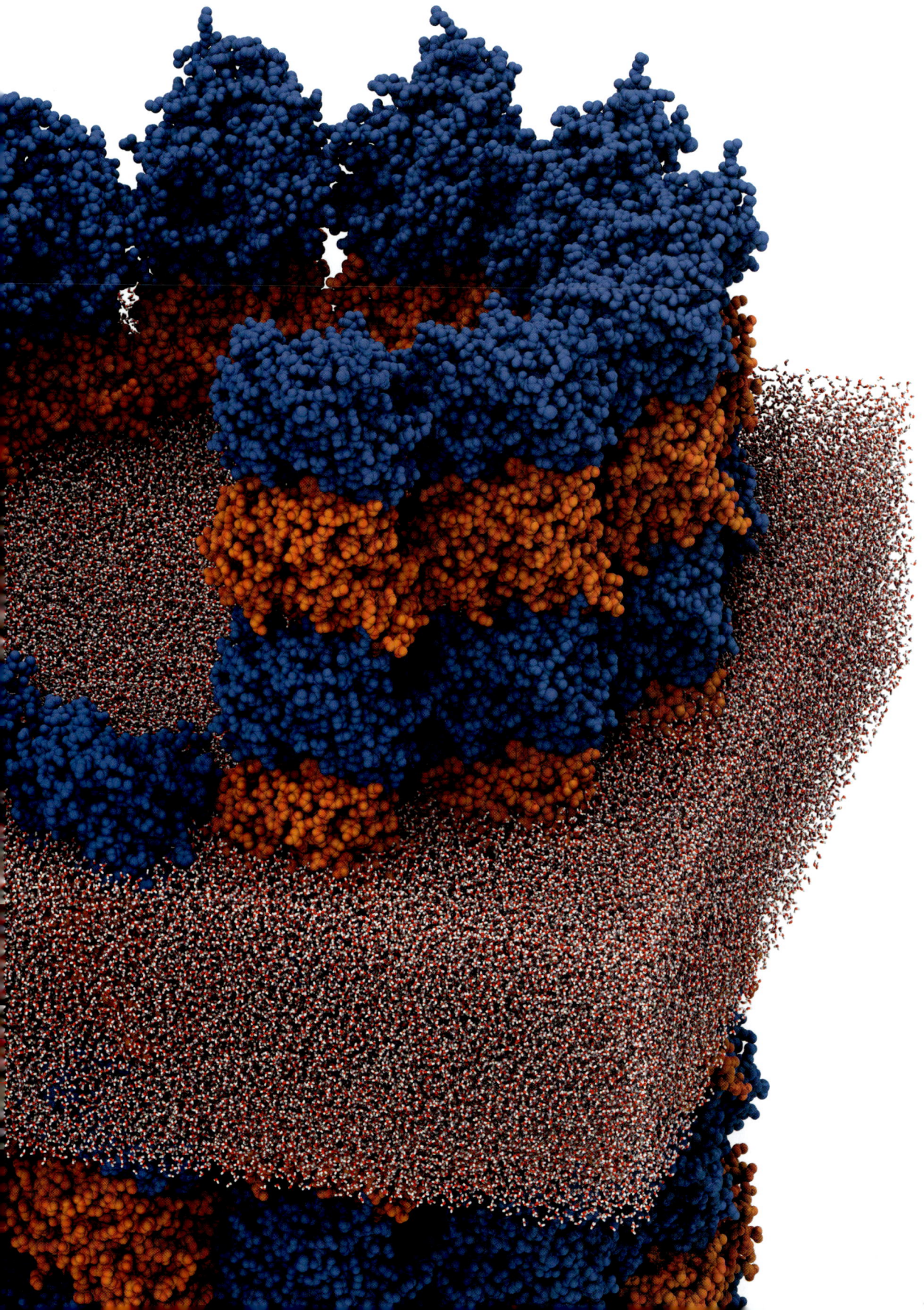

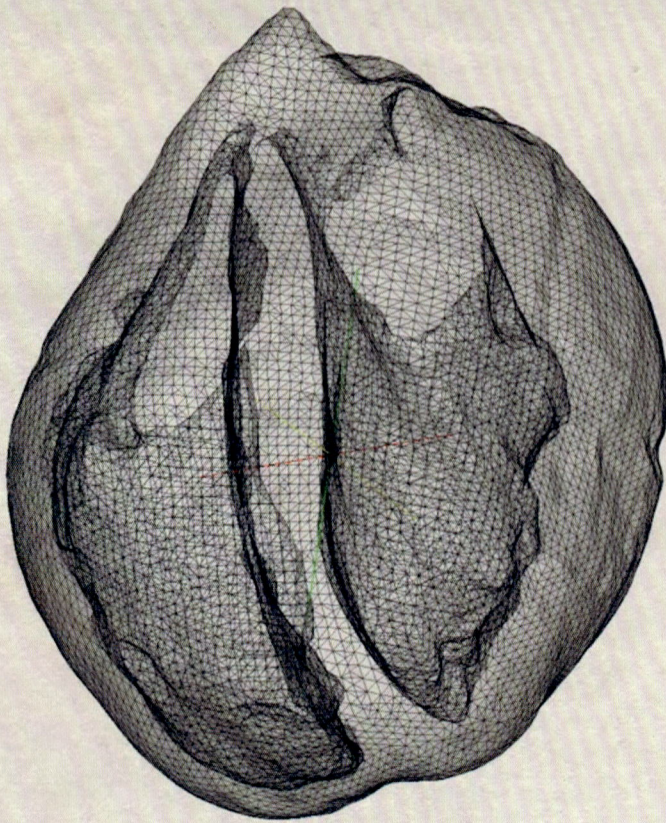

计算心脏模型

吉列尔莫·马林等，巴塞罗那超级计算机
中心，2012 年

通过高分辨率磁共振成像（MRI）技术，科
学家们可以获得非常详细的心脏三维模型，
在这个模型的基础上，科学家们开始着手
创建计算心脏模型。在一个名为"阿莉亚红"

的项目中，科学家们在巴塞罗那超级计算
机中心及其初创公司 ELEM Biotech 的一万
台计算机处理器上同时运行仿真模拟。而
且他们采用了"有限元"方法，即在模型
内心脏的大部分用 40 多万个四面体模拟。
这个项目的总体目标是提高对心脏的科学
认识，改进心脏问题的诊断方法，以及设
计和测试新药。

计算心脏模型：肌肉纤维

吉列尔莫·马林等，巴塞罗那超级计算机中心，2012 年

心肌纤维的排列是心脏最重要的特征之一。电信号沿着这些纤维纵向传播的速度比横向穿过它们要快得多，而且心肌纤维扭曲和转动的方式对于产生正确的泵血功能指标至关重要。心肌纤维的精确排列可以通过扩散张量成像技术来确定（参见第 2 章）。作为"阿莉亚红"项目的一部分，科学家们将这些信息导入他们的模型中，以确保在模拟电信号和泵血功能指标时更为精准。

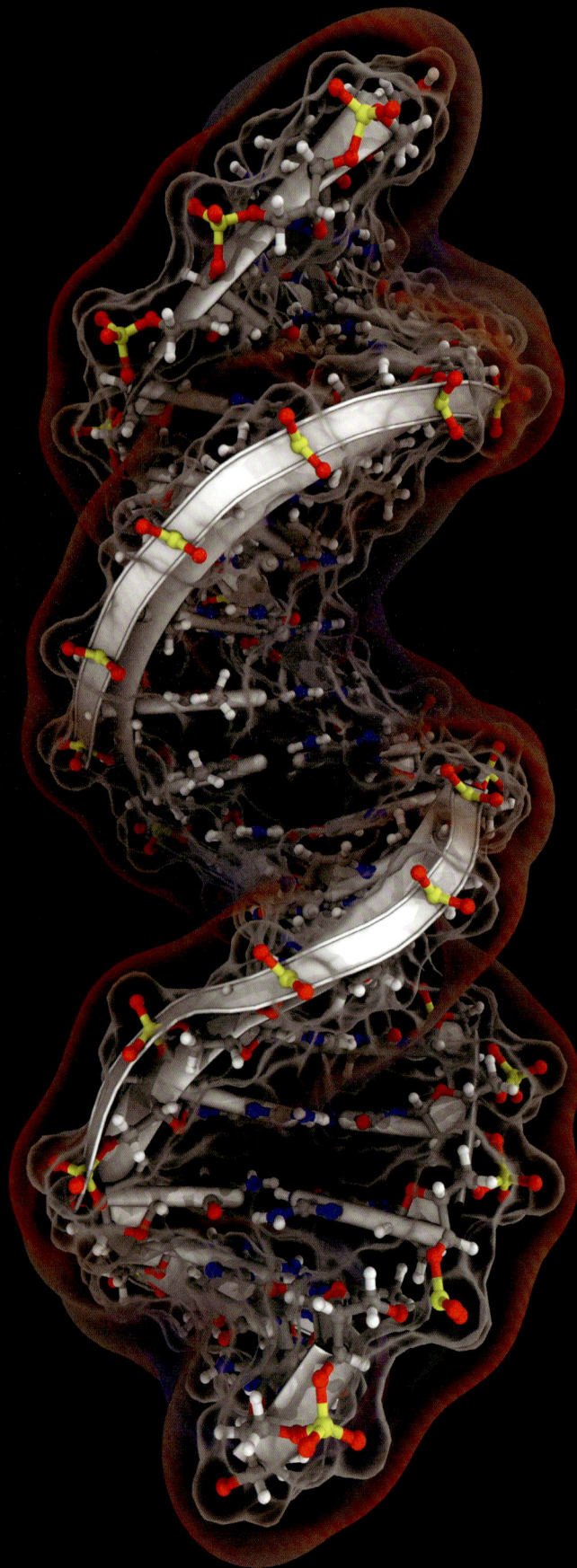

影响 DNA 的离子模拟

丹·罗，犹他大学；安东尼奥·戈麦斯
和安妮·鲍文，得克萨斯高级计算中心，
2013 年

在细胞内部，DNA 存在于水性（水分很多
的）环境中，被离子（带电荷的原子或带
电原子团）包围着。邻近离子的电子密度
可以使 DNA 的形状发生改变，这有可能
引发巨大且重要的后果。这张可视化快照
截取自一项分子动力学仿真模拟，该实验
运行了两万个时间步长。每个时间步长代
表一秒钟的一小部分，而每个分子的位置
是根据它在那个时刻承受的力计算得出的，
并且每个时间步长内分子的位置都会被重
新计算。由于这项模拟中的关键程序都是
在得克萨斯高级计算中心的超级计算机上
并行运行的，所以运行时间从几天缩短到
了几分钟。

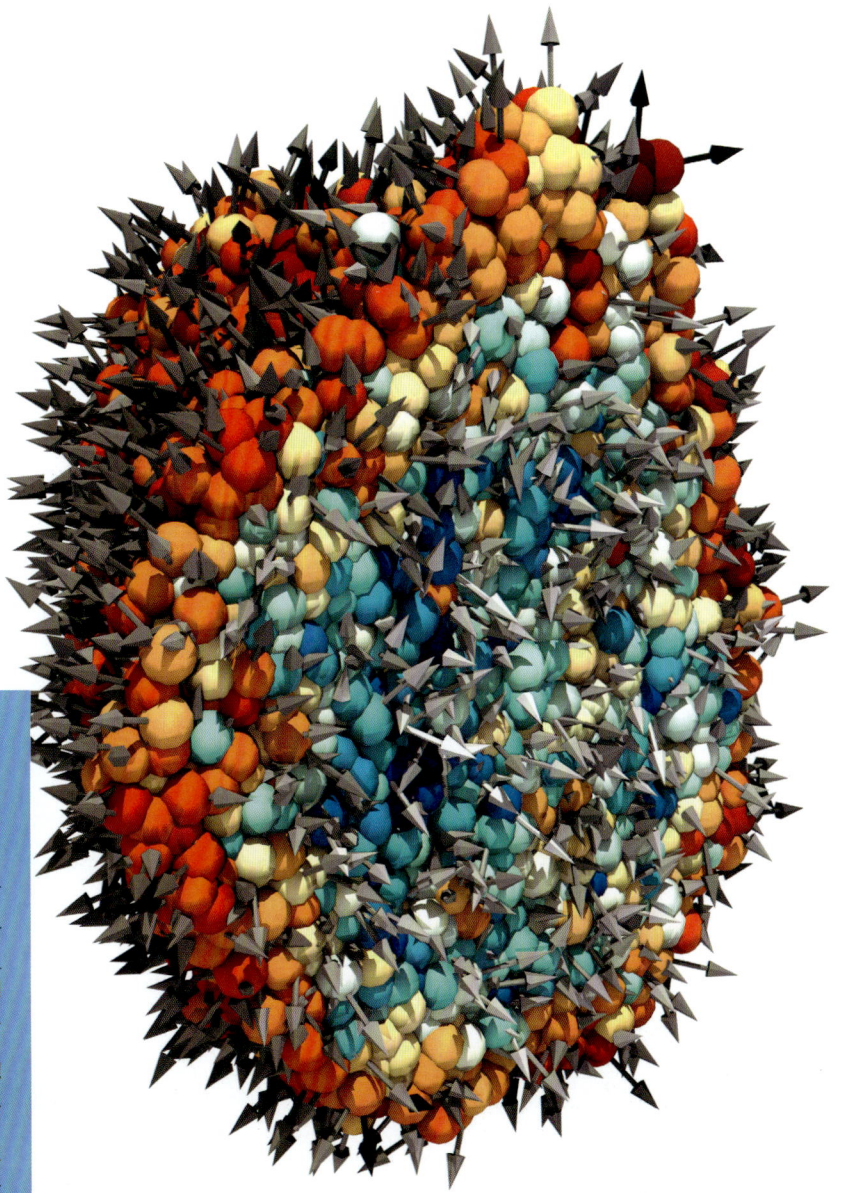

模拟肿瘤的可视化

阿卜杜勒·马尔米－卡卡达，得克萨斯大学奥斯汀分校；安妮·鲍文，得克萨斯高级计算中心，2017 年

任何生物结构的生长都是细胞通过重复细胞分裂增殖的结果。任何新生长的精确方式取决于几个因素，包括细胞分裂、细胞死亡的速率以及细胞之间的力，包括黏附力。为了研究这一重要现象，得克萨斯大学的科学家对生长的肿瘤进行了模拟。在此处显示的快照中，虚拟肿瘤（横截面）由大约一万个细胞组成。颜色表示细胞的速度（红色最快），因为它们被细胞分裂推向不同的方向——用箭头表示。肿瘤（实际上）被切成两半，以便比较中心细胞和周围细胞的运动。

细胞分裂的速度(μm/s)

−1.200e+01　　　　　　　　　　−5.000e+00

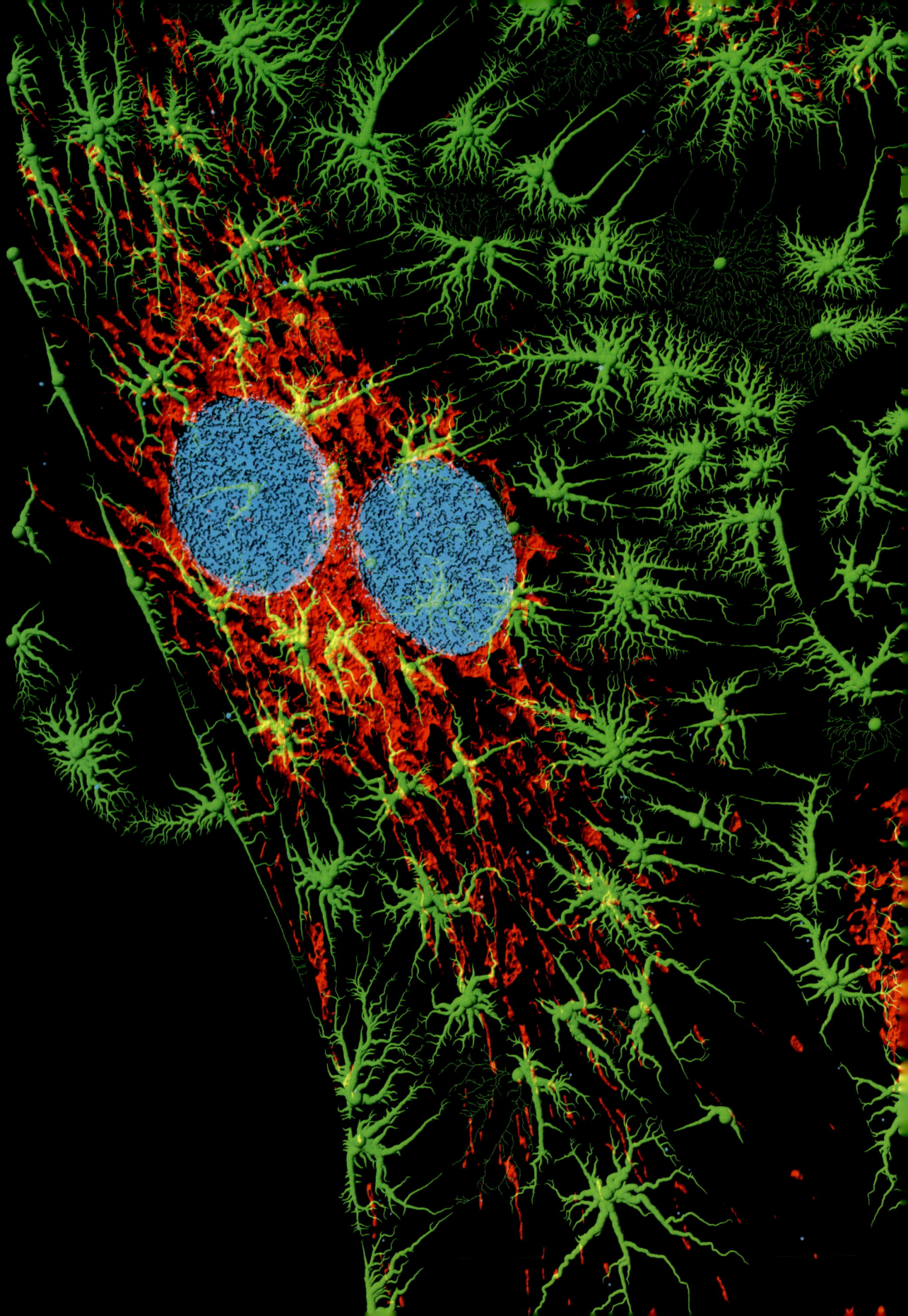

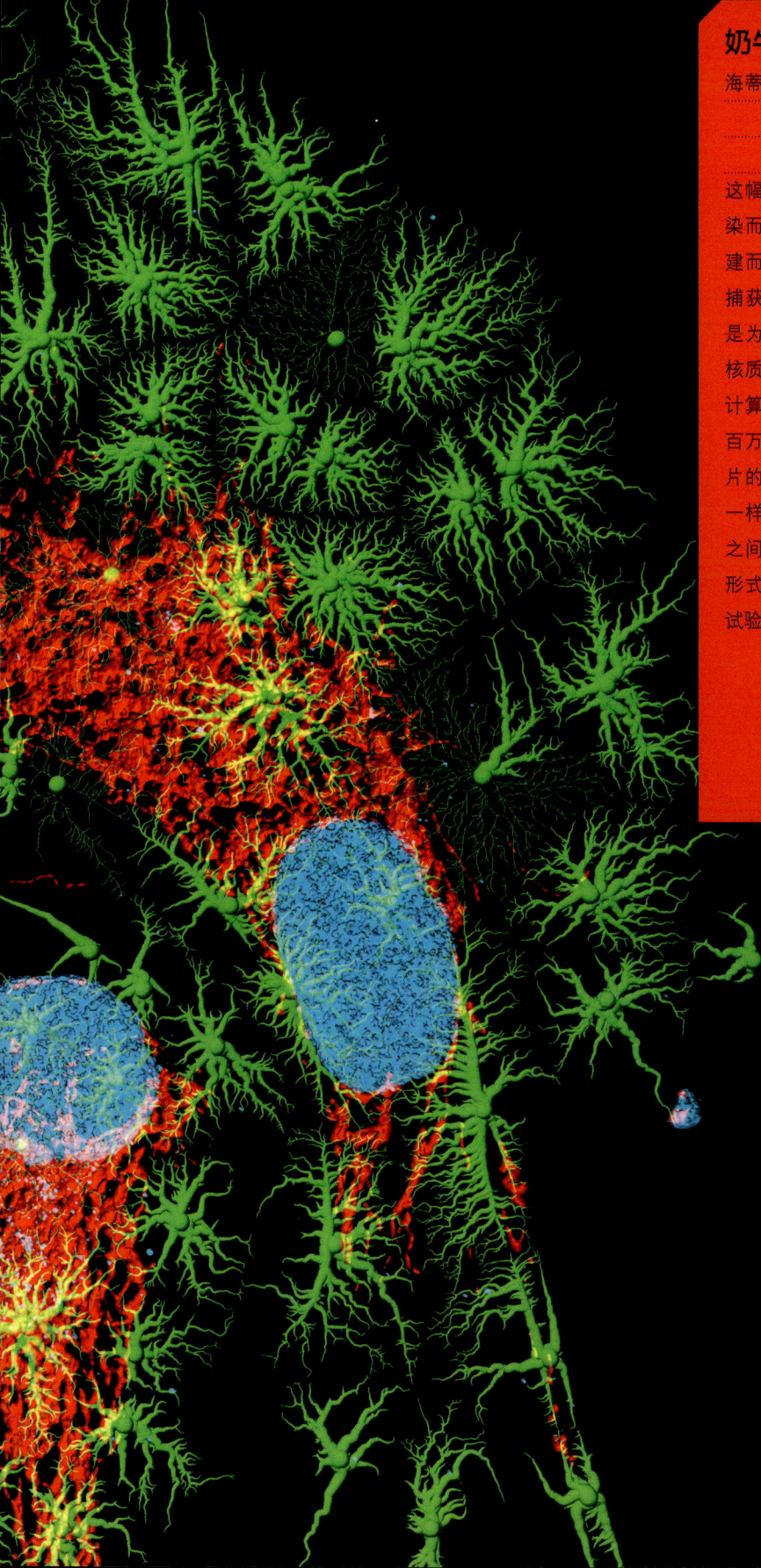

奶牛细胞的三维模型

海蒂·帕维斯，2011 年

这幅图像是由奶牛培养细胞的三维模型渲染而来的。该模型由大量二维"切片"构建而成，每个切片都是在共聚焦显微镜下捕获的（参见第 1 章），其中的荧光标记是为了显示细胞内的特征结构，蓝色的是核质体，红色的是线粒体，绿色的是微丝。计算机内存中的三维虚拟空间被划分成数百万个"体素"（体积元素），就像数码照片的二维平面由数千或数百万个像素组成一样。这幅图像说明了计算机模型和模拟之间的区别。模型是真实系统的一种表现形式，而模拟必须"做"某事来进行仿真试验。

鸟群飞行模拟

克雷格·雷诺兹，1987 年

计算机数学建模中最迷人的一个现象便是"涌现"。它指的是当一组单独的个体（称为"主体"）被赋予一套简单的规则后真实呈现出的集体行为。集群是基于主体模型中此类突发行为的典型示例。集群模拟的先驱是克雷格·雷诺兹，他在 20 世纪 80 年代开发了一个名为鸟群算法（Boids，"bird-oids"的缩写）的计算机程序。在这个程序中，每个"主体"都被赋予了笛卡儿空间中的一个初始位置和初始速度。模拟运行过程包含了大量时间步长。每个"主体"在每个时间步长都会根据群体中相邻"主体"的行为调整其移动速度和方向。鸟群算法现在已被改编用于许多场景，例如电影和游戏中的特效。

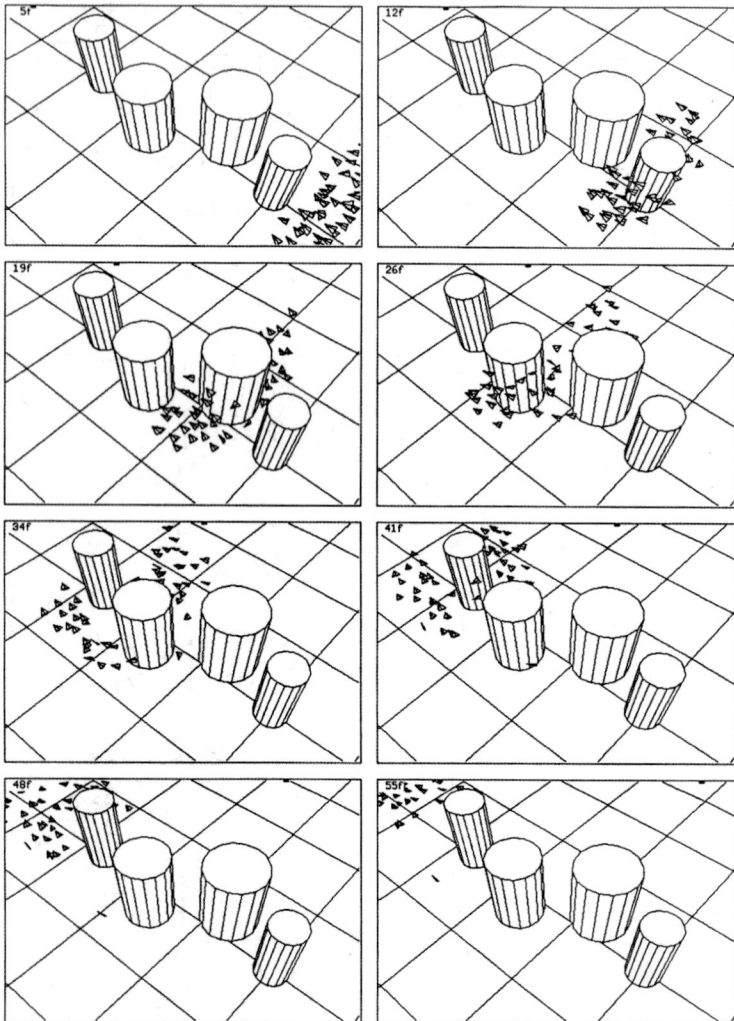

新型冠状病毒感染流行病学模拟

辛奇，普·罗伯特，本特利等，2021 年

数学建模越来越多地用于为公共卫生政策提供信息，并且在潜在或实际流行病和大流行病时期尤其有用。此处显示的图表是由名为 OpenABMCovid19 的基于主体的模型所生成的结果，由一个国际跨学科科学家团队创建。该模型的初始人口为 100 万（虚拟），并且可以"参数化"以匹配不同的特征活动模式。该团队使用与 2020 年封控前和封控期间英格兰人口的典型接触模式相匹配的参数运行模拟。蓝线代表的是模拟 50 次后的结果，模型中的人口扩大到 5600 万；橙色标记是大流行期间英格兰的实际数字。（血清阳性率是新型冠状病毒在人群血清中的流行率。）

- 实测数据
- 模拟数据

住院的新型冠状病毒感染患者数量

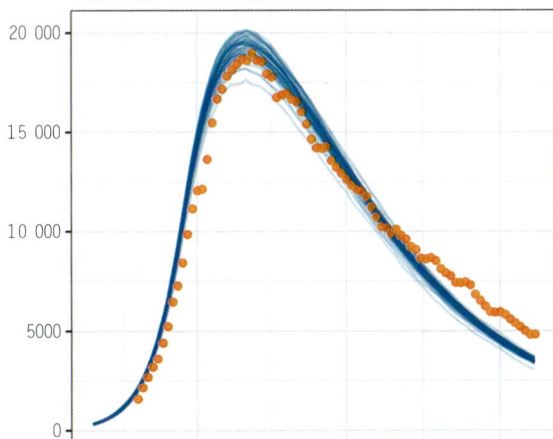

医院接诊的患者数量

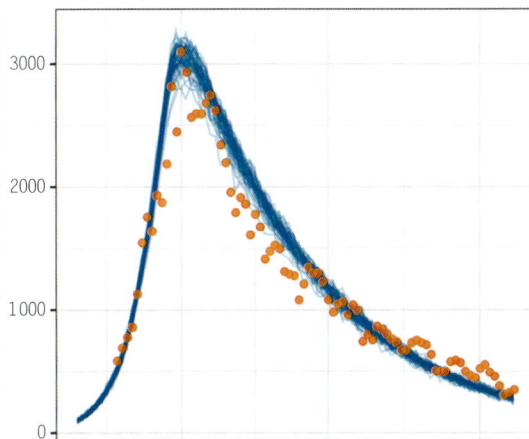

每日死亡人数（根据死亡率计算）

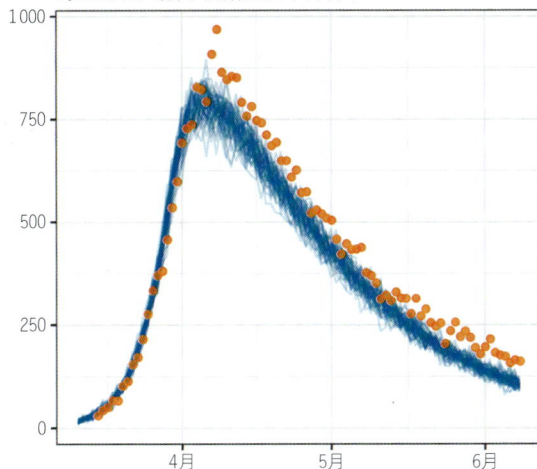

血清阳性率

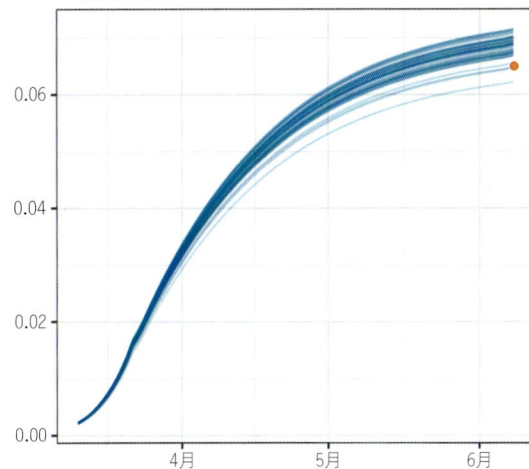

小行星撞击模拟

弗朗西丝卡·萨姆塞尔，大卫·霍尼格·罗杰斯，约翰·帕奇特，凯伦·蔡，2017 年

与许多计算机数学模型一样，这个中型小行星撞击海洋模拟输出的是一组三维数据集。在虚拟的三维笛卡儿空间内，每个小体积元素（体素）都被分配了一个数值。每个体素都带有温度、含水量和小行星物质含量的数值，而且每个数值都随时间而变化。在对这些数据进行可视化时，建模人员创建了三维数据的二维投影。他们采用了体积渲染技术，计算机在创建可视化图像时会根据每条视线对应的三维体素中的数值计算出每个二维像素的整体颜色。当每个体素中的 3 个数值选取不同的透明度权重时，同一场景便会呈现出许多不同的视图。在此处显示的图像中，3 个数值的权重相同，由此产生的颜色可以清晰地显示出撞击区域周围小行星物质含量、含水量，以及温度。

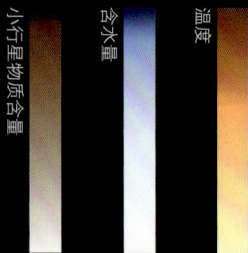

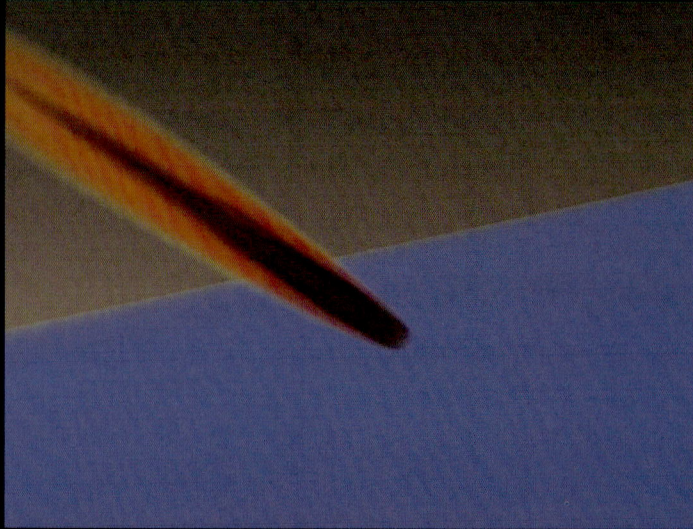

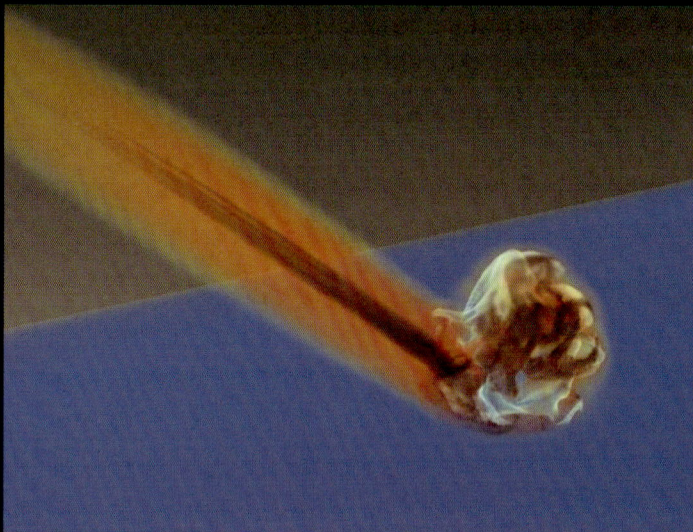

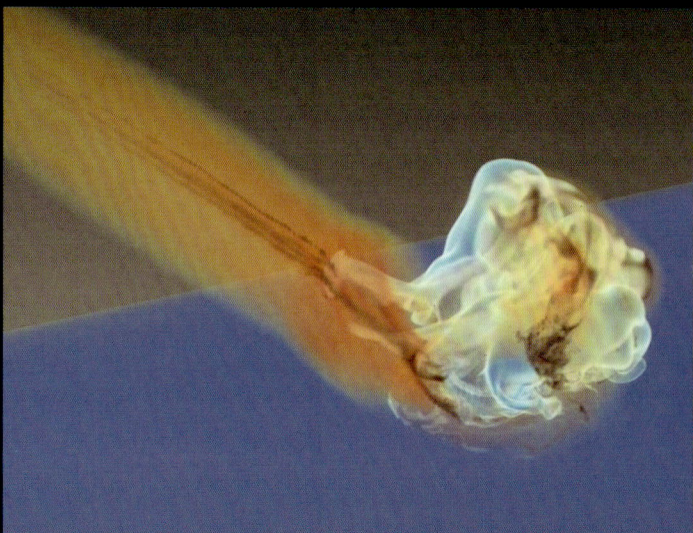

小行星物质含量

含水量

温度

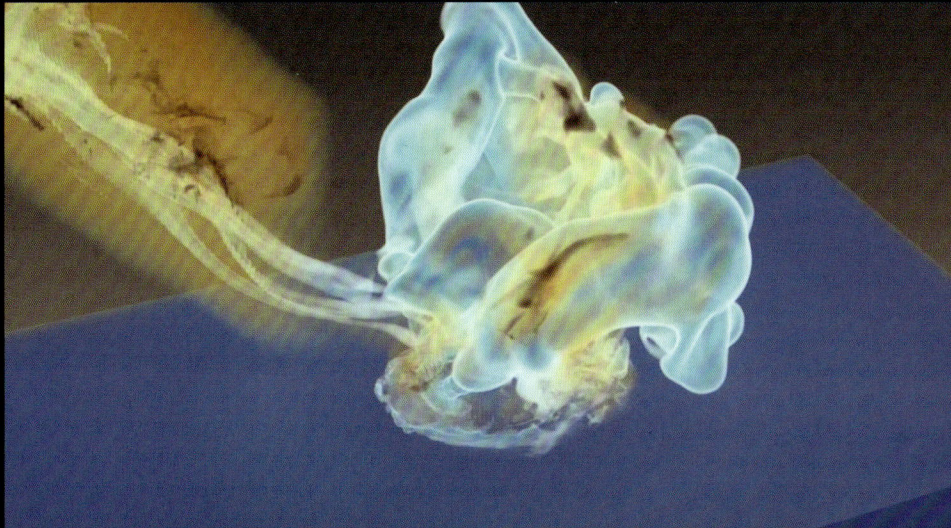

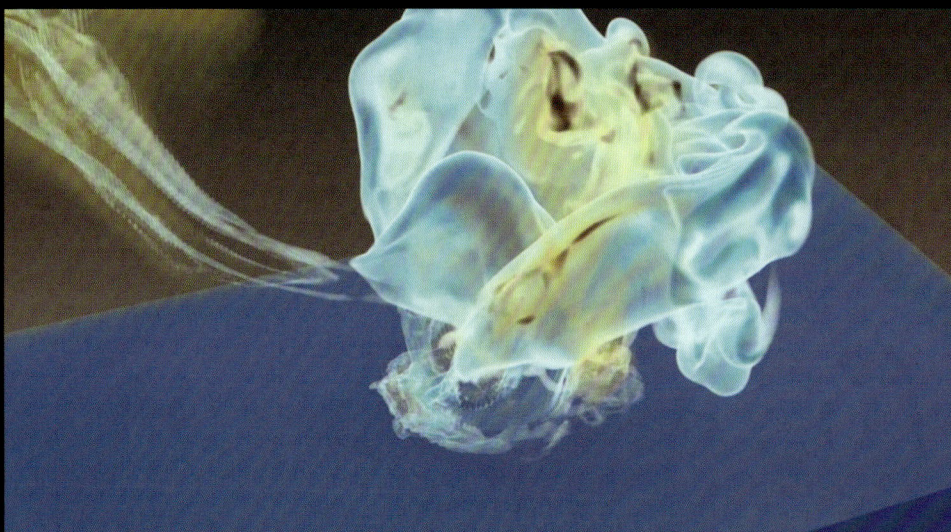

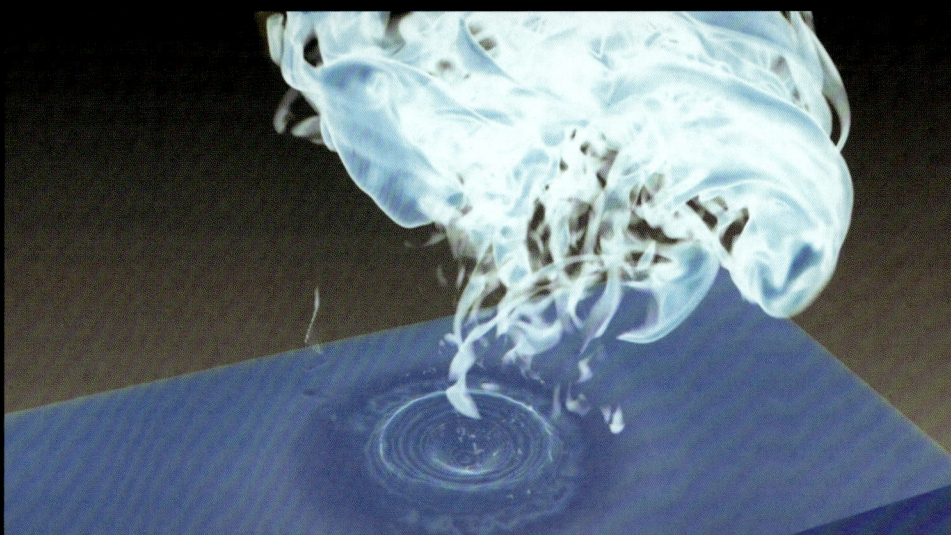

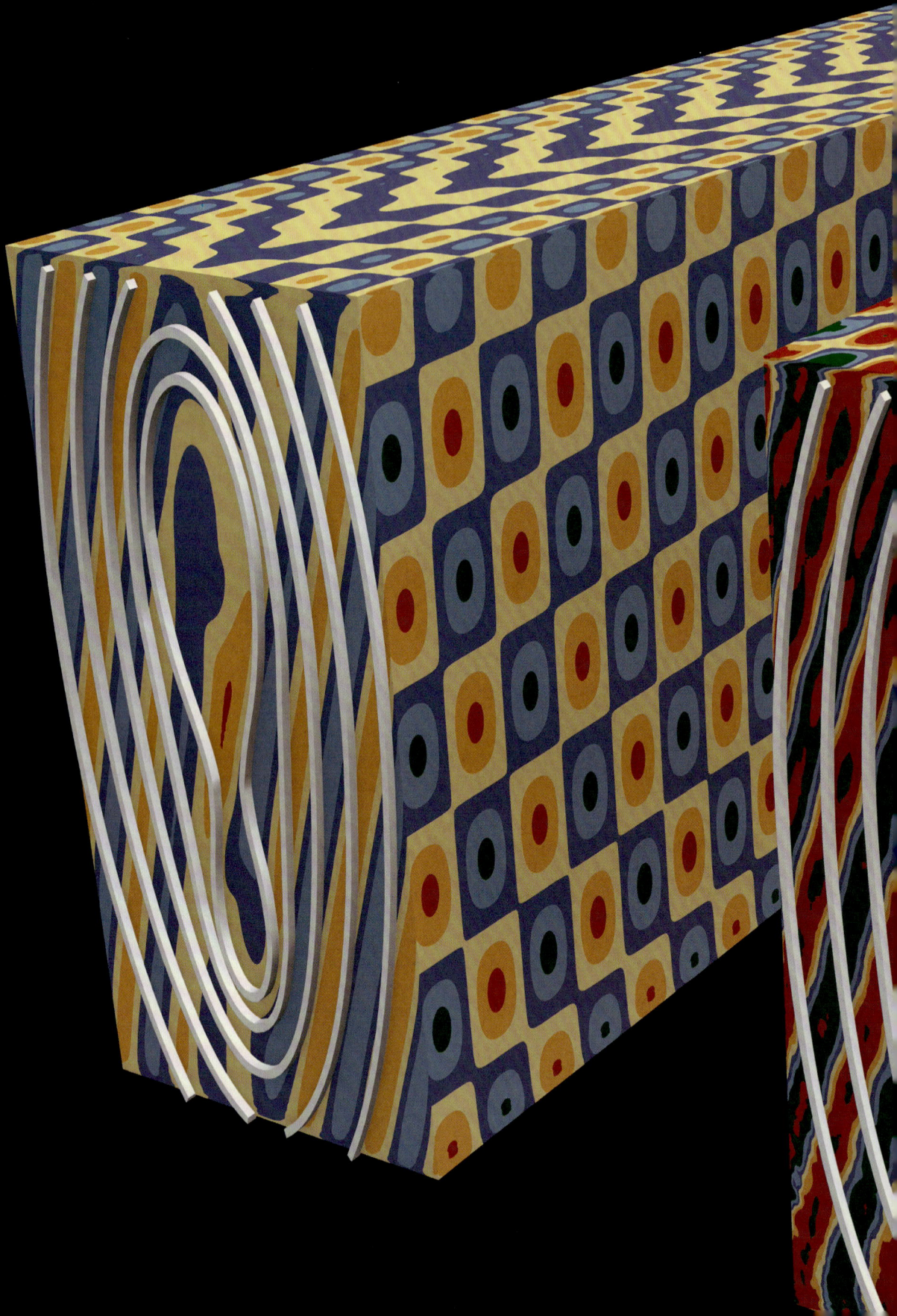

托卡马克中环形等离子体电流的模拟

温德尔·霍顿和李·伦纳德，得克萨斯大学奥斯汀分校；格雷格·福斯，得克萨斯高级计算中心，2018 年

太阳的能量来自太阳内部的核聚变反应。在地球上实现持续核聚变反应是许多核物理学家的梦想，因为它将提供近乎无限的能量，并且不会产生有毒废物，也几乎没有碳足迹。目前，实现核聚变反应最有希望的实用方法是在一个环形容器（叫作托卡马克，tokamak）内使用强大的磁场来控制反应。这两个可视化模型来自对托卡马克（甜甜圈形状变形成了长方体）内部条件的模拟实验。左图显示了大功率无线电波的排列，这些无线电波的能量可以加热等离子体（带电粒子组成的气体）导致聚变反应的发生。右图显示了等离子体中的电子密度。在这两幅图像中，白色轮廓线显示了包含等离子体的磁场；顶部是反应发生的地方，而底部则是排出杂质的地方。

南极冰盖流动的模拟

冰冻圈 – 海洋可视化项目，2020 年

南极冰盖模拟中的颜色代表的是虚拟冰体向下滑行流向海洋时的速度。速度范围每天在 0（深灰色）到 10 米（橙红色）之间。对冰盖行为的模拟可以帮助科学家预测和了解随着气候变化导致全球温度持续升高而出现的海平面上升和洋流破坏的情况。这项模拟中使用了专业的陆地冰川（MPAS–Albany Land Ice，MALI）模型，这个模型是在跨尺度预测模型和奥尔巴尼多物理场分析代码库的基础上开发的，同时也是 E 级能源地球系统模型（Energy Exascale Earth System Model，E3SM）的一部分。E3SM 是美国能源部的一项重大举措，专门为 E 级（百亿亿次）计算而设计，其中超算计算机每秒可以执行超过一百亿亿次运算。

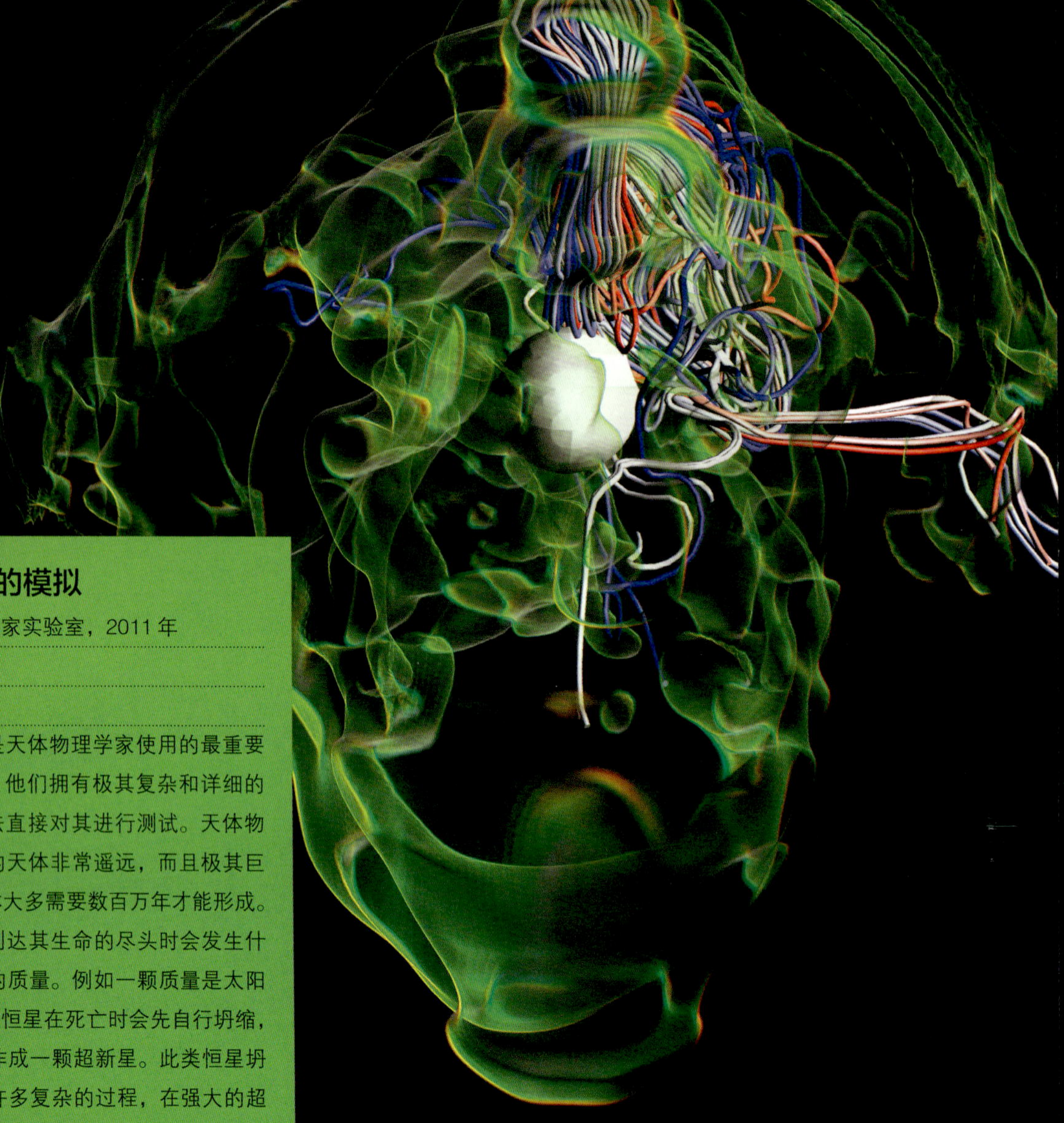

垂死之星的模拟

美国橡树岭国家实验室，2011 年

计算机建模是天体物理学家使用的最重要的工具之一，他们拥有极其复杂和详细的理论，但无法直接对其进行测试。天体物理学家研究的天体非常遥远，而且极其巨大，这些天体大多需要数百万年才能形成。当一颗恒星到达其生命的尽头时会发生什么取决于它的质量。例如一颗质量是太阳 8 倍或更大的恒星在死亡时会先自行坍缩，然后迅速爆炸成一颗超新星。此类恒星坍缩时会发生许多复杂的过程，在强大的超级计算机上运行仿真模拟可以为理解这些复杂的过程提供独特的见解。当起始时的膨胀停滞后，垂死恒星的外层向内坍塌，此时会产生扭曲的磁场线，这幅图像中的线条生动地表示了那些扭曲的磁场线。

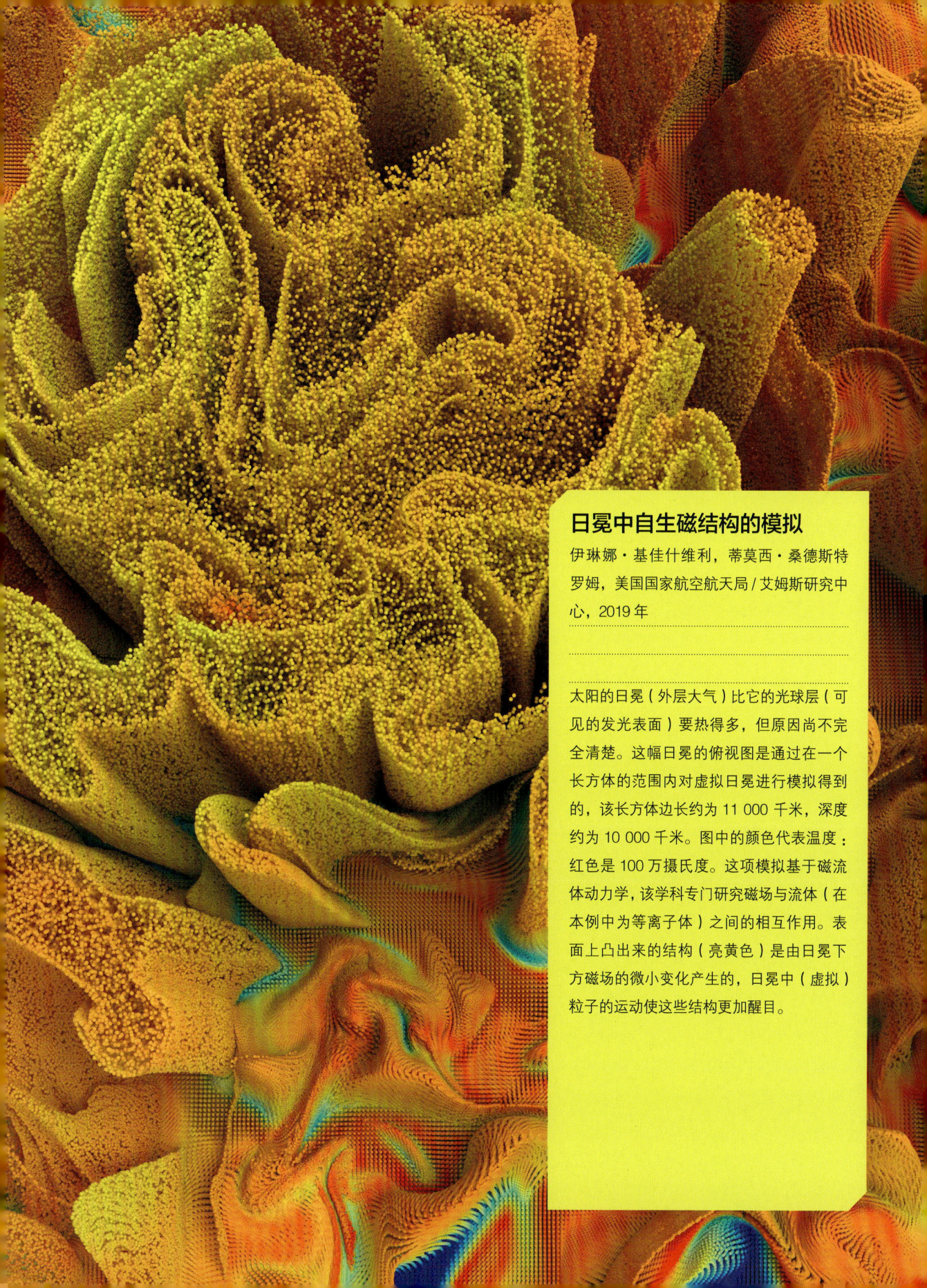

日冕中自生磁结构的模拟

伊琳娜·基佳什维利，蒂莫西·桑德斯特罗姆，美国国家航空航天局 / 艾姆斯研究中心，2019 年

太阳的日冕（外层大气）比它的光球层（可见的发光表面）要热得多，但原因尚不完全清楚。这幅日冕的俯视图是通过在一个长方体的范围内对虚拟日冕进行模拟得到的，该长方体边长约为 11 000 千米，深度约为 10 000 千米。图中的颜色代表温度：红色是 100 万摄氏度。这项模拟基于磁流体动力学，该学科专门研究磁场与流体（在本例中为等离子体）之间的相互作用。表面上凸出来的结构（亮黄色）是由日冕下方磁场的微小变化产生的，日冕中（虚拟）粒子的运动使这些结构更加醒目。

对 45 个太阳质量的第三星族恒星吸氢过程的模拟

保罗·伍德沃德，毛华庆，福尔克·赫维格，安德里亚·克拉克森，2019 年

宇宙中最早的恒星被称为第三星族恒星（尚未被证实的假说）。正是在这些恒星内部，碳、氧和许多其他元素首先被制造出来。此处显示的精美图像是对第三星族恒星内部高能过程进行模拟生成的可视化效果，称为吸氢瞬间。在此过程中，氢气向下被吸入对流气体区域，这些氢气在高温下引发快速而猛烈的点火，产生核聚变。这些图像中的颜色代表第三星族恒星内部气体（湍流旋转）的涡旋强度从深蓝色（低涡度）到白色和黄色，再到红色（高涡度）。这项模拟集中在一个虚拟立方体中进行，该立方体具有超过 560 亿个体积元素（体素），其中的细节层次和仔细选用的颜色使得这组图像显得更加生动有趣。

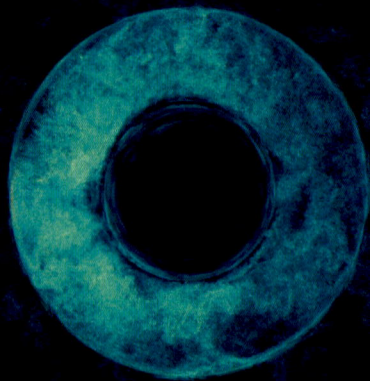

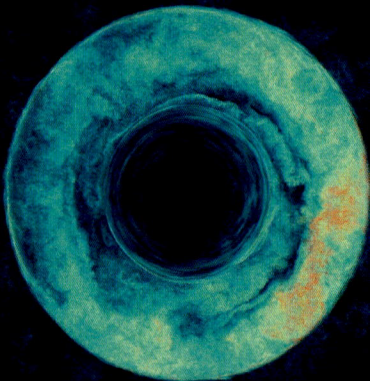

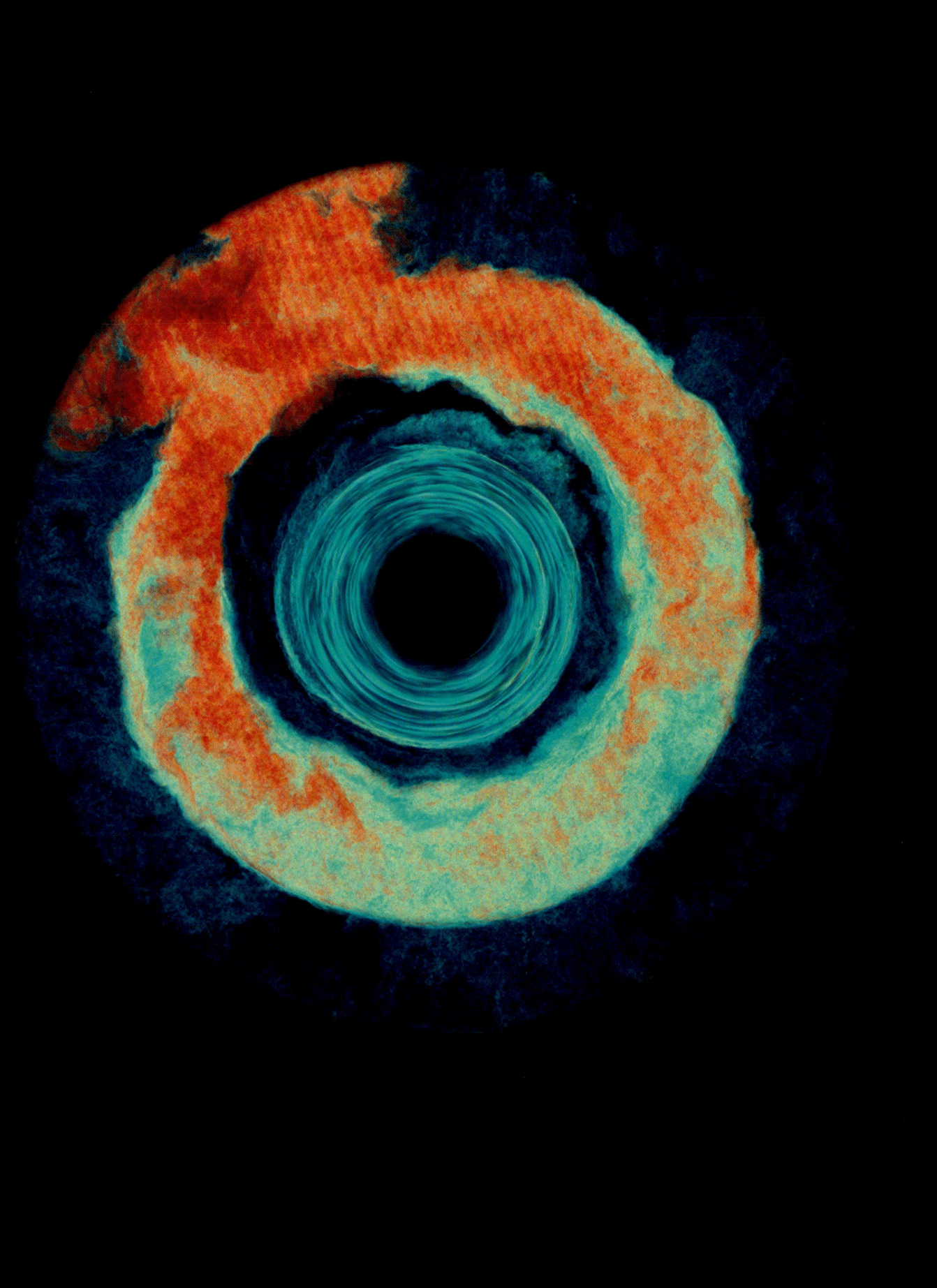

聚焦:
星系碰撞

星系主要由气体、尘埃以及数十亿颗恒星和行星组成,它们之间通常相距数百万光年。它们以群体和集群的形式出现,而且它们之间通过引力相互作用,偶尔还会发生碰撞。由于恒星之间相距甚远,即使星系在一段时间内完全合并,也很少有恒星会真正发生物理碰撞,所以星系碰撞实际上只是一种引力导致的互动。当两个大星系发生碰撞时,它们会相互缠绕,而且星系中的物质会混合在一起。这些星系中的气体和尘埃释放的压缩波将会引发新星的形成。研究表明,绝大多数较大的星系经历过至少一次合并,于是导致了"星爆",也就是大量恒星爆发性诞生的时期。虽然早期宇宙中的大多数星系是不规则形状的,但现在观测到的星系大多数是旋转的漩涡形,这是由物质向密集的中心"掉落"引起的。当这些漩涡星系相互碰撞时,它们通常又会产生椭圆形和不规则形状的星系。了解星系如何碰撞对于拼凑出完整的星系乃至整个宇宙的演化历程至关重要。

我们所在的银河系目前正在与它的一个小邻居(人马座矮星系)发生碰撞,而且在大约 45 亿年后,它将与一个更大的星系(仙女座星系)发生碰撞(目前该星系距离我们 250 万光年,参见第 26~27 页)。2008 年,在一项对哈勃空间望远镜图像的调查中,记录了近 60 个遥远星系碰撞的实例,这些例子就像是星系相互作用处于不同阶段的一张张快照。星系碰撞在早期宇宙中更为常见,通过 2021 年发射的詹姆斯·韦布空间望远镜,天文学家能够回顾更久远的时间,揭示更多早期宇宙碰撞的奥秘,这是因为光到达我们这里需要时间,所以看得更远等同于回顾的时间更久远。

一次典型的星系碰撞需要数亿年的时间,这使得天文学家和天体物理学家无法观察到碰撞的发生。而且即使他们可以观察到,也无法与它们互动或进行实验。通过计算机模拟,研究人员能够从各种不同的角度,以不同的速度探索星系之间发生碰撞时发生的情况。将模拟结果与真实碰撞星系的图像进行比较,可以让天体物理学家改进他们的模型,从而有助于他们更好地理解现实世界中星系的演化和结构。

真实的和模拟的银河碰撞图像
萨默斯,米霍斯和赫恩奎斯特,2015 年
想要测试星系碰撞理论模型的有效性,最好的方法便是基于该模型进行仿真模拟,然后将模拟结果与真实碰撞星系的观测结果进行比较。在这里展示的图像中,左边的是模拟出来的图像,而右边的是由哈勃空间望远镜拍摄的真实的星系碰撞图像。

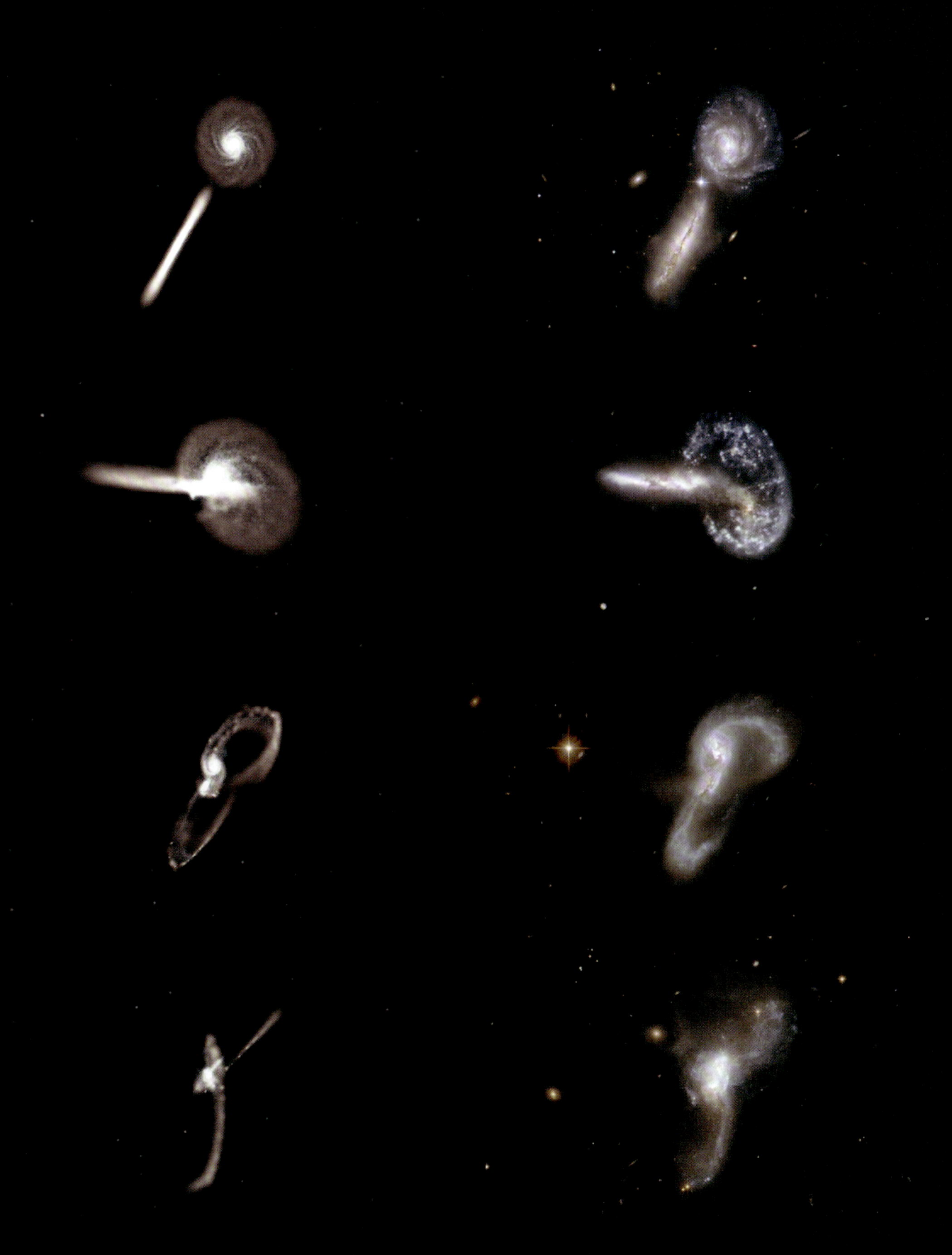

星系合并过程的模拟

蒂齐亚娜·迪·马特奥，沃尔克·斯普林格尔，拉斯·赫恩奎斯特，2005 年

从上到下，这些图像呈现了两个包含超大质量黑洞的星系合并过程中的不同阶段。这两个星系碰撞一次，然后分离，之后再次聚集，发生合并。随着引力将物质拉向星系中心，每个黑洞都会变大，并因此释放出大量能量，从而形成一个类星体，这个过程会持续大约一亿年的时间。最终，能量的释放会产生强大的辐射，将气体推离中心，进入系外空间。这样形成了一个几乎是空的、形状不规则的星系，其中包含着两个超大质量的黑洞，但除此之外几乎没有其他东西。

在星系碰撞的模拟实验中，恒星被标注为笛卡儿空间中的点，计算机计算出每颗恒星如何从一个时间节点移动到下一个时间节点。然而在真实的星系中，每颗恒星的运动都取决于所有其他恒星的引力影响，如果想模拟这种情况会非常复杂，因为一个典型的大型星系中包含着数千亿颗恒星。此外，还需要考虑气体和尘埃的引力效应，以及其他影响，例如磁场力和辐射压力。如果一个星系与另一个星系相撞，情况就会变得更加复杂。因此，即使是最精确的星系碰撞模型，也已经是大大简化过的。而且即便如此，这些模型也只能在功能强大的超级计算机上运行。

尽管存在局限性，但仿真模拟可以帮助天体物理学家了解碰撞与合并对星系演化产生的一些重要影响。例如，在早期宇宙中，大多数年轻的星系中会产生超大质量黑洞，这是大量物质落入它们的中心导致的结果。黑洞周围的吸积盘（参见第 58 页）变得非常热，并发出明亮的光，成为一种称为类星体的"活动星系核"。长期以来，人们一直怀疑来自类星体的强烈辐射，通过推开形成恒星的气体，来调节恒星的形成，同时还会限制黑洞的生长并导致类星体变暗。通过模拟星系碰撞过程，可以验证或驳斥这种猜想，因为随着更多物质聚集在一起，这些碰撞会导致黑洞变大。于是在 2005 年，马克斯－普朗克天体物理研究所和哈佛大学的科学家们便进行了此类模拟实验（参见第 182 页图片），实验中科学家们对一系列不同大小的星系和黑洞进行了测试。

科学家们将每个超大质量黑洞表示为一个大粒子，随着它从另一个星系吸取更多的气体而生长变大。起初，落入每个星系中心的气体被压缩，从而引发恒星快速形成。但这种压缩，尤其黑洞周围产生的压缩，会释放出巨大的能量，使得黑洞周围的吸积盘不断升温，就像之前理论预测的那样。而且在模拟中，黑洞的大小与恒星形成的速度和分布之间的相关性也与观测结果非常吻合。

日鞘中磁泡的模拟

美国国家航空航天局，德雷克，斯威达克，
奥弗，2011 年

随着太阳的旋转，太阳的磁场扭曲成两
条螺旋线，一条在太阳北极，另一条在
太阳南极。磁场的两半在太阳赤道上方
相遇，形成螺旋形的磁波纹不断远离太
阳。在太阳系边缘的日鞘处，当这些波纹
遇到来自深空的高能带电粒子流（星际风）
时，它们会减速并聚成一团。2011 年，来
自两艘旅行者号航天器（于 1977 年离开地
球）的数据表明，日鞘处波纹的停滞导致
太阳磁场开裂并形成混乱的"气泡"阵列。
这幅精彩的图像来自支持这一假说的模拟
实验。

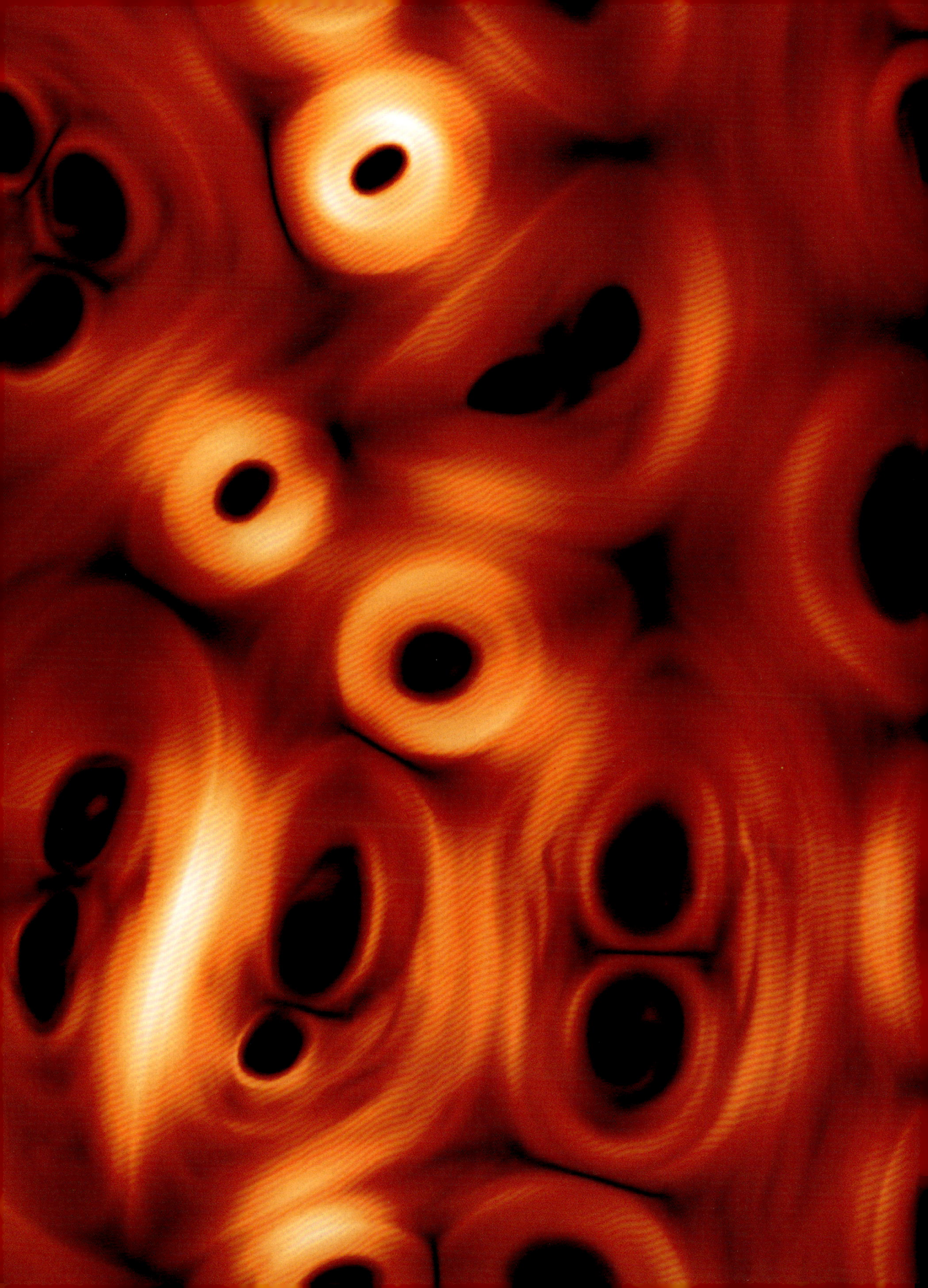

模拟的暗物质密度图

王杰，索纳克·玻色，卡洛斯·弗伦克等，
2020 年

从目前最好的宇宙学模型来看，宇宙中大部分的物质是"暗物质"，也就是说，它和光或其他形式的电磁辐射之间不产生相互作用。暗物质是因为其引力影响才被发现的，这些暗物质像"光晕"一样包围着整个星系并影响星系旋转。这些有待证实的暗物质云，以及连接它们的细丝（同样有待证实），构成了宇宙的脚手架，从星系到星系团、星系群和超星系群，所有大质量结构都在其基础上形成。2020 年，科学家分别在中国、欧洲和美国使用超级计算机模拟不同尺度下暗物质云的分布。这里显示的是最大的尺度下的模拟结果，该尺度半径相当于大约 750 兆秒差距（超过 20 亿光年）。在模拟中，暗物质由聚集在一起形成光晕和细丝的"弱相互作用大质量粒子"表示。它们的模拟分布与当前宇宙学模型的预期相符。

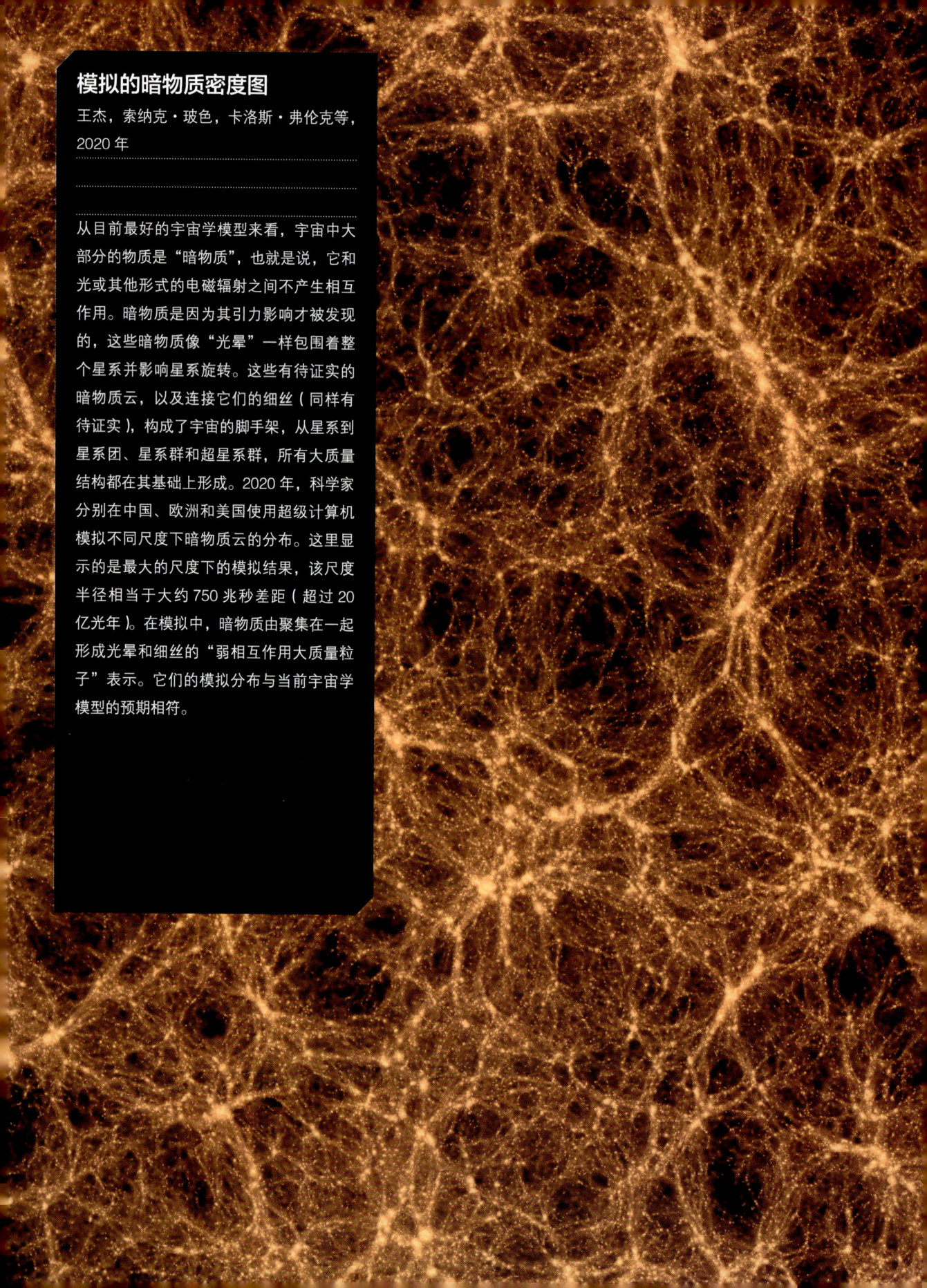

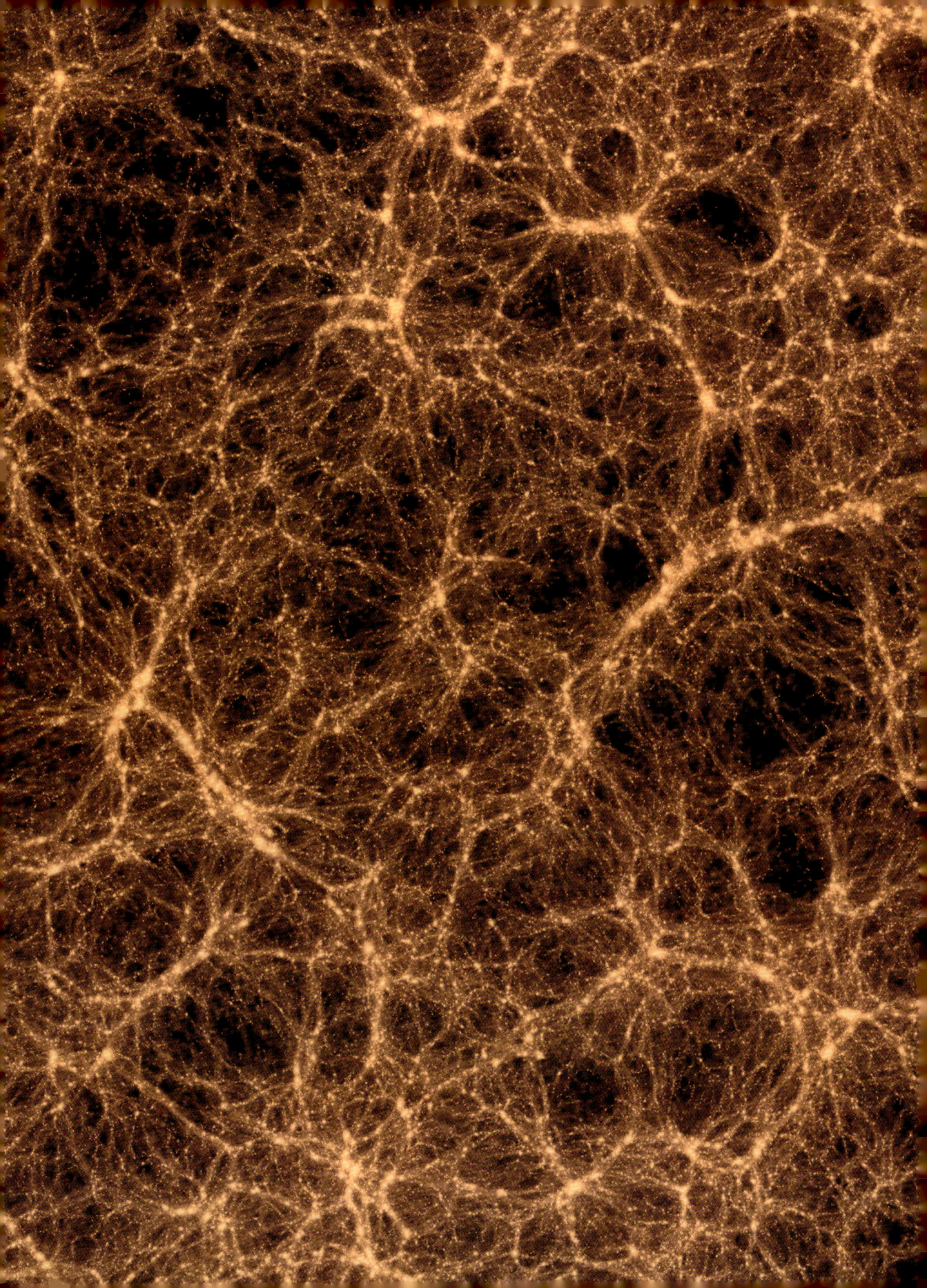

计算流体动力学

为什么要模拟流体？

计算流体动力学是基于计算机的数学建模和仿真最重要的应用之一。模拟流体（液体或气体）运动及其产生的作用力对许多科学学科来说都是有益的。预测流体行为在工程应用中非常重要，尤其是航空与航天领域（参见第 193 页），以及气象科学（参见第 200~203 页 "天气和气候的模拟"）。使用物理尺度的模型可以在没有计算机帮助的情况下对流体动力学问题进行数学分析，但是这会非常昂贵且极其费力。而且这样的实验也必然是泛化的，只能用来分析简单的情况。与之相反，计算机可以多次运行一个模拟实验，而且可以任意更改参数的数值。

无论有没有计算机，流体动力学的大多数数学方法的核心是纳维 - 斯托克斯方程。在 19 世纪上半叶，该方程由工程师克劳德 - 路易·纳维和数学家乔治·加布里埃尔·斯托克斯共同开发。在计算机内构建流体动力学模型，需要将（虚拟）流体划分为 "网格单元"，并将时间划分为小的时间步长。模拟中有时需要一些更小的单元来提供更高的分辨率，比如在湍流或障碍物使得流体流动更复杂的地方。

使用计算机

计算流体动力学模拟必然被简化——要完美地模拟流体（或任何物体）需要知道每个原子的位置、速度和能量。一个项目所需的计算能力取决于对准确度的要求。无须太多细节的简单模型只需要比较大的时间步长和网格单元，因此可以在台式计算机上运行；而一些细节较多并且极具挑战性的模拟则需要在超级计算机上由数百或数千个强大处理器同时运行数小时或数天的时间。例如，湍流建模中就需要较小的单元和非常短的时间步长，因此在计算上极具挑战性。

与其他研究流体的方法相比，使用计算流体动力学的最大优势之一是计算机可以生成信息丰富且引人注目的可视化效果，因为它们可以显示肉眼看不到的运动，有时还可以提供其他方法无法实现的视角。在某些情况下，计算流体动力学模拟以真实世界的数据为基础，然后进行模拟来填补空缺，从而有助于提高对研究系统的理解（参见第 189 页 "石油泄漏的模拟"）。

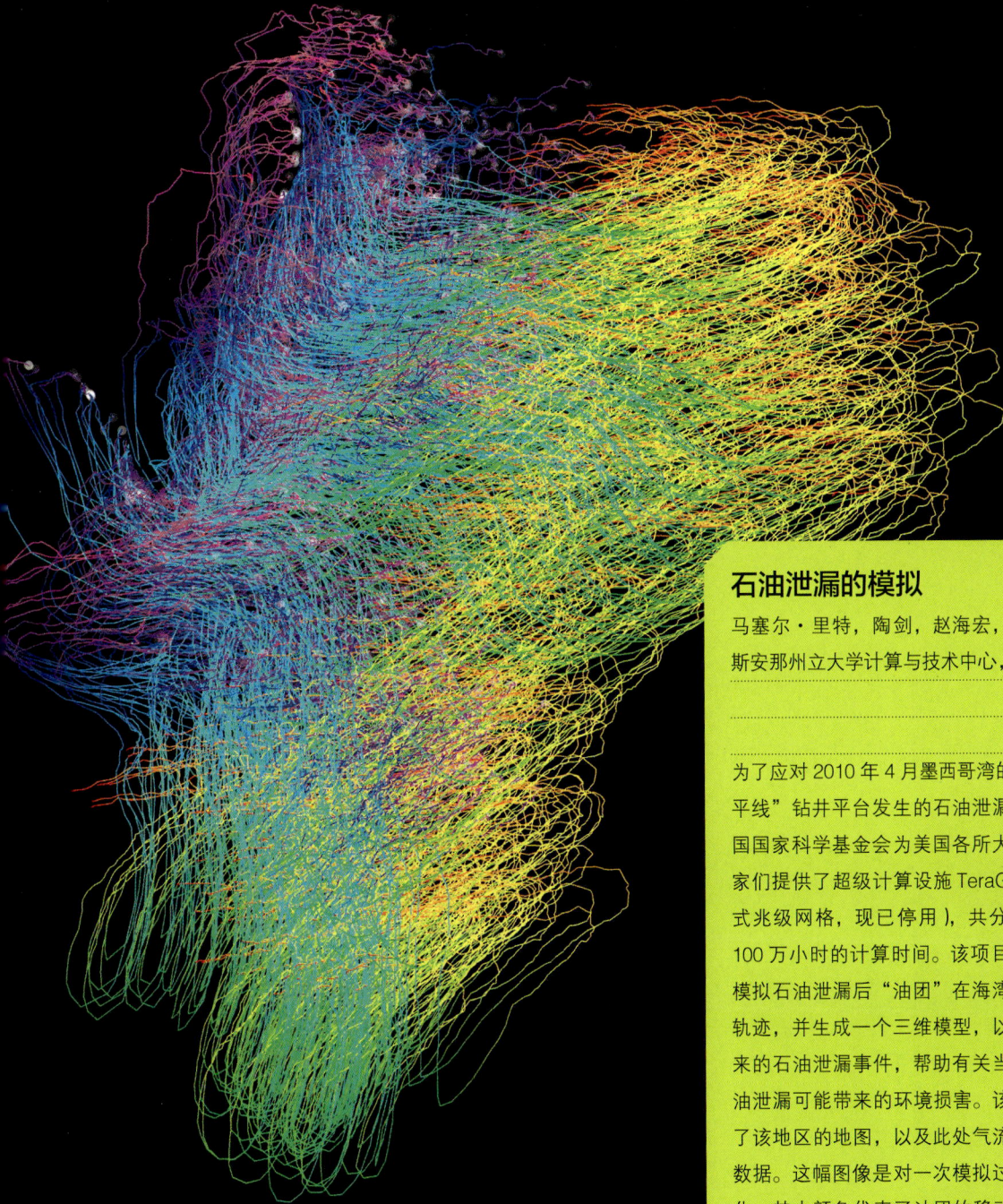

石油泄漏的模拟

马塞尔·里特，陶剑，赵海宏，美国路易斯安那州立大学计算与技术中心，2010 年

为了应对 2010 年 4 月墨西哥湾的"深水地平线"钻井平台发生的石油泄漏事件，美国国家科学基金会为美国各所大学的科学家们提供了超级计算设施 TeraGrid（分布式兆级网格，现已停用），共分配了总计 100 万小时的计算时间。该项目的目的是模拟石油泄漏后"油团"在海湾中的运动轨迹，并生成一个三维模型，以应用于未来的石油泄漏事件，帮助有关当局减轻石油泄漏可能带来的环境损害。该模型使用了该地区的地图，以及此处气流和洋流的数据。这幅图像是对一次模拟过程的可视化，其中颜色代表了油团的移动速度。以黄色丝带为主的区域显示的是路易斯安那州海岸的沼泽和其他浅水区，黄色表示石油在此处的运动速度比较缓慢。

采用了扩展色谱的南极洋流可视化

弗朗西斯卡·萨姆塞尔，得克萨斯高级计算中心，2020 年

计算机模拟的可视化通常采用标准色谱，使用从蓝色到红色平滑变化的颜色来表示模拟的虚拟空间内不同点的值。标准化调色板可能很有用，但对于某些情况来说，它未必是最合适的选择。艺术家和数据可视化专家，弗朗西斯卡·萨姆塞尔，将对艺术色彩理论的了解应用到色彩调色板中，以更好地捕捉相关细节，有利于观察者更有效地探索数据，还可以帮助科学家更容易地交流他们的工作。她的调色板通常基于大自然的场景，我们人类熟悉这些场景，能够发现其中最微妙的细节。这里展示的波浪是由（模拟产生的）南极洲周围海水的密度、压力和温度变化引起的（参见第 174~175 页）。

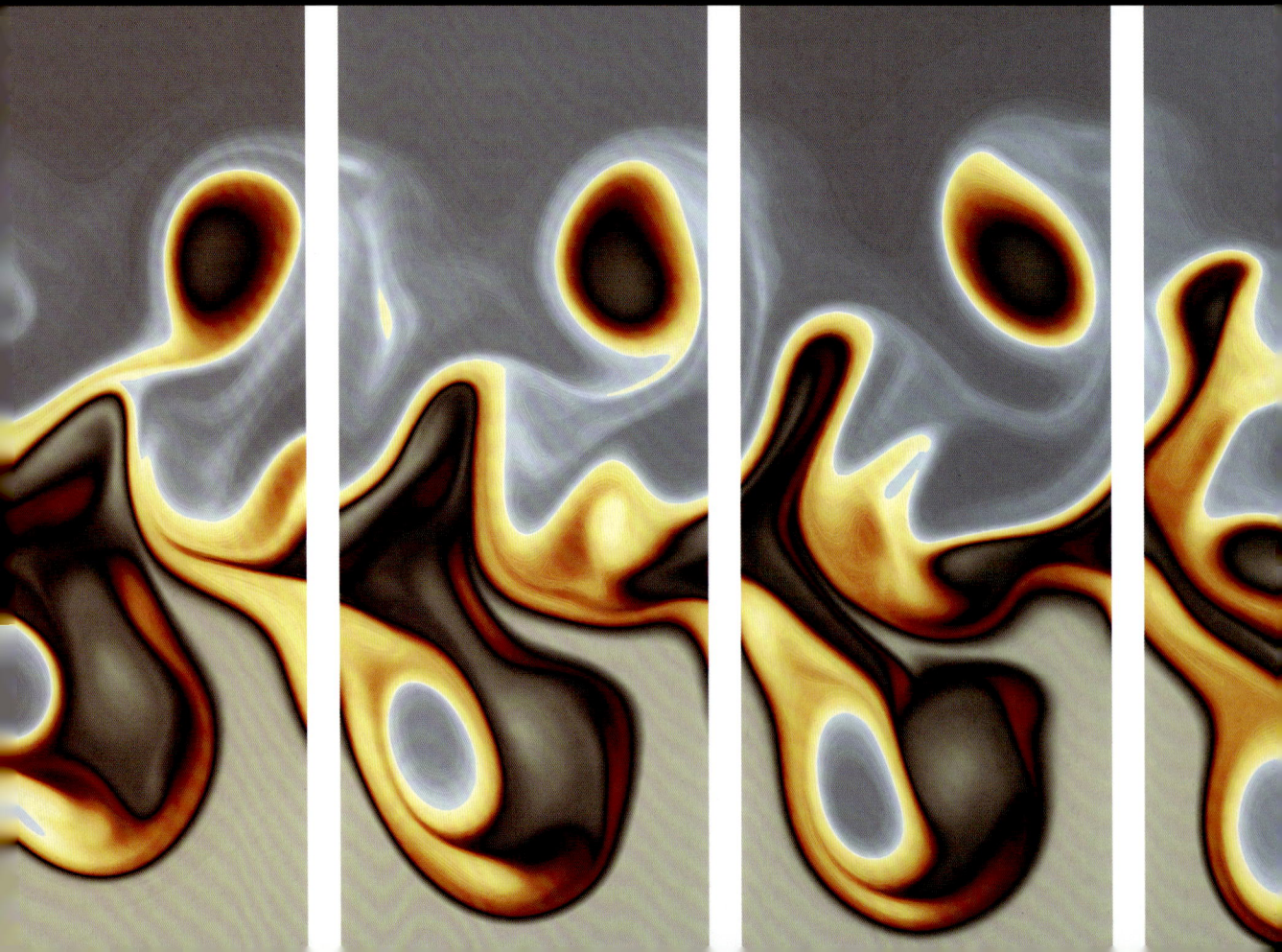

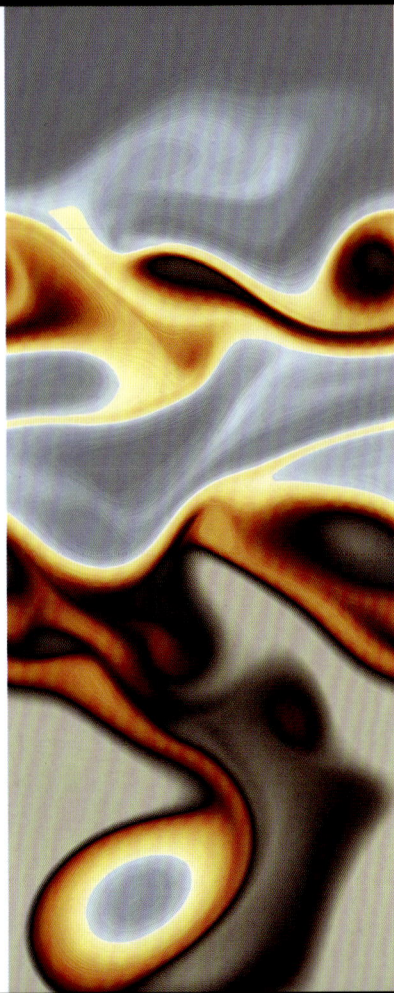

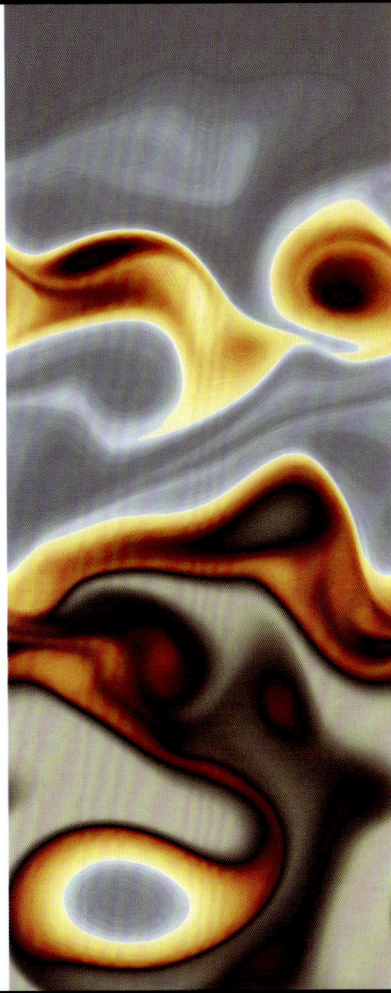

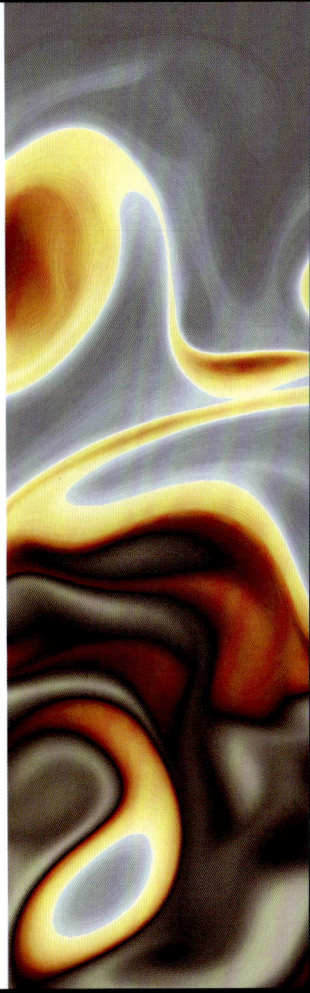

地下水流模型

美国地质勘探局，2021 年

水在地下的运动取决于它的压力（反过来，压力又取决于它上面水的质量），以及水穿过特定土壤或岩石的难易程度（称为水文传导率）。这个模拟使用了美国地质勘探局开发的名为 MODFLOW 的软件，将地面划分成一个三角形的网格。在水压较大的区域，如溪流沿岸、3 个圆形井周围和湖岸附近，网格较小。

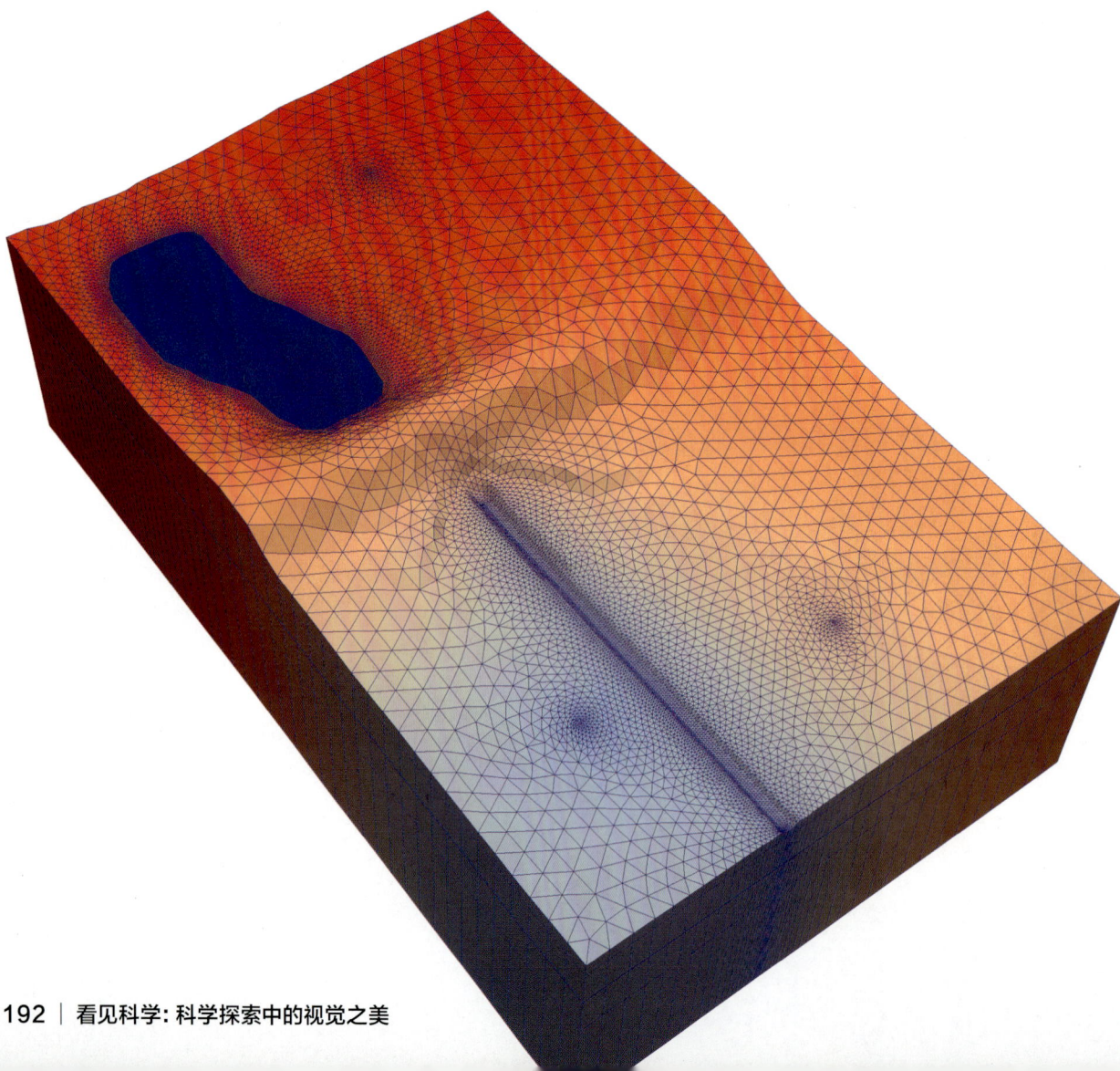

模拟的气流

美国国家航空航天局，波音和埃克萨公司，
2017 年

空气动力学不仅仅关注提高升力和减小阻力。在飞机快要着陆时，飞机机身和起落架周围的湍流产生的噪声可能与发动机的噪声一样大。了解噪声的来源可以帮助飞机设计师解决飞机降噪的难题。这项模拟研究了波音 777 前起落架周围的湍流产生的噪声。颜色代表起落架周围空气的相对速度（红色最快，绿色最慢）。模拟复杂的湍流和空气流经起落架锯齿状部分时产生的快速旋转的涡流，对计算能力的要求尤为严格。

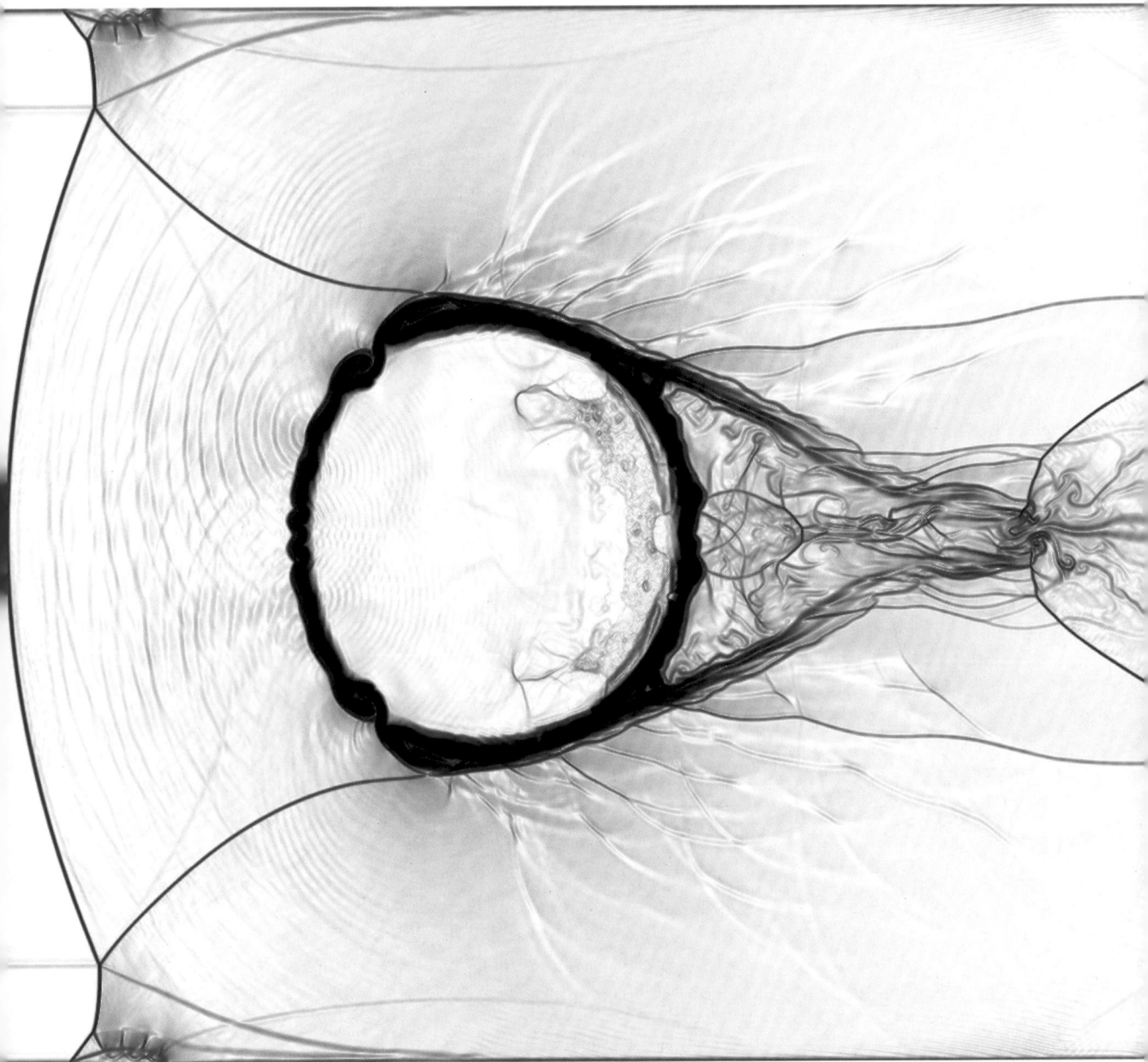

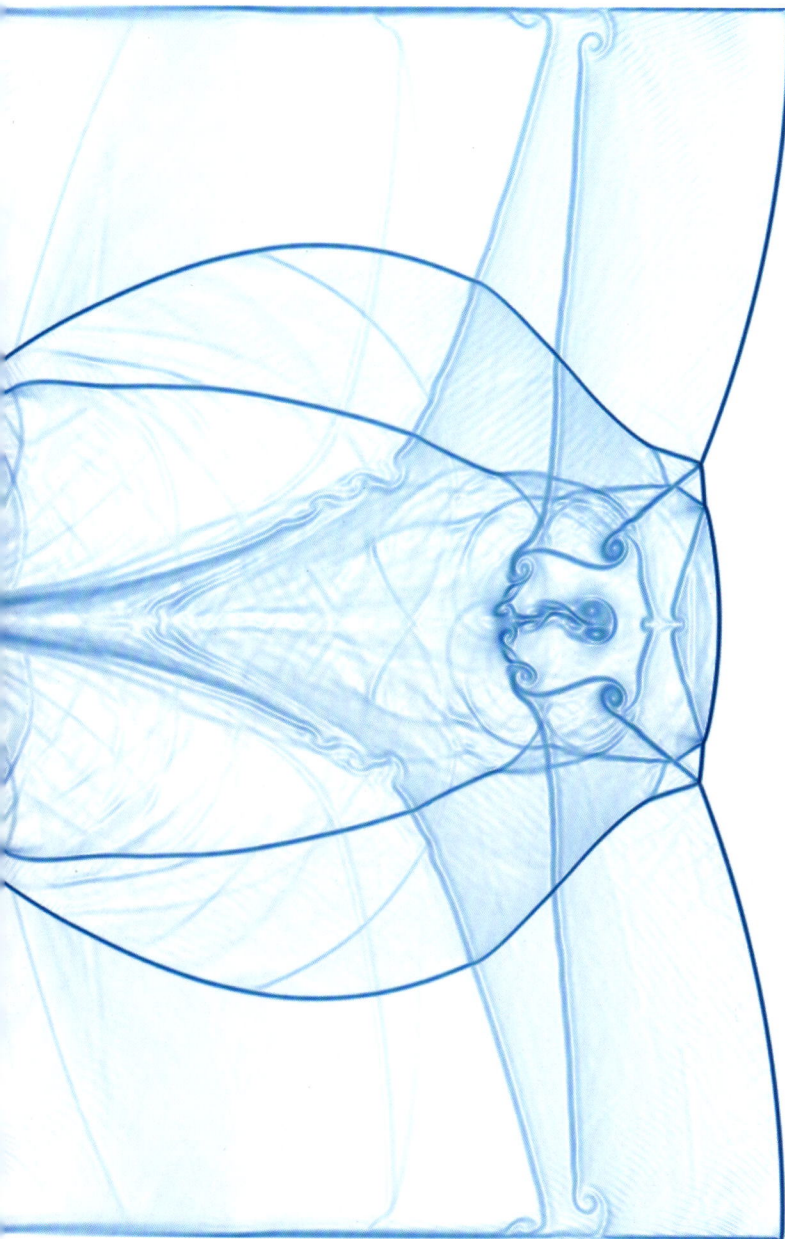

模拟冲击波在水中的传播

乔丹·安杰尔，美国国家航空航天局 / 艾姆斯研究中心，2019 年

太空发射系统（SLS）是美国国家航空航天局设计的执行所有深空任务的新型运载火箭，也是美国国家航空航天局迄今为止最强大的火箭。工程师设计了一项技术，这项技术被称为点火过压和消音（IOP/SS）系统，它可以在 60 秒内向发射台注入超过 200 万升水。这些水可以吸收一部分极端的热量和声波振动，否则发射器及其有效载荷可能会被损坏。在太空发射系统的开发过程中，科学家们对冲击波（快速移动的压力波）在水中的传播行为进行了详细的模拟。在这幅可视化图像中，较深的颜色表示水的密度增加。冲击波在水中传播时会产生气泡，这种现象被称为空化。

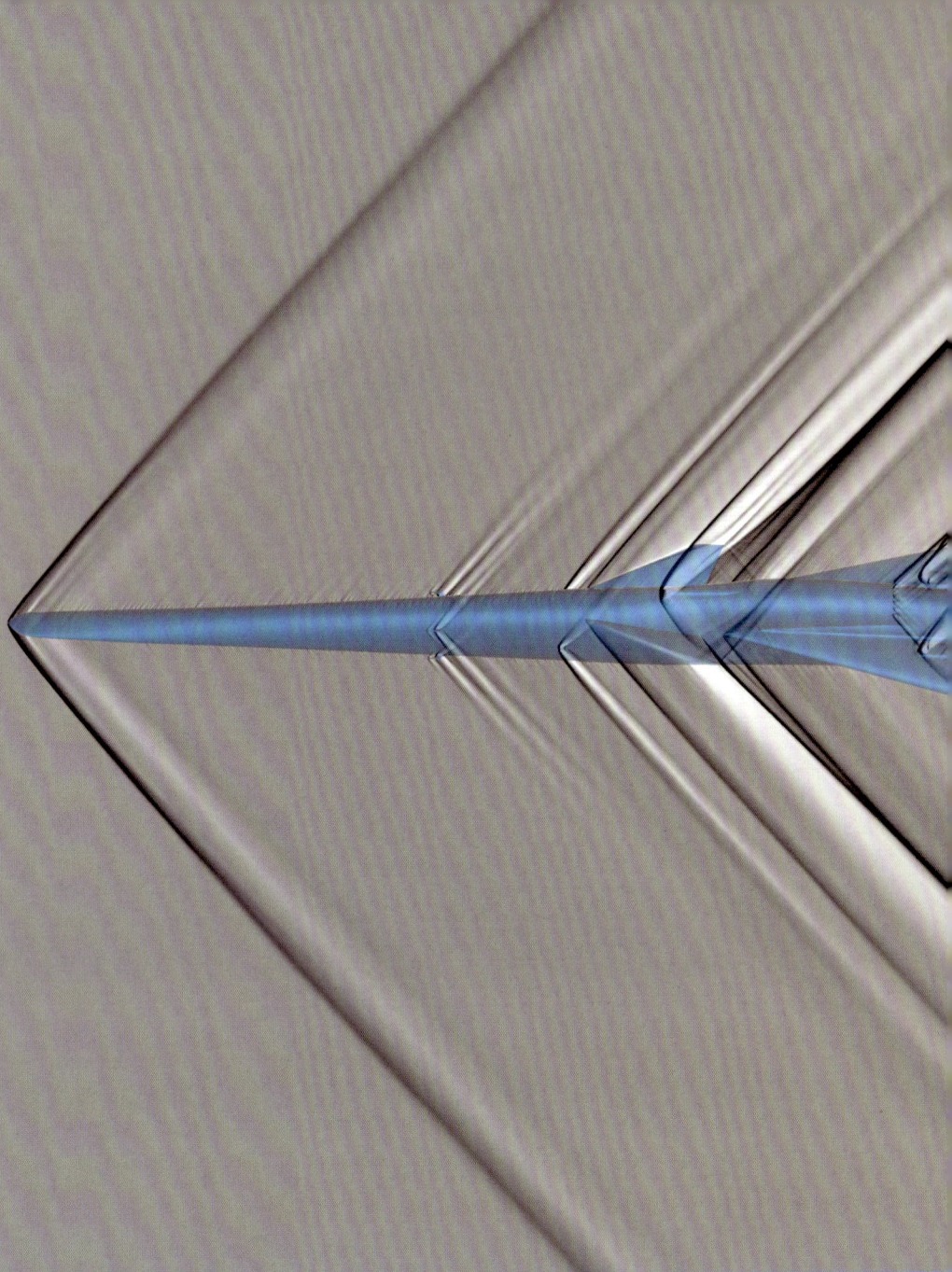

超音速飞行的模拟冲击波

美国国家航空航天局 / 玛丽安·内梅克
和迈克尔·阿夫托米斯，2020 年

超音速飞行在大多数国家除军事用途之外是被禁止的，因为飞机产生的音爆声会扰民。洛克希德·马丁公司的新型 X-59 QueSST（静音超音速技术）飞机旨在产生多个较小的音爆以取代一个大音爆。这样人们在地面上听到的是一系列声音较小的砰砰声，而不是一声巨响。工程师使用美国国家航空航天局的超级计算机对吊杆进行三维流体动力学模拟。在对冲击波进行可视化时，计算机可以计算出光线如何与高压和低压区域（分别为暗区和亮区）相互作用，从而产生纹影图像（参见第 34 页）。

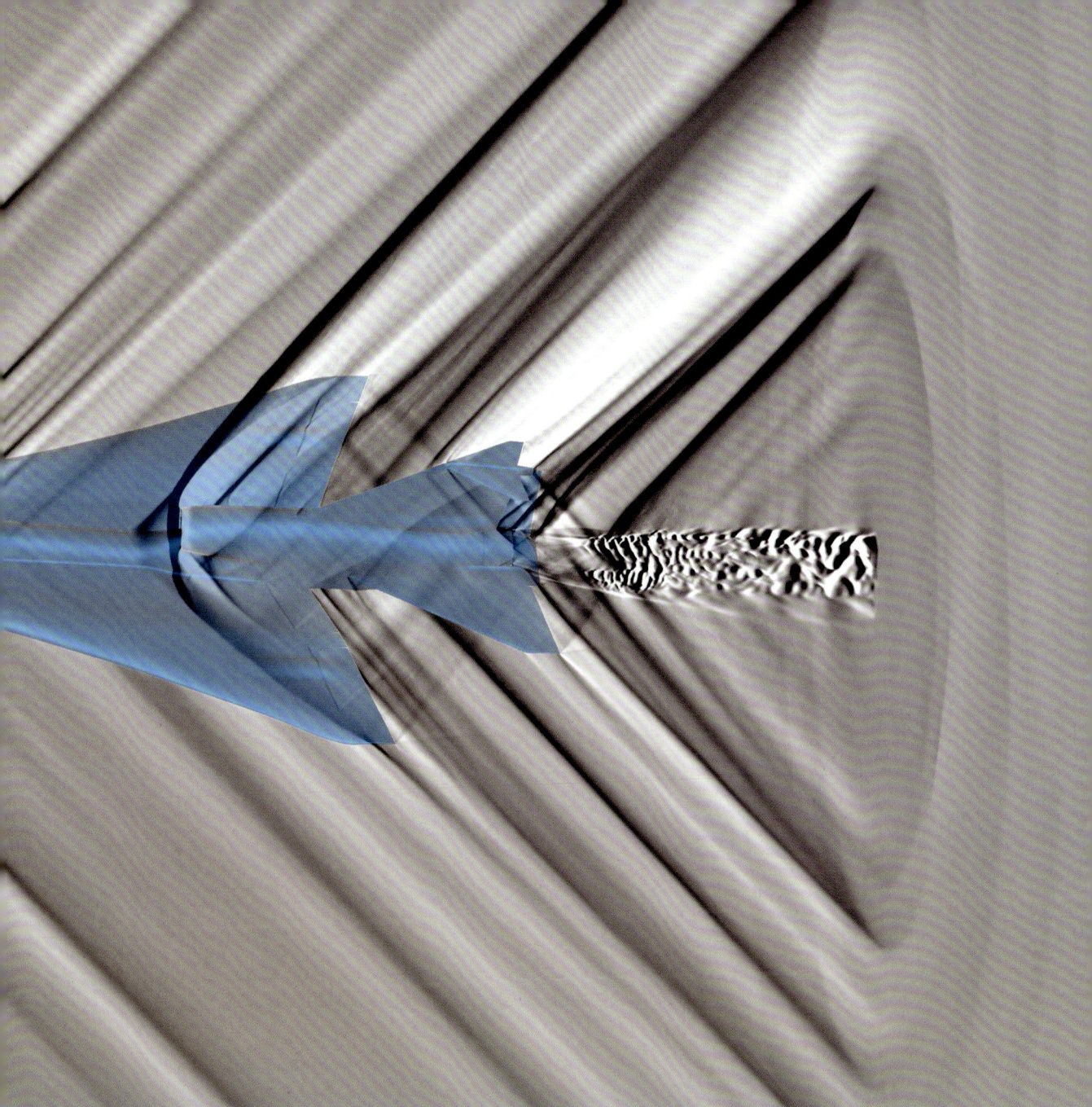

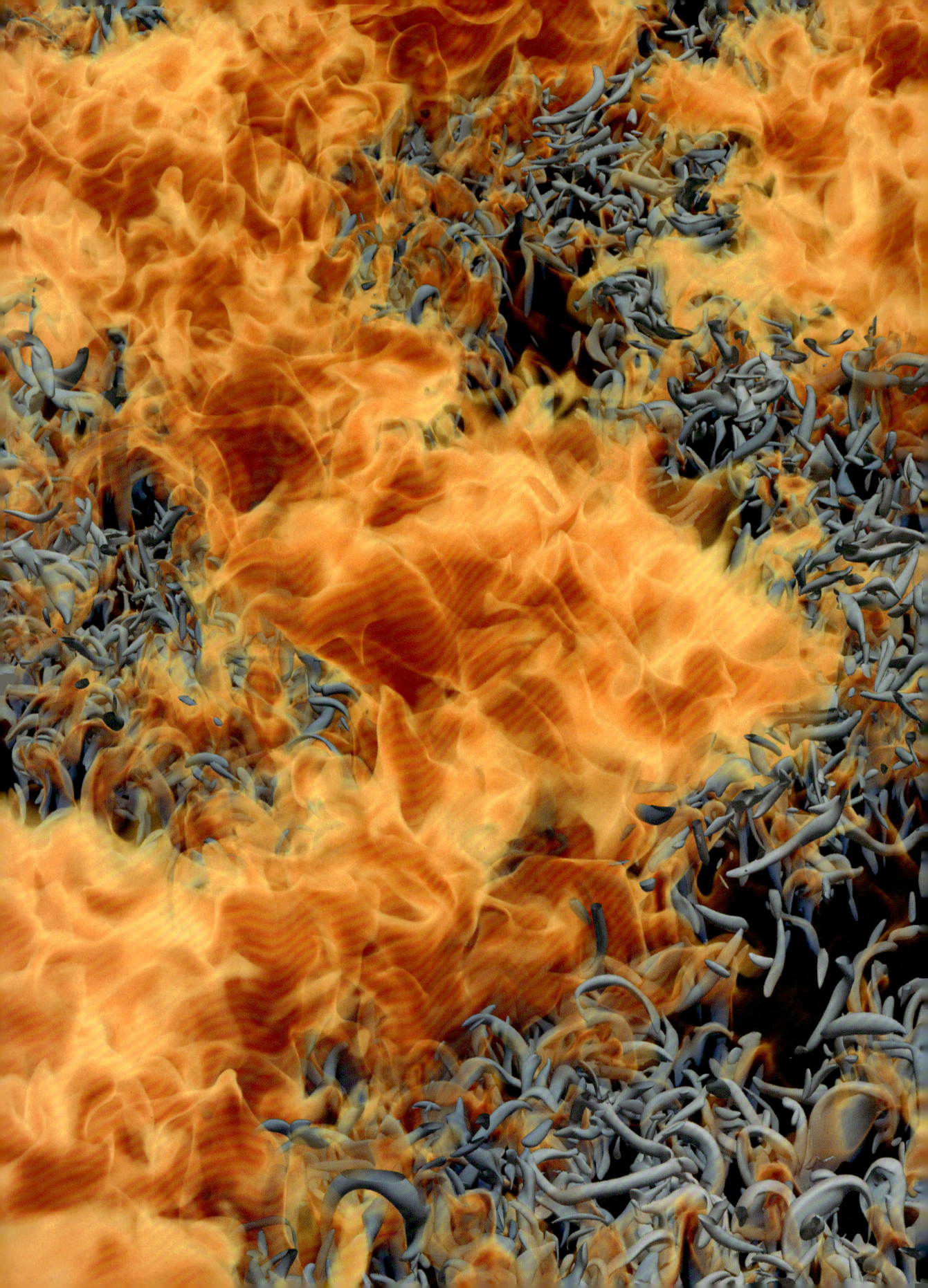

具有诱导剪切的封闭系统中瑞利－贝纳德对流的模拟

亚历山大·布拉斯等，荷兰特文特大学，2018 年

当一种流体从下方受热（实际上相当于从上方冷却）时，受热的流体会上升，而较冷的流体会下沉以取而代之。这个过程会产生自组织的对流"单元"，就像炉子上一锅未搅拌的汤那样，这种现象被称为瑞利－贝纳德对流。物理学家亨利·贝纳德和瑞利勋爵在 19 世纪末、20 世纪初的时候对这种现象进行了研究，因此该现象也以他们的名字命名。瑞利－贝纳德对流是流体动力学中的一个经典问题，科学家们对于在某些条件改变时系统中会发生什么已经有所了解。在产生这种戏剧性可视化的模拟中，（虚拟）流体被封闭在两块平板之间，底部是被加热的平板，顶部是冷却的平板。两块平板沿相反方向移动，使流体被拉伸，其结果是，上升和下沉的流体不再形成静态对流单元，而是自组织成蜿蜒的波浪。在这幅可视化图像中，橙红色代表流体受热后被搅动而上升，蓝色的管道是"涡流结构"，即流体在其中旋转的区域。

聚焦：

天气和气候的模拟

对天气和气候的模拟是计算流体动力学最重要的应用之一。气象学家维尔海姆·比耶克内斯是第一个提出数学可以用来预报天气的人。1903 年，比耶克内斯结合流体动力学和热力学的见解，建立了关于天气的统一数学理论。他采用了纳维－斯托克斯方程，并将其与预测热传递的公式相结合，从而产生了他的"原始方程组"。将实际数据输入其中，例如温度、压力和湿度的测量数值，这些方程便可以预测出这些变量是如何随时间而变化的。

1922 年，数学家刘易斯·弗莱·理查森测试了比耶克内斯的理论。他使用计算尺和表格，花费了 6 个星期，计算了欧洲的一个地区在 6 个小时内大气压力和风的变化。他的答案完全错误，但这只是因为他没有考虑到"引力波"。大气压力的这种微小而规律的变化就像池塘中水的涟漪，理查森的计算中遗漏了这些变化，这严重影响了他的结果。尽管如此，他还是设想了一个"预报工厂"（一个中空的球形建筑），64 000 人将在这里日夜工作，预测全球的天气。中心的控制器将通过向各个团队发出彩色信号来确保所有人类"计算器"以相同的速度工作。

在理查森做出这项贡献 20 多年后，计算机科学的先驱约翰·冯·诺依曼正在寻找一个项目来测试世界上第一台可编程电子数字积分计算机（ENIAC）的功能。他选择追随理查森的脚步，尝试使用数值计算进行区域天气预报。冯·诺伊曼和他的同事使用美国气象局提供的 4 个不同日期的真实数据进行了 4 次不同的数值预报。每份预报都预测了 24 小时后整体的天气情况，但同时每份预报都花费了 24 小时来处理，尽管正如冯·诺依曼所说，"大部分时间花在了人工和 I.B.M. 的操作上，即阅读、打印、复制、分类和打孔卡片的归档。"

早期天气学图表
电子数字积分计算机（ENIAC），1950 年
这些图表来自电子数字积分计算机在 1950 年根据美国气象局提供的天气数据制作的一份天气预报。每张图表都是一幅天气图，给出了大范围内的整体天气情况。前两张图表显示了 24 小时预报期开始和结束时的实际天气，底部的两张图表则显示了计算预测的结果。

a

b

c

d

海洋表面二氧化碳通量的模拟

麻省理工学院 / 美国国家航空航天局 ECCO2 项目，2015 年

海洋是大气中二氧化碳的重要来源（释放者）和汇集（吸收者）场所。由于无法监测二氧化碳进出海洋时的流量，麻省理工学院、美国国家航空航天局和加利福尼亚大学的科学家团队设立了一个项目，通过详细的海洋－大气模型来估算二氧化碳的流量。ECCO2–达尔文项目中使用的数据来自麻省理工学院的全球环流模型、ECCO2 模型（参见第 204 页）和美国国家航空航天局的达尔文项目（一项海洋微生物群落建模计划）。此处显示的可视化图像（以大西洋为中心）来自 2010 年对海洋碳吸收（蓝色）和碳释放（红色）的模拟。白色箭头表示的是地表风。

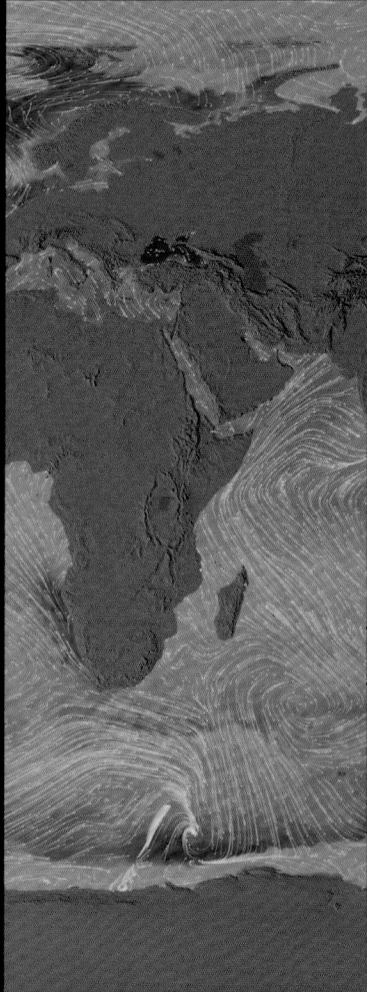

家现在可以使用"大气环流模型"来预测全球气候在数年、数十年甚至数百年内的发展变化。在一个受到全球变暖潜在威胁的世界中，这些模型尤为重要。最全面的大气环流模型考虑了各种各样的影响因素，包括大气中气体的浓度（尤其是温室气体），土地覆盖（雪比土壤吸收的太阳辐射热量更少），以及海洋环流的影响（参见第204页）。海洋的影响对气候极为重要，它们可以吸收或释放热量和二氧化碳，不仅通过物理过程，而且更重要的是通过生物过程。洋流可以在水平方向上延伸数千千米，但它们也可以垂直输送并混合水和养分。

永恒的海洋

ECCO2 合作作品，2011 年

这幅精美的图像是动画《永恒的海洋》中的一张静态截图，来自美国国家航空航天局资助的项目"海洋环流与气候估算"第二期（ECCO2）。这个项目的主要目的是帮助科学家更好地理解海洋在全球气候中的作用。动画《永恒的海洋》展示了洋流在 2005 年 6 月至 2007 年 12 月期间的移动和变化。这幅图像截取了北大西洋的洋流的一个瞬间，在它们左侧可以看到北美洲。白线表示的是表层海水的流动。此外，海洋深度的变化由颜色的深浅表示，深蓝和浅蓝分别代表了较深和较浅的水域。为了使洋流模型尽可能地还原实际情况，该项目团队从卫星和海洋船只获取了大量真实世界的数据。因此，《永恒的海洋》是一幅由真实数据和计算机模型以不同寻常的方式合成的混合可视化作品。

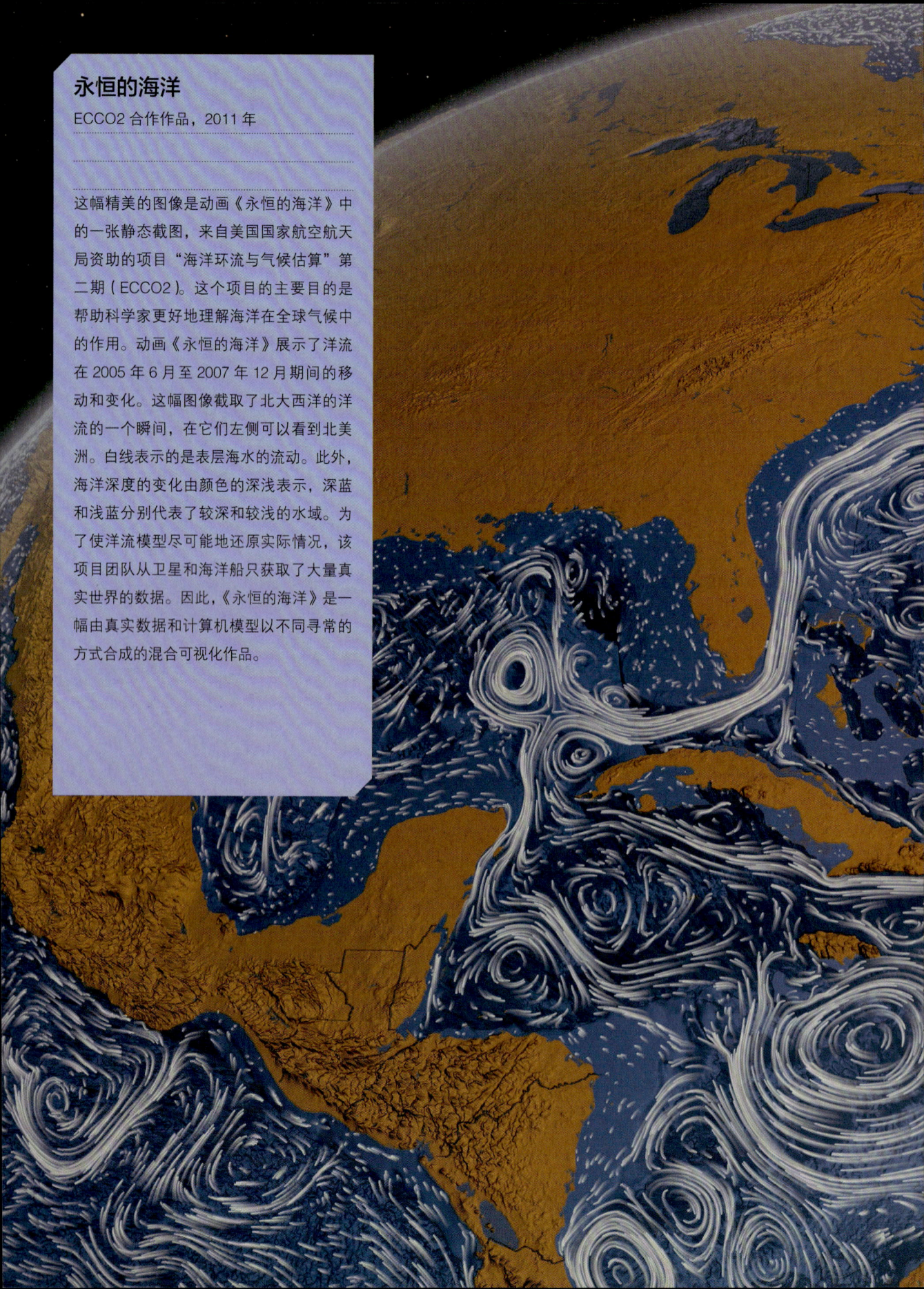

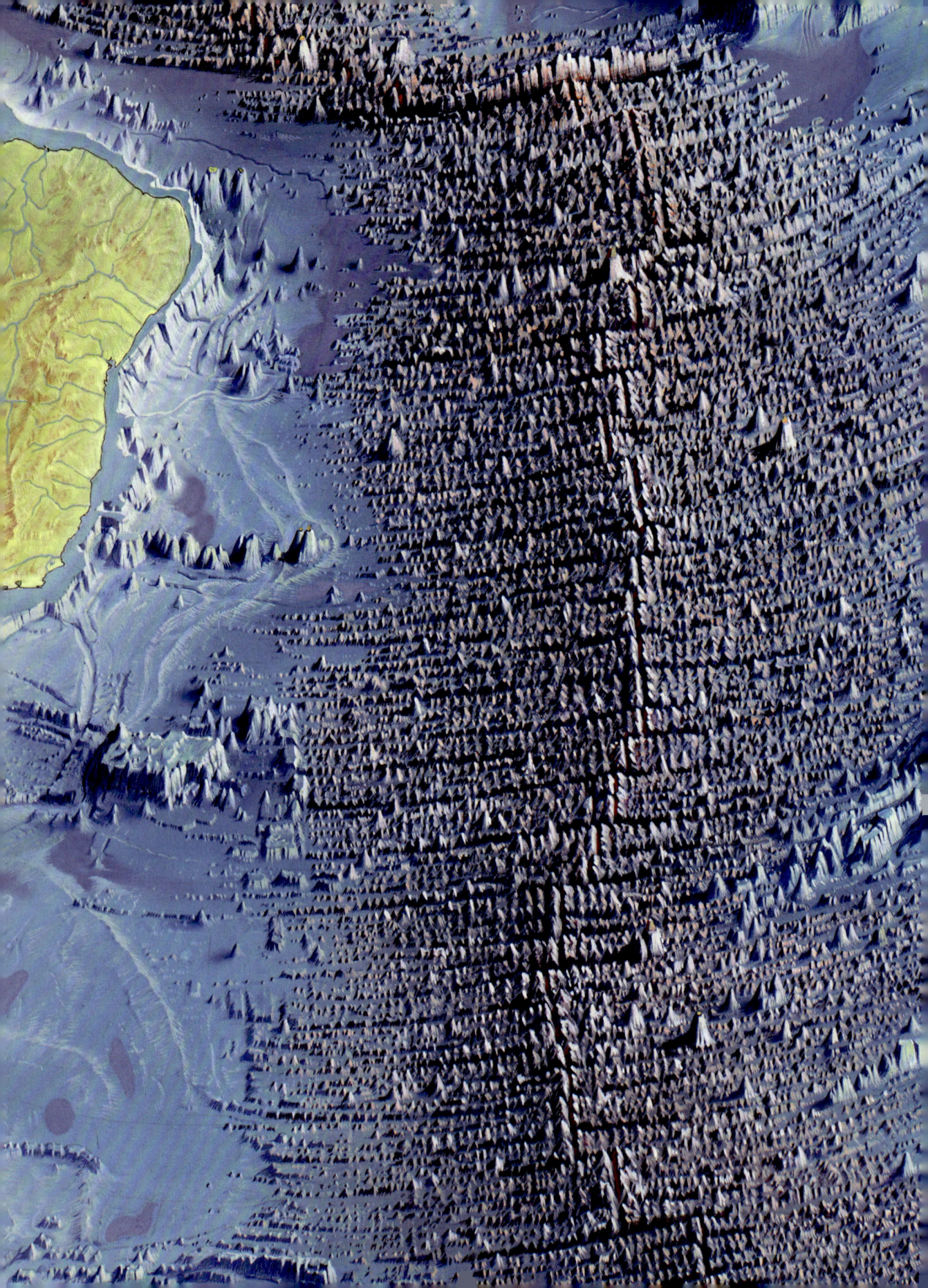

第 4 章
科学中的艺术

科学是可检验的、有序的知识系统，并且依赖于逻辑、精确性和事实。与之相反，艺术是自由和感性的创造活动，所以艺术家的创作不需要忠实地反映现实世界。尽管存在差异，但这两种人类活动都依赖于创造力和想象力，而且科学家可以从艺术思维中获益良多。此外，与艺术家合作可以帮助科学家以更有效的方式解释他们的工作或将他们的工作成果可视化，而科学带来的新见解可以为艺术家提供丰富的灵感。本章旨在探讨艺术在科学中的重要性。

海底地形的彩绘可视化效果图（细节）

海因里希·贝兰，1977 年左右

在 19 世纪 50 年代和 60 年代，地质学家兼制图师玛丽·撒普使用海洋测深数据（深度的测量）制作了第一幅详尽的海底地图。撒普和她的同事布鲁斯·希森与著名画家海因里希·贝兰密切合作，并由海因里希创作了这幅令人惊叹的海底地形图。这幅放大的地图显示了位于南大西洋中的大洋中脊（参见第 93 页），完整的地图可参见第 214~215 页。

艺术与科学

想象力的重要性

1878 年，化学家雅各布斯·亨里克斯·范特霍夫在他的题为《科学中的想象力》的演讲中说道："想象力在进行科学研究时发挥着重要作用。我认为艺术倾向是一种健康的想象力表达。"并列举了许多伟大而有影响力的科学家，他们同时也是艺术家、诗人，或两者兼备。这是范托霍夫在对他关于分子形状的想象受到批评一事做出的回应，因为在前一年，化学家赫尔曼·科尔贝曾将范特霍夫的想法描述为"琐碎的事情"。然而，范特霍夫构想出的一些分子形状后来被证明是正确的，而且也为其后的探索之旅提供了重要线索。想象力当然是科学的重要组成部分，尤其是在形成新的假说并通过巧妙的实验设计来检验这些假说的时候。油画、素描、雕塑和动态影像在科学史的不同阶段都扮演着重要角色，例如绘制草图可以帮助科学家更好地阐述他们的想法，而其他创造性的方式也有助于科学家向更多的观众展示他们的研究成果。

现实主义与抽象主义

有时，科学艺术作品是对知识体系"直截了当"的描绘，例如插图或艺术创作。尽管如此，大多数插图不只是对某一主题的直接表达，它们还会突出某些特征，或将不同来源的知识融合在一起，以提供更翔实的信息。大卫·古德赛尔令人惊叹的插图水彩画便是很好的例子（参见第 216 页），他写道："艺术与科学这种富有成效的结合在结构生物学领域很受欢迎。"艺术家的创作通常尽可能逼真，虽然它们仍然是想象出来的，但可以帮助未从事过科学研究的人看见那些无法直接被看到的事物，例如远古的场景（古生物艺术，参见第 228~243 页）或深空中的物体（太空艺术，参见第 244~263 页）。

除插图和艺术家的创作之外，还有很多受到科学启发的抽象艺术作品。有些是科学家和艺术家之间合作的结果，随着 STEM（科学、技术、工程和数学）让位于 STEAM（A 代表艺术），这种合作变得越来越普遍。而且对科学着迷的艺术家并不少见。毕竟，艺术和科学都倾向于寻找有关身份、伦理、我们在宇宙中的位置以及生命意义等重要问题的答案。尽管有些话题对于未受过科研训练的人而言比较复杂或难以理解，但受到科学思想启发的艺术作品有助于激发出对这类话题的好奇和热情。此外，艺术作品可以传递情感，这是许多数据可视化或数学模型无法做到的。

雅各布斯·范特霍夫不对称碳原子理论的分子模型

科学馆工作坊，1920—1925 年

雅各布斯·范特霍夫的想象力对他很有帮助。这使他能够推断出碳基化合物中的原子在空间中是如何排列的。他在 1874 年出版的《空间中的原子排列》这本书中阐述了自己的想法，并辅以插图。这里展示的分子模型是为了说明范特霍夫的想法而制作的。在每个分子中，一个碳原子（蓝灰色）位于四面体的中心，通过化学键（红色）与其他原子或原子团相连。

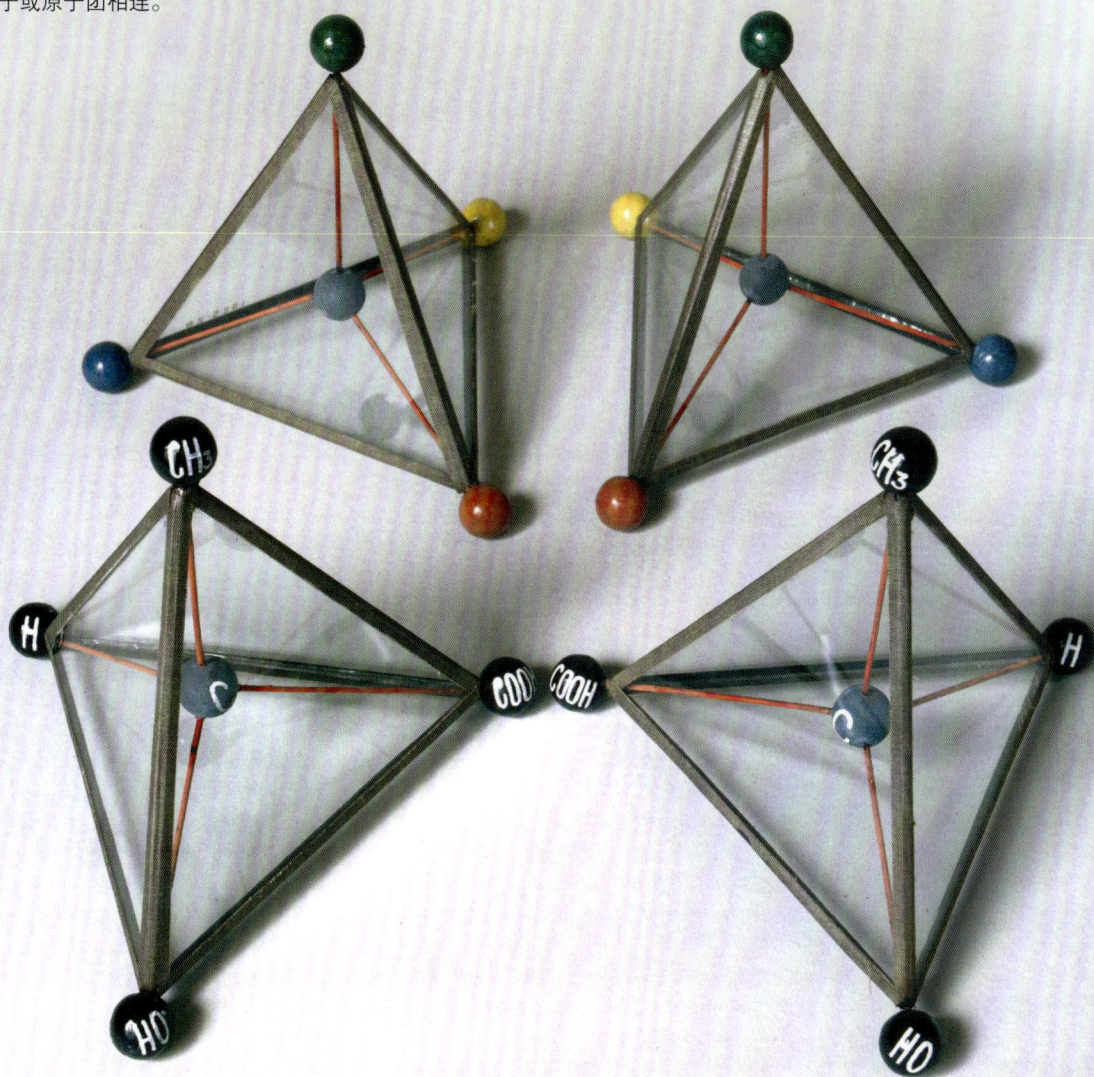

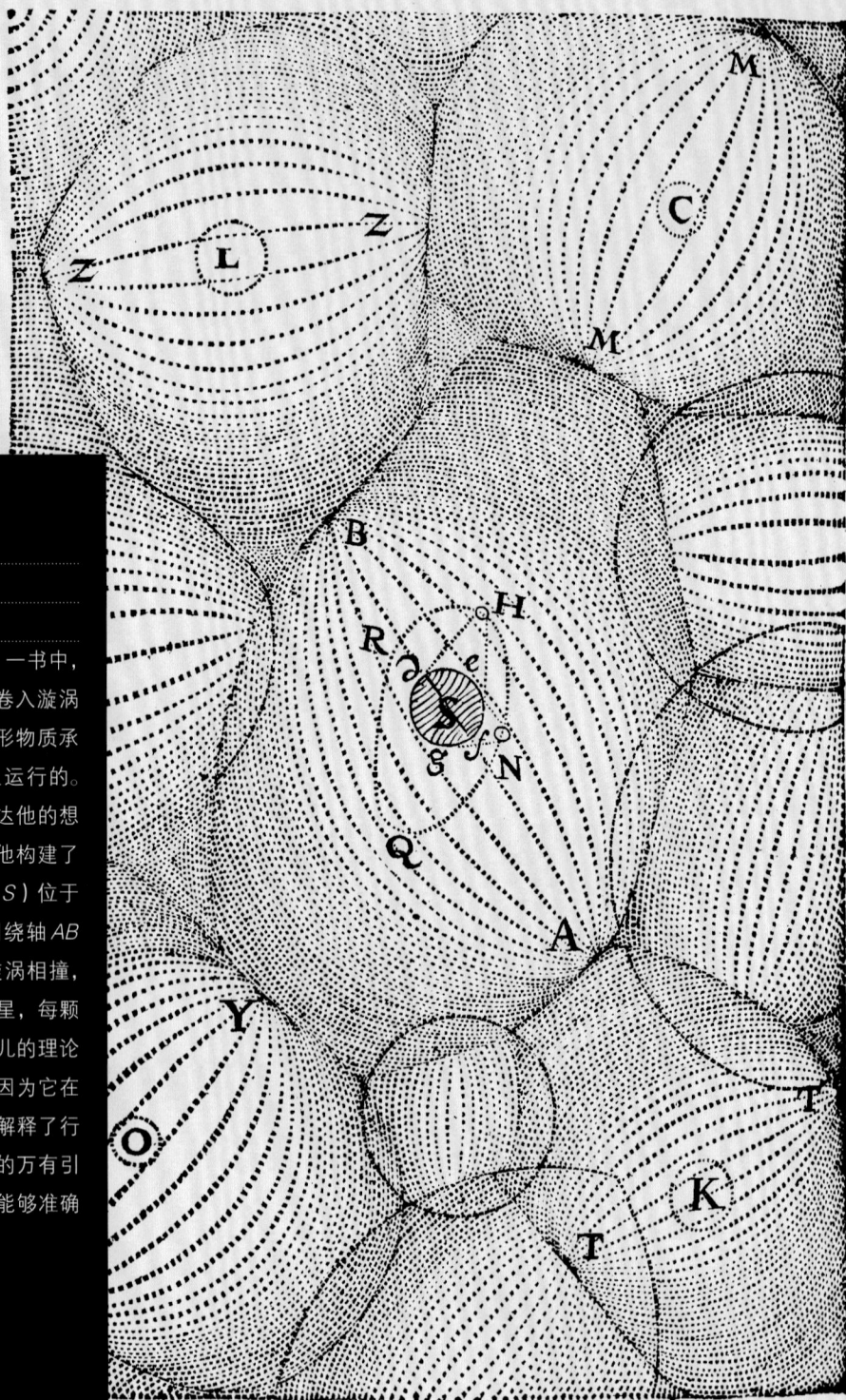

解释涡流理论的手绘图

勒内·笛卡儿，1644 年

在他 1644 年出版的《哲学原理》一书中，勒内·笛卡儿提出，行星就像被卷入漩涡的树叶一样，是因为被旋转的无形物质承载着，才会围绕太阳在其轨道上运行的。他提供了一些草图作为辅助来传达他的想法（毫无疑问，这些草图也帮助他构建了他的理论）。在这幅图中，太阳（S）位于一个巨大漩涡的中心，该漩涡围绕轴 AB 旋转。其他漩涡与我们所在的漩涡相撞，它们的中心是太阳以外的其他恒星，每颗恒星都有自己的轨道行星。笛卡儿的理论在 17 世纪和 18 世纪非常流行，因为它在无须任何力量穿过真空的条件下解释了行星的运动，然而，艾萨克·牛顿的万有引力理论最终取得了胜利，因为它能够准确地解释和预测更多现象。

紫花刺桐上的巨型蚕蛾

玛丽亚·西比拉·梅里安，1705 年

博物学家玛丽亚·西比拉·梅里安从十几岁开始就对昆虫及其生命周期十分着迷，她毕生致力于研究和记录昆虫。作为一名科学家，她对昆虫学领域做出了重大贡献，而她的艺术才能和对细节的关注使她能够将仔细观察的结果清晰地呈现出来。她的许多画作都既有说明性，又有代表性。例如，这幅插图显然不是一幅简单的静物画，它同时展示了巨型蚕蛾生命周期的几个不同阶段。这幅插图收录在她的著作《苏里南昆虫变态图谱》中，该书记录了她 1699 年在苏里南进行科学考察时的发现，其中包括了许多先前科学界未知的物种。

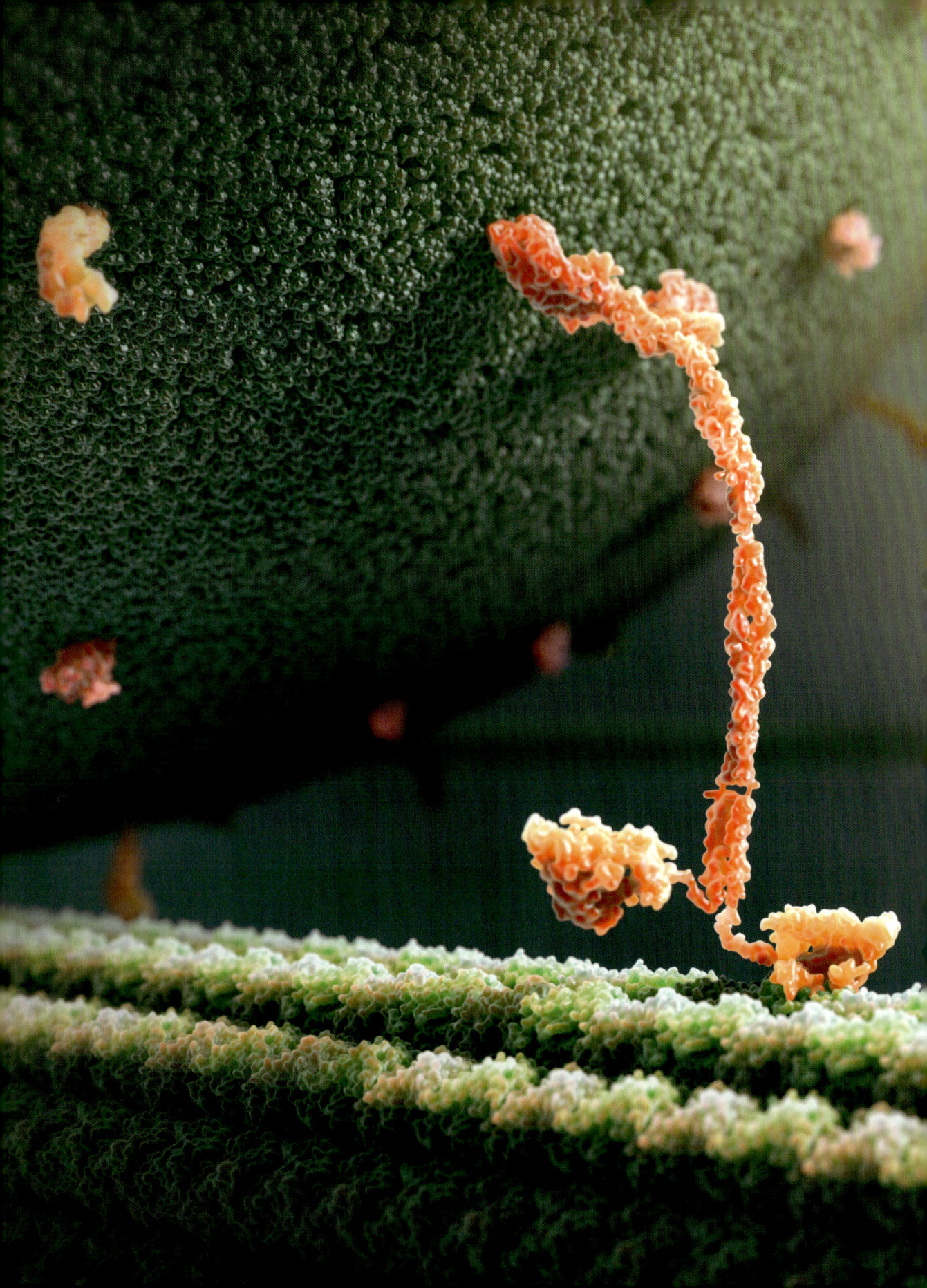

肌动蛋白沿微管行走的艺术表现

《细胞的艺术》，日期不详

每种植物、真菌和动物（包括人类）的细胞内部，都含有一种名为肌动蛋白的蛋白质分子，它们沿着被称为微管的分子"导线"行走，这些微管在细胞内形成纵横交错的框架。细胞中的各种分子被包裹在脂质膜内，形成囊泡，肌动蛋白分子在微管上每秒移动大约 100 步，将这些囊泡运输到细胞各处。这个不可思议的过程永远无法通过摄影捕捉到，但分子生物学家对它的理解足以让艺术家制作出像这幅照片般逼真的图像（甚至是动画）来更好地解释这一过程。尽管在这幅图像中肌动蛋白、囊泡和微管都在分子水平上得到了准确的呈现，但这仍然是一种艺术化的诠释，并且对细胞内部繁忙的世界进行了简化处理。

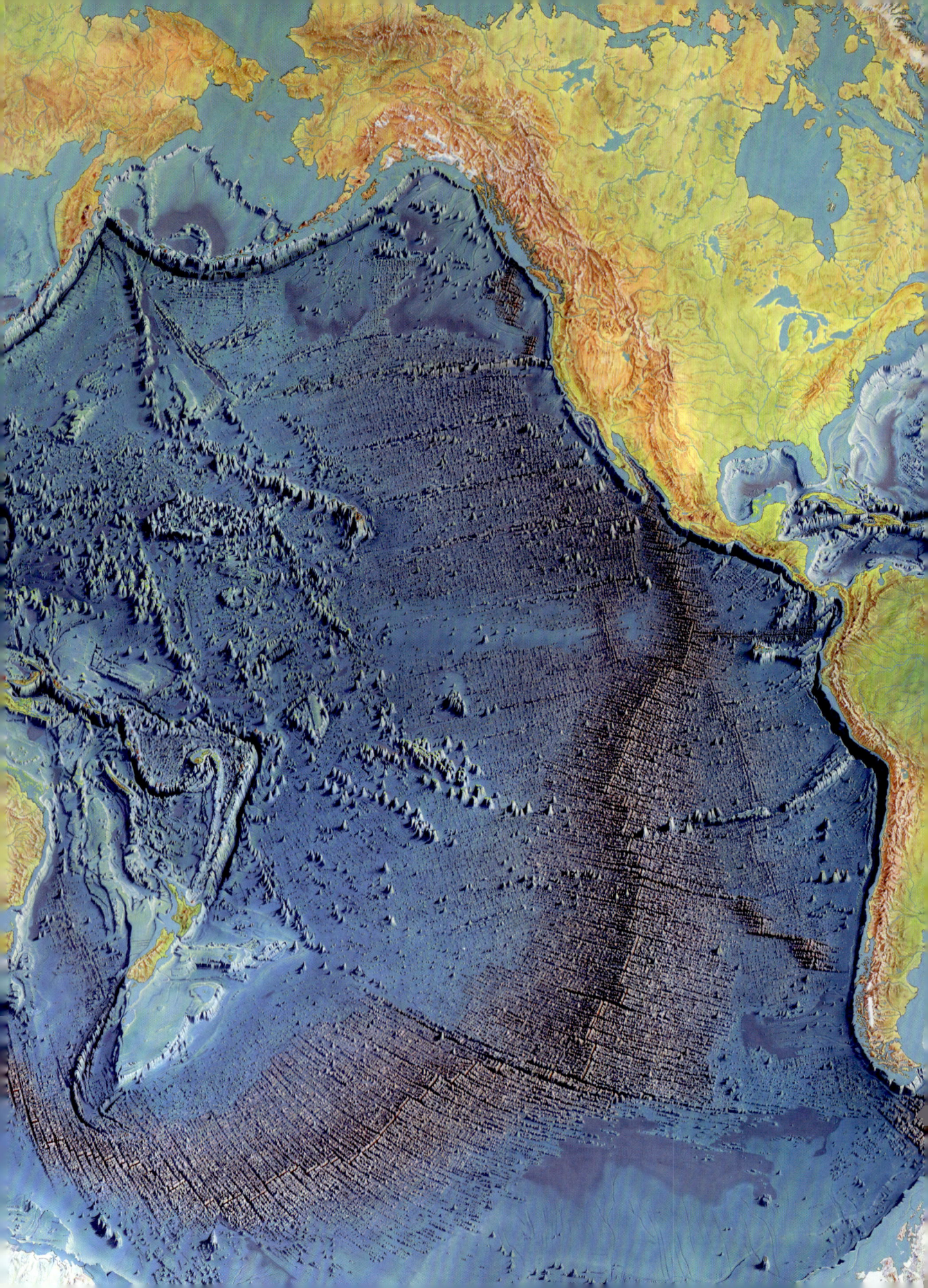

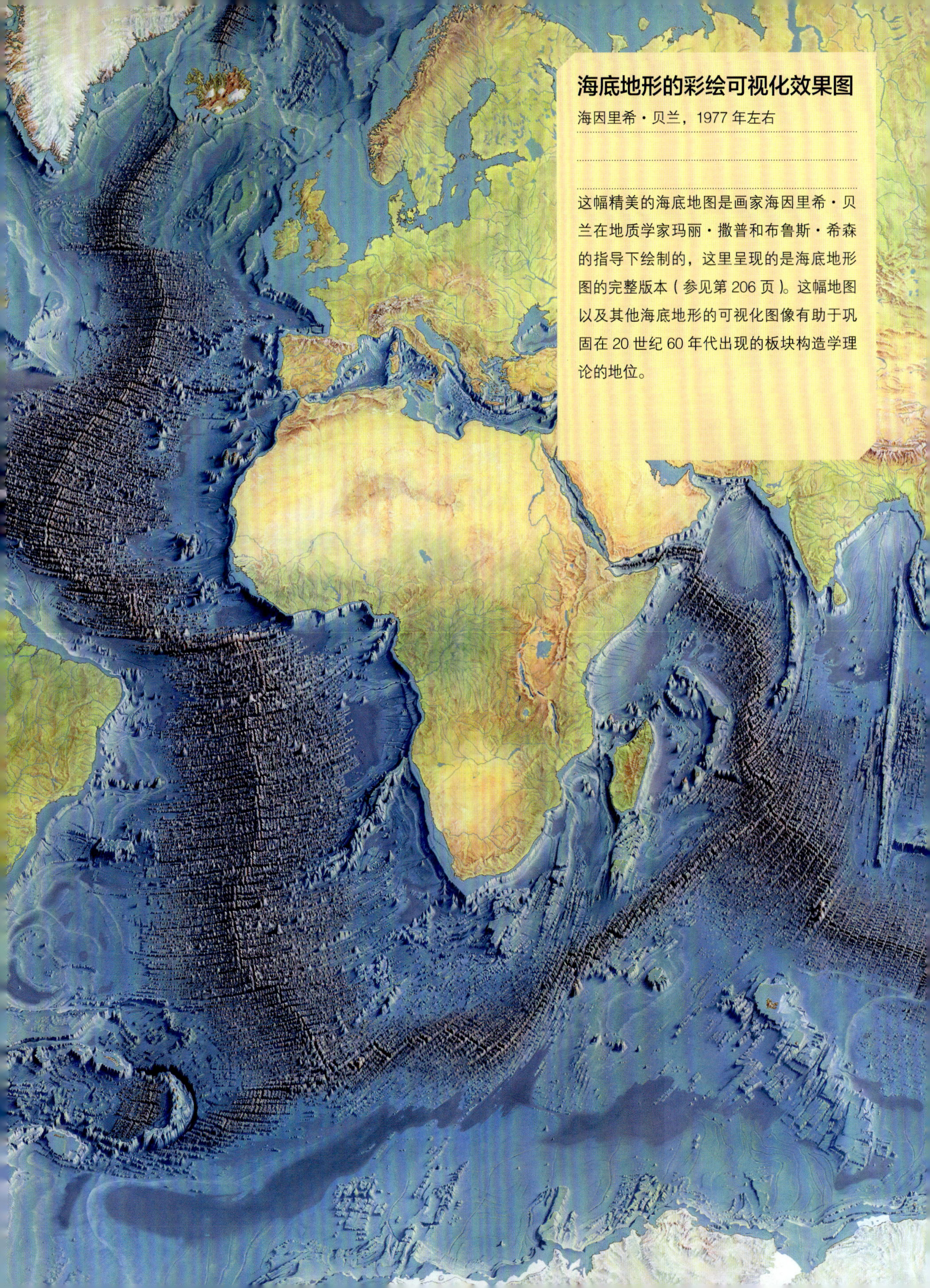

海底地形的彩绘可视化效果图

海因里希·贝兰，1977 年左右

这幅精美的海底地图是画家海因里希·贝兰在地质学家玛丽·撒普和布鲁斯·希森的指导下绘制的，这里呈现的是海底地形图的完整版本（参见第 206 页）。这幅地图以及其他海底地形的可视化图像有助于巩固在 20 世纪 60 年代出现的板块构造学理论的地位。

神经横截面的水彩插画

大卫·古德塞尔，2020 年

大卫·古德塞尔是一位结构生物学教授，他绘制的插画既美观又含有丰富的信息，以显微镜无法做到的方式将细胞的结构和分子特征结合了起来。他在细胞水平上对生物学进行了准确的描绘，包括了所有的脂肪、蛋白质和其他生物分子。但是为了清楚起见，像水分子这样较小的分子还是被省略掉了。这幅图像中显示的是被髓鞘包裹的神经横截面。由黄色和橙色组成的髓鞘占据了画面的大部分面积，这些髓鞘是脂肪和蛋白质的混合物，用于保护神经元的轴突（神经信号向外传输的通道）。图中还显示了一根微管（蓝色的圆圈；参见第 160 页和第 212~213 页）和位于神经元细胞膜内的几个蛋白质分子（绿色的弧形结构）。

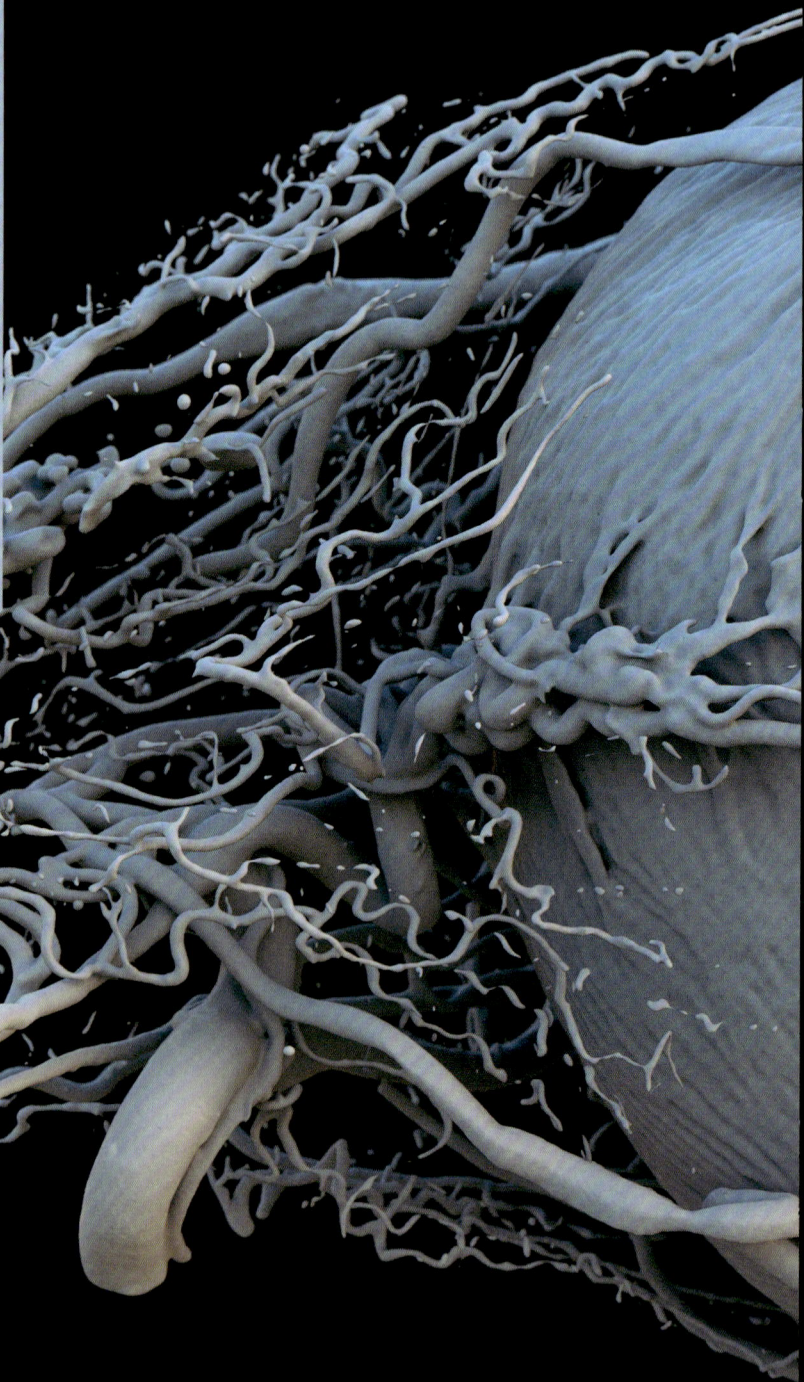

血管的三维打印模型

彼得·马洛卡，2016 年

科学家彼得·马洛卡是一位眼科学副教授，他创作的精美艺术作品也与其研究领域相关。他创作图像和雕塑时的灵感都来自他的专业知识。这幅图中展示的是一只小型猪的眼部血管系统的分布，这些血管可以将营养物质和氧气输送到视网膜和瞳孔周围的肌肉。该雕塑是使用计算机体层扫描（CT）生成血管造影后由 3D 打印机创建的。为了方便扫描，小型猪的血液中被注入了造影剂（一种可以被 CT 识别的液体）。

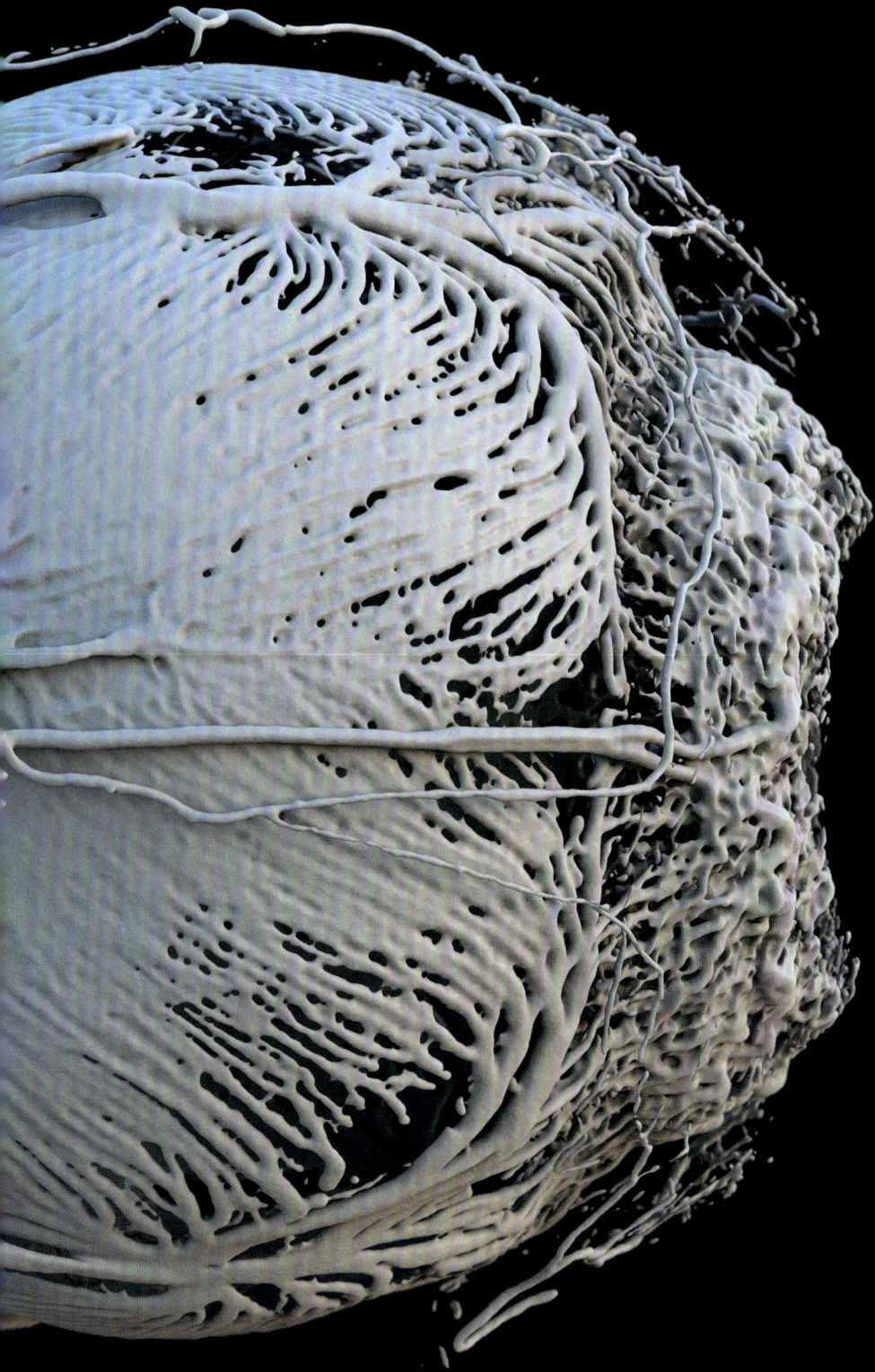

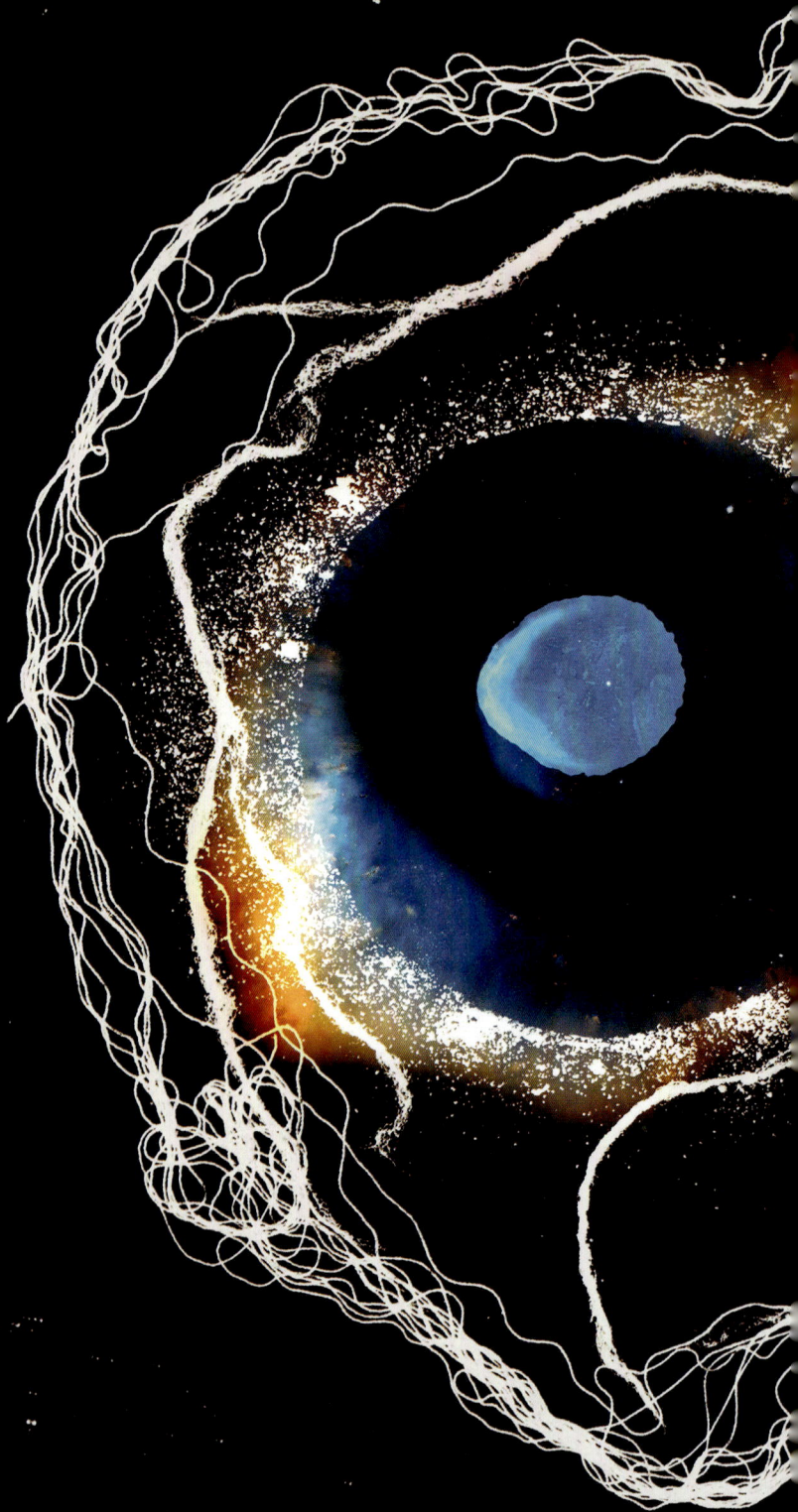

心跳 1.1，立体光栅印刷

苏珊·奥德沃思，2010 年

苏珊·奥德沃思对大脑和思想之间的关系，以及它们所创造的自我意识有着浓厚的兴趣。她经常与患者、医生、科学家和其他健康专业人员合作，并且自 20 世纪 90 年代以来，一直以专业人员和讲师的身份活跃于艺术与科学领域。这幅图像是伦敦一家医院委托她创作的一系列关于心脏的艺术作品中的一部分。该系列作品不仅反映了心脏的生理机能，还体现了围绕它的文化象征意义，这正是通过艺术与科学的互动将科学融入文化中的完美范例。这幅图像是一个立体光栅的二维呈现（将图像摆放在垂直透镜光栅前面）。当移动视角时，观察者可以看到变化的图像，反映了心脏作为泵血器官的动态特性。

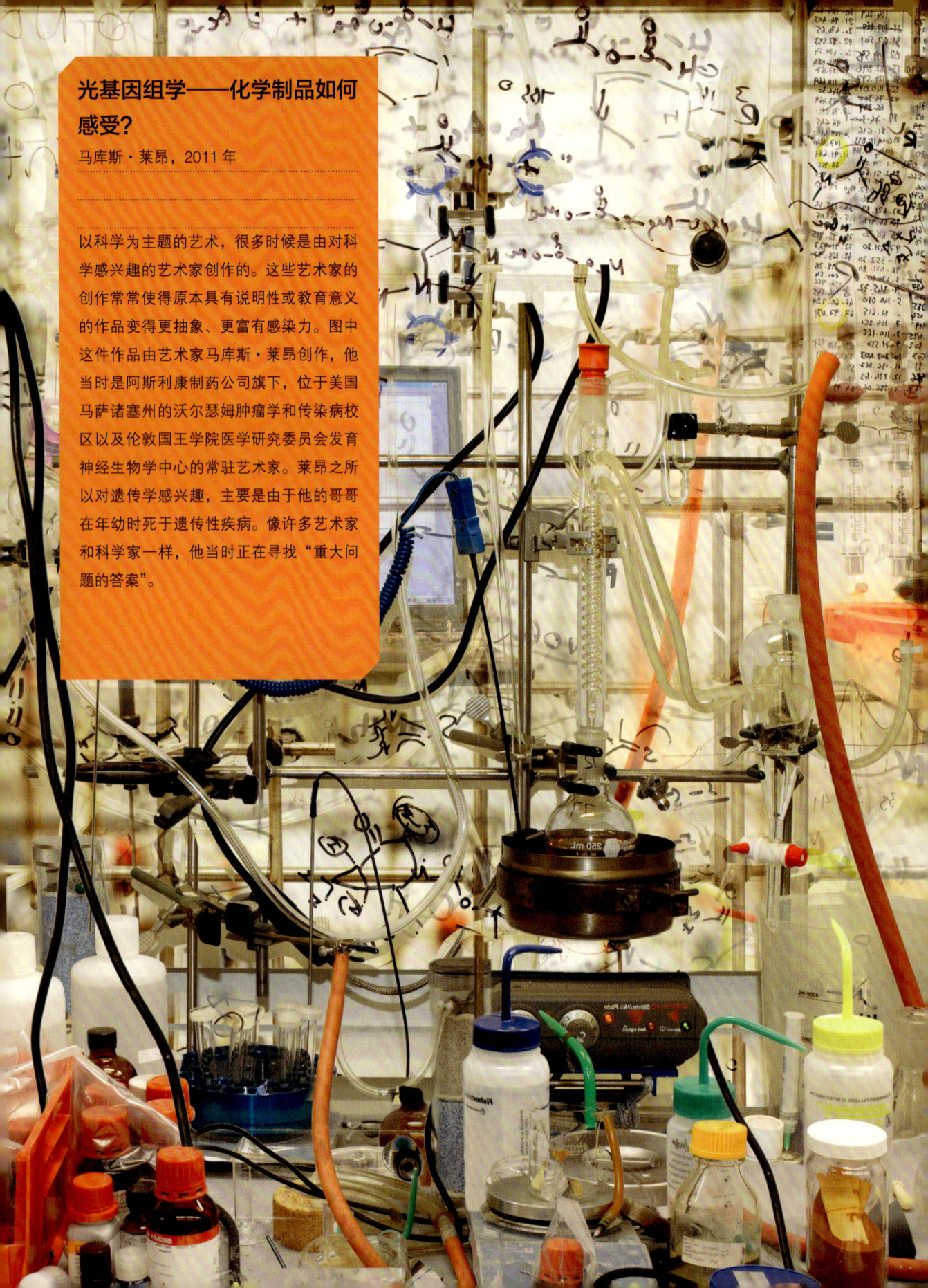

光基因组学——化学制品如何感受？

马库斯·莱昂，2011 年

以科学为主题的艺术，很多时候是由对科学感兴趣的艺术家创作的。这些艺术家的创作常常使得原本具有说明性或教育意义的作品变得更抽象、更富有感染力。图中这件作品由艺术家马库斯·莱昂创作，他当时是阿斯利康制药公司旗下，位于美国马萨诸塞州的沃尔瑟姆肿瘤学和传染病校区以及伦敦国王学院医学研究委员会发育神经生物学中心的常驻艺术家。莱昂之所以对遗传学感兴趣，主要是由于他的哥哥在年幼时死于遗传性疾病。像许多艺术家和科学家一样，他当时正在寻找"重大问题的答案"。

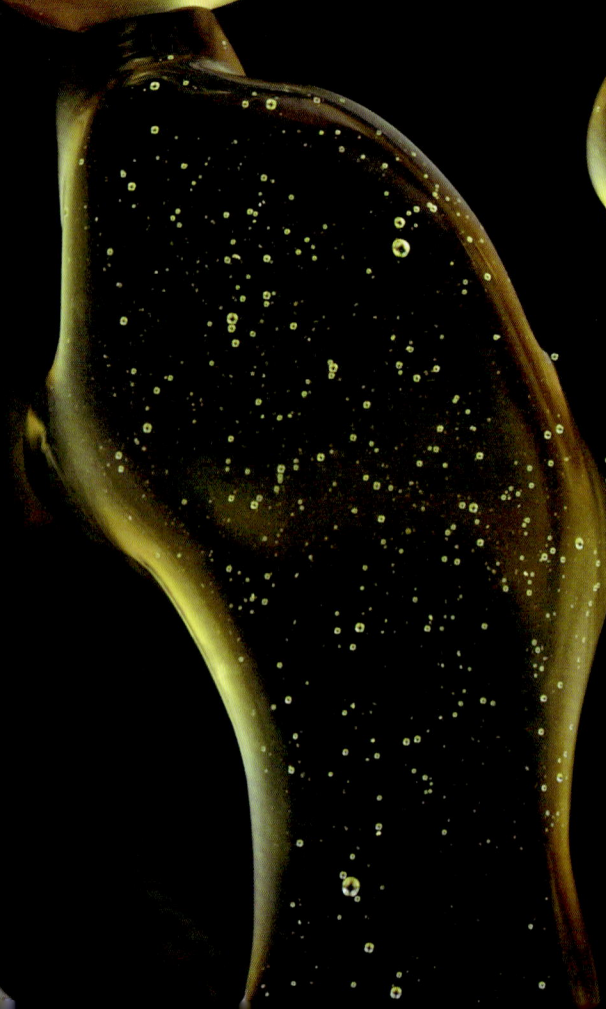

"生活故事"，使用偏光滤镜的数码照片

埃拉·库罗夫斯卡，2014 年

在成为一名成功的生物化学家之后，埃拉·库罗夫斯卡开始研究数字摄影。她开始对光弹性技术进行尝试，光弹性是一种光学现象，即某些物质位于两个偏光滤镜之间时，会呈现出一系列迷人的颜色。材料科学家通常使用光弹性来寻找由硬质透明塑料制成的设计原型中的应力点。库罗夫斯卡想要找到一种更柔软、更具可塑性的材料，最终选择了软性有机凝胶。自 2013 年以来，她一直在使用这些凝胶，并利用其光弹性制作了令人惊叹的图像。她对地球生命起源的兴趣是她工作的重要推动力，她创作的作品看起来就像是在显微镜下拍摄到的复杂的生命体。

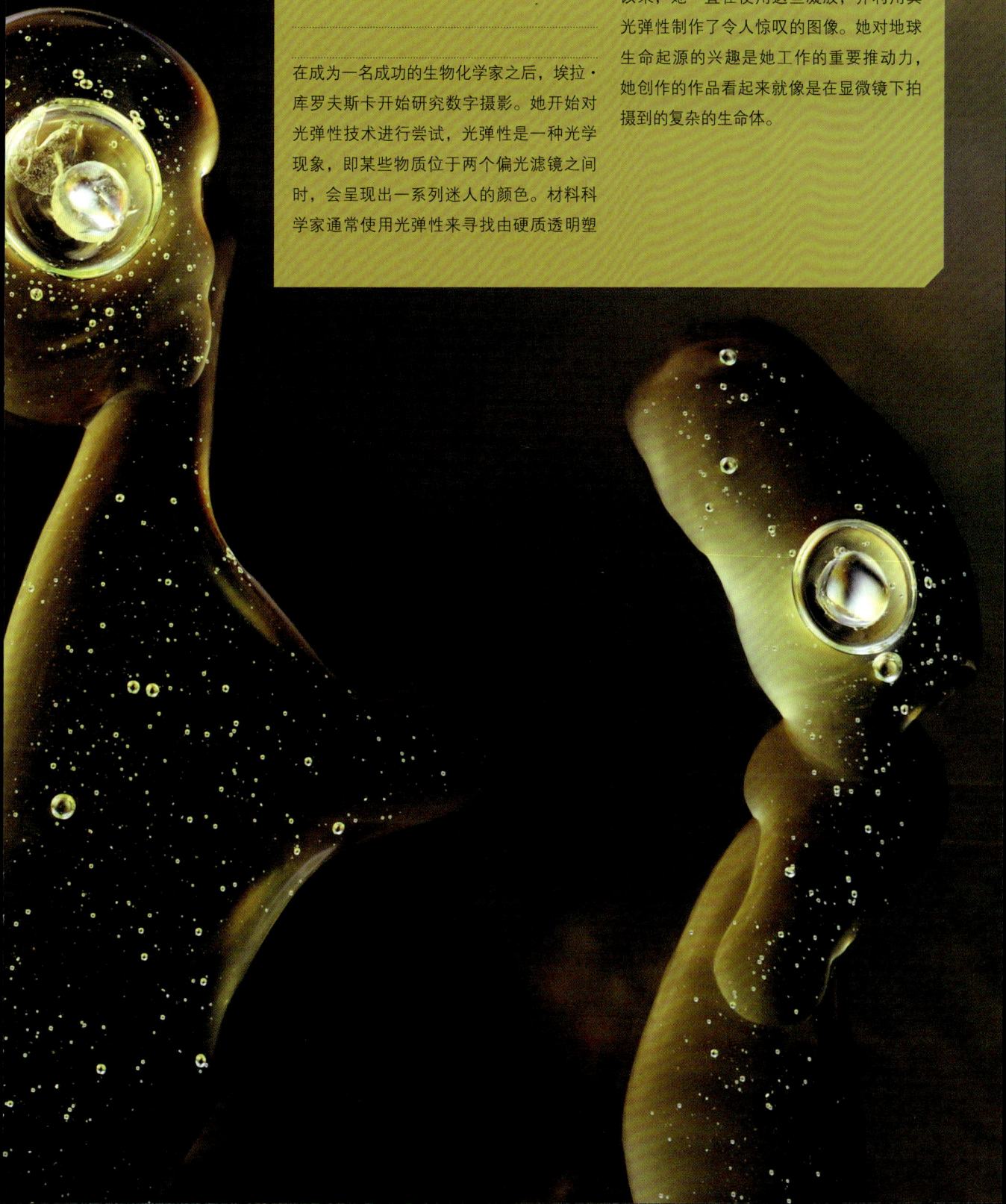

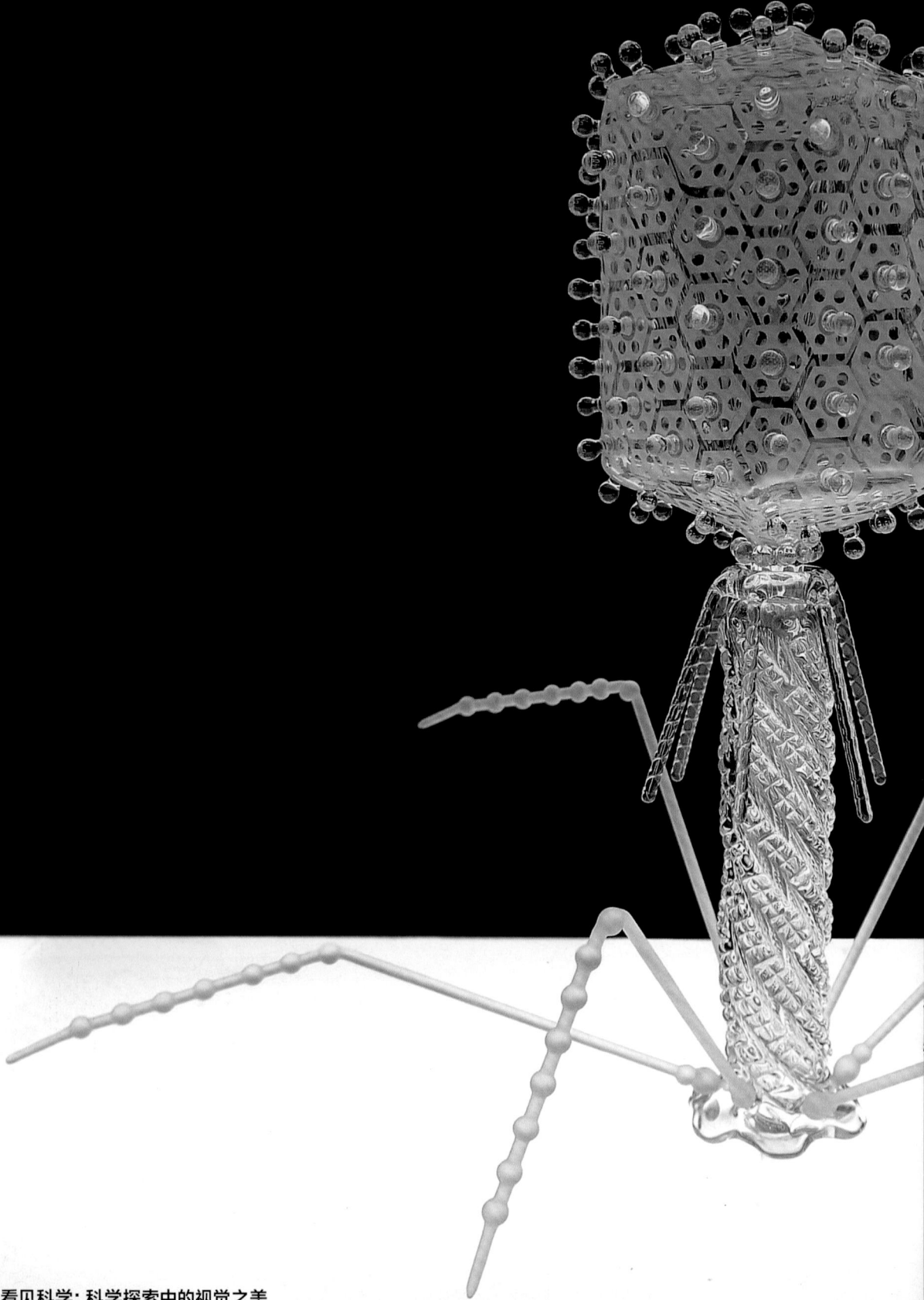

越来越多的艺术家开始从科学中寻找灵感，卢克·杰拉姆便是其中的一位。这件作品是杰拉姆创作的"玻璃微生物学"系列的一部分，它展示了一种名为 T4 噬菌体的病毒。尽管它看起来像是科幻小说中的东西，但真正的 T4 噬菌体就是这个样子的，它们是一种在细菌细胞内繁殖的病毒。这也是一件赏心悦目的抽象艺术作品。它的存在能够激发观看者的好奇心，特别是当观众意识到它是基于一个真实的生物实体而创建的模型时。

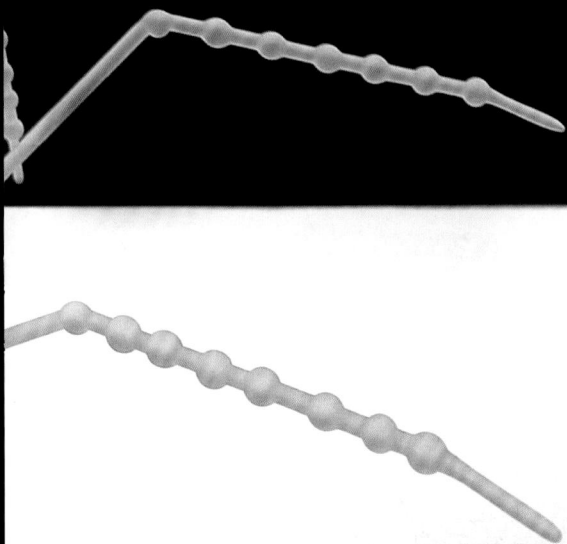

古生物艺术

拼凑历史的碎片

　　行星科学、进化生物学、古生物学、海洋学、大气化学和地质学……这些只是为了拼凑出一个未被记录的世界曾经是什么样子的所涉及的一些学科。利用丰富的工具、技术和经过充分验证的理论，以及同行评审和可重复实验，这些领域的科学家已经积累了惊人的知识量。尽管仍然有许多谜团和无法避免的不确定性，但他们对地球 46.4 亿年历史的诸多方面都有了充分的了解。然而将这些积累的知识传播给广大观众更需要艺术家的想象力和技巧，而且这些艺术家必须足够了解科学知识，才能创造出逼真的艺术作品。这种重建史前时期的场景或动植物的艺术被称为"古生物艺术"。

起死回生

　　最初对古生物艺术的尝试和恐龙有关，以这些早已灭绝的动物为主题的艺术作品一直很受欢迎。自 19 世纪初恐龙化石第一次被用于科学研究以来，有关恐龙的科学认知一直在发展变化。起初，它们是可怕的蜥蜴，后来变成了懒惰的怪兽，进化上的失败导致了它们的灭绝；再后来，在恐龙复兴时期（古生物学家罗伯特·巴克尔在 20 世纪 70 年代创造的一个术语），它们又变成了行动缓慢的大型食草动物和迅猛的食肉动物的混合体。直到过去 20 年，古生物学家才意识到许多恐龙物种有羽毛（参见第 239 页）。古生物艺术家必须了解这些更新的知识（参见第 236 页）。科学家和古生物艺术家在描绘其他动物的外貌和行为时也使用了类似的方法，其中包括我们人类自己"部落"的成员，即古人类（参见第 242 页和第 243 页）。

　　想要了解几千万年前或几百万年前就已经灭绝的物种，其主要信息来源当然是化石。不幸的是，任何物种中只有一小部分个体变成了化石，而这些个体的肉体大部分在死亡后很快就腐烂掉或被动物吃掉了。因此，古生物学家需要与解剖学家和生理学家合作，将肉体（和肌肉）添加到骨头上。如今有了骨骼的数字扫描数据，加上对这些动物生活环境和气候了解的不断加深，这一过程变得容易了很多。所有这些知识都被融入古生物艺术中，进而被传播给大众，这些图像中不仅仅有恐龙、古人类和其他动物，还包含了植物和巨型真菌（参见第 232 页）。科学家们甚至对生命开始之前地球是什么样的有了一定的了解，这为伟大的古生物艺术提供了有用的素材（参见第 229~231 页）。

冥古时代地球的可视化效果图

西蒙·马尔奇，2014 年

地质学家和行星科学家积累了大量关于地球历史的知识和信息。我们永远无法回到过去或创造另一个地球，因此传达这些知识的最佳方式是通过艺术家的想象。有经验的艺术家通过与科学家密切合作，可以创作尽可能准确的可视化作品，如果艺术家本身也是科学家就更好了。行星科学家西蒙·马尔奇在一个项目中和同事估算地球早期遭受撞击的频率时，创作了这幅可视化效果图来模拟冥古时代（大约 40 亿年前）的地球（见第 230 页）。注意图中显示的大型陨击坑（其所有痕迹都已被后来的撞击和板块运动所覆盖）和撞击造成的地壳熔化。

冥古时代地球的景观

西蒙·马尔奇和丹·杜尔达，美国西南研究院，日期不详

在这幅图中，西蒙·马尔奇和他的同事——丹·杜尔达，对地球在最初几亿年期间持续存在的极端环境进行了可视化，模拟了冥古时代地球（参见第229页）上的地表景观。这一时期地球遭受到大量的陨石撞击，大型撞击产生的热量可以使地壳的岩石熔化，并导致水和二氧化碳等挥发性化合物"放气"，这些化合物气体继而形成了行星的大气层，行星科学家对此过程已经进行了大量研究。在这幅图中月球看起来多么巨大，这是因为作为地球唯一的天然卫星，月球每年远离地球大约4厘米，因此在40亿年前它离地球比现在要近得多。

志留纪晚期景观的艺术呈现

理查德·琼斯，日期不详

通过将过去 200 年前发现的化石拼凑在一起，并将这些化石与现存的生物进行比较，古生物学家对地球古代景观有了很好的了解。在志留纪晚期（大约 4.3 亿年前），海洋中到处都是动物，但陆地上的动物只有小型爬行类昆虫和蛛形纲动物。但是这一时期已经有了苔藓植物和最早的维管植物（具有从土壤中吸取水分的管道）。这幅图中展示的是顶囊蕨（红色的小型豆荚状植物），它是第一种已知的维管植物，以及巴拉曼蕨——一种高达 1 米（约 3 英尺）的石松类植物。图中柱状的是一种名为原杉藻的真菌，其中有一些可以高达 25 米，直径超过 1 米。

石炭纪森林的景观模型

美国菲尔德自然史博物馆,芝加哥,1929—1991 年

科学家们在展示关于特定主题的科学知识时,使用景观模型(也叫透景画)可以提供与该主题相关的背景环境,使科学知识更易于理解和记忆。此处展示的景观模型于 1929 年被安置在美国菲尔德自然史博物馆,此后进行了多次更新,最终在 1991 年被移除。它是基于对石炭纪时期(3.59 亿—2.99 亿年前)化石的仔细研究而制作的。景观模型在 19 世纪末和 20 世纪初开始流行,逐渐取代了陈列在玻璃展柜内带标签的藏品。现代博物馆将计算机动画、电动仿生模型和交互式显示屏应用到景观模型中,使其效果得到了进一步提升。

猛犸象的艺术复原图

罗曼·博尔图诺夫，1805 年

1805 年，驯鹿养殖户奥西普·舒马科夫将一对猛犸象的象牙卖给了商人罗曼·博尔图诺夫。他告诉博尔图诺夫，这头猛犸象的尸体正完好无损地保存在西伯利亚北部勒拿河三角洲处融化的冰层中。之后舒马科夫将博尔图诺夫带到了尸体所在地，博尔图诺夫在参观这头猛犸象尸体时对其进行了测量，后来根据记忆绘制了这幅复原图。由于参观时猛犸象的尸体已经腐烂而且有损毁，所以博尔图诺夫绘制的图不准确也就不足为奇了，但这是第一幅猛犸象的复原图，虽然它是基于带有肉和皮肤残留物的遗骸所绘制的。1806 年，植物学家米哈伊尔·亚当斯将尸体和画作带到了位于圣彼得堡的库尼什卡玛博物馆（现为彼得大帝人类学民族学博物馆）。遗憾的是原图已经遗失，这幅图是一份发送给博物学家约翰·布卢门巴赫的复制品，他在图片底部写下了说明。

人们发现恐龙和其他已经灭绝的动物的骨骼已经有数千年的历史，但在19世纪之前，没有人知道它们是已经灭绝的物种。在古生物学和博物学成为正统研究的学科之前，许多人认为灭绝物种的化石是神话生物的骨骼，包括巨人和像龙一样会飞的怪物。到了18世纪和19世纪，人们的观点发生了转变，开始将这些骨骼归属于已知的现存物种，认为它们只是还没有被发现而已。翼龙便是其中一个例子，这是一种有翅膀、细长的手臂和爪子的生物，与当时已知的任何其他动物都不一样。

博物学家科西莫·亚历山德罗·科里尼是第一个描述翼龙化石（1784年）并对其起源做出思考的科学家，他认为翼龙的手臂可能对类似于蝙蝠翼的膜状翅膀起到支撑作用。然而，翼龙化石仅在沿海岩石中发现过，因此他认为它们一定是某种海洋动物。而且在那个时代，物种起源和灭绝的想法对大多数人来说是不可思议的，所以当时的博物学家认为科里尼发现的应该是一种非常罕见或者生活在海里的生物。1801年，解剖学家乔治·居维叶提出它们应该是一种会飞的爬行动物，主要原因在于其翅膀末端的爪子。随后在1810年，居维叶提出了"ptéro-dactyl"这个名称，意为"有翼的手指"。今天，翼龙被定义为一个已经灭绝的属（包含一组近缘物种），属于一个更大的翼龙类群，而它们的确是会飞的爬行动物。

随着19世纪的发展，人们对化石遗迹的兴趣越来越浓厚，科学家开始意识到化石是那些已经灭绝了的动物的遗骸。在19世纪20年代，地质学家吉迪恩·曼特尔发现了一颗牙齿化石，齿形近似鬣蜥的牙齿，只是比普通的鬣蜥牙齿大得多，他意识到拥有这颗牙齿的鬣蜥一定非常巨大。曼特尔将这种化石蜥蜴命名为"鬣齿龙"，来自希腊语中"鬣蜥的牙齿"一词。在1841年，古生物学家理查德·欧文创造了"恐龙"一词，意为"可怕的蜥蜴"。在公众的想象中，翼龙、鱼龙和蛇颈龙通常被认为是某种类型的恐龙。这是因为在早期的古生物艺术作品（例如第237页的水彩画《远古时代的杜里亚》）中，它们经常与恐龙绘制在一起。实际上，它们来自不同的谱系。但幸运的是，正是由于翼龙一直被误认为是会飞的恐龙，这才使得人们更容易接受我们现今所知道的有羽毛的飞行动物——鸟类——实际上是现存的恐龙这一观点。

远古时代的杜里亚

亨利·德·拉·贝切的水彩画，1830年

这幅画的全称是"远古时代的杜里亚"（更古老的多塞特郡）。它是第一幅再现史前时期古生物的画作。亨利·德·拉·贝切是一位地质学家，同时也是一位艺术家。他画这幅画是为了呈现当时化石猎人的一些发现，尤其是住在多塞特郡十分有影响力的古生物学家玛丽·安宁的发现。画中的古生物为英国的翼龙（飞行）、鱼龙（鳄鱼形海洋爬行动物）和蛇颈龙（长颈海洋爬行动物，其中一只正在被鱼龙攻击）。

风神翼龙复原图

约翰逊 · 莫蒂默，2016 年

虽然"风神翼龙"是一个属的名称，但是该属只包含一个已知物种，即风神翼龙。该属隶属于一个更大的类群，这个类群被命名为神龙翼龙科，其中包含的所有物种都是会飞的爬行动物。这些动物有着巨大的头骨（甚至比这幅艺术作品中展示的还要大），其顶部有一个巨大的冠状突起。为了适应陆地环境，它们在陆地上用四肢行走，但也能飞到高空。它们具有喙状的下颚，适合捕鱼或吃已经死去的鱼。

19 世纪 60 年代发现的始祖鸟化石为恐龙进化为鸟类提供了证据。

这种恐龙具有明显的鸟类特征，它们通常高约 30 厘米，翼状的手臂上长有羽毛，但它们同时也具有恐龙的特征，包括一条和蜥蜴相似的长尾巴，以及手臂末端的爪子。在 20 世纪很长的一段时间里，鸟类由恐龙进化而来这一观点逐渐淡化，因为博物学家发现鸟类和恐龙的解剖结构存在明显差异。但这一说法在 20 世纪 70 年代开始的"恐龙复兴"中又再次出现（参见第 228 页）。古生物学家发现了越来越多有羽毛的恐龙化石，其中许多比始祖鸟更接近鸟类，而且它们都来自被称为兽脚类恐龙的亚种。它们与鸟类具有相似的重要解剖学特征，其中包括羽毛以及轻便的、充满气孔的骨骼。现代古生物学家已达成共识，认为在 6600 万年前的大灭绝事件（白垩纪 – 古近纪灭绝事件，简称 K-Pg 事件）中，并非所有的恐龙都没有留下后代。那些幸存下来的恐龙已经进化出羽毛，并将其作为隔热材料，而今天活着的 10 000 多种鸟类就是它们的直系后代。

需要注意的是，虽然所有的鸟类都是从兽脚亚目进化而来的恐龙，但并非所有的恐龙都是鸟类的直接祖先，而且并非所有已灭绝的会飞的爬行动物都是恐龙。例如翼龙就不是兽脚类动物，甚至也不是恐龙，所以当然也不是鸟类。但它们是会飞的爬行动物，而且它们确实与恐龙生活在同一时期（从三叠纪到晚白垩世，2.2 亿到 6600 万年前）。风神翼龙是最引人注目的一种翼龙，也是迄今为止发现的最大的会飞的爬行动物。成年风神翼龙的翼展超过 10 米，与成年长颈鹿身高相当。

风神翼龙大约从 7500 万年前就存在于北美洲，直到大灭绝事件发生后才消失。第一块风神翼龙的化石于 1975 年被发现，它的名字来源于神话中的阿兹特克羽蛇神。实际上风神翼龙并没有羽毛（其他翼龙也没有），而是具有"密集的纤维"。相较于鸟类的羽毛，这些致密的、像毛发一样的纤维更类似于哺乳动物的毛发。关于风神翼龙的行为，古生物学家尚不能确定，但它们无齿的长喙状下颚与涉水的食腐鸟类（如鹳）有些类似。

霸王龙的艺术复原图

詹姆斯·库瑟，日期不详

古生物学家在 20 世纪 60 年代后期便开始
认识到某些恐龙与鸟类之间的密切关系，
但直到 20 世纪末、21 世纪初他们才发现
恐龙长有羽毛。即便是长期以来被描绘成
没有羽毛的霸王龙（一种兽脚亚目动物），
其背部和尾巴下方也长有簇状的羽毛，正
如这幅艺术复原图所示。霸王龙在食物链
中的位置也是一个有争议的存在，有证据
表明它既是顶级捕食者又是食腐动物。所
有这些新证据都描绘在这幅霸王龙的复原
图中，它们于白垩纪晚期（1 亿到 6600 万
年前）生活在现在的北美洲。背景中的另
外两种恐龙是三角龙和埃德蒙顿龙。

尼安德特人复原图

赫尔曼·沙夫豪森，1888 年

"尼安德特人"一词来源于德国杜塞尔河的尼安德特河谷。1856 年，矿工在那里发现了人骨化石，包括头盖骨、骨盆和其他一些长骨。当地教师约翰·富尔罗特意识到这些骨头不属于现代人，并将带有明显眉脊的头骨化石寄给了解剖学家和人类学家赫尔曼·沙夫豪森。在研究了这些化石之后，富尔罗特和沙夫豪森于 1857 年就这一发现发表了一份报告。7 年后，地质学家威廉·金建议将该物种命名为尼安德特人。沙夫豪森在 19 世纪 50 年代后期绘制了一些草图，试图描绘出尼安德特人头部的样子；他对这些草图又进行了几次修正，最终得到了这幅最终版本的尼安德特人头部复原图。

源泉南方古猿的三维复原模型

阿德里·肯尼斯和阿尔方斯·肯尼斯，德国尼安德特人博物馆，日期不详

阿德里和阿尔方斯是一对同卵双胞胎，他们在工作中将两人的爱好（艺术和人类进化）结合起来，创造了栩栩如生的史前人类模型。不过这个模型中有很多地方是根据猜想制作的，而且对于该模型的准确性目前也没有定论。他们首先根据详细的扫描数据对骨骼进行了 3D 打印。接下来，他们又构建了肌肉以及主要的静脉和动脉，并在这些结构表面覆盖上硅胶层。这尊雕塑复原的是源泉南方古猿，它们大约于 200 万年前生活在现在的南非境内。南方古猿是类人猿总科下的一个属，在大约 400 万年前出现，并灭绝于大约 100 万年前。我们现代人类自己所在的属（智人属）便是从南方古猿的一个或多个分支进化而来的。

太空艺术

太空探索

正如对过去时代的艺术再现被称为古生物艺术，对于我们从未在深空中直接看到的物体和场景的艺术创作也有一个称呼，它们被称为天文艺术（如果只包括天文物体），或统称为太空艺术。数百年来，人们一直在想象深空的场景，但直到上个世纪左右，随着天文学和天体物理学的快速发展，以及太空探索的愿景得以实现，人们受到了极大的鼓舞和启发，太空艺术也因此变得更有真实感。

热衷于天文学的业余爱好者斯克里文·博尔顿是 20 世纪初最早的一批太空艺术家之一。为了使自己的作品在科学上尽可能地准确，他经常用石膏建造月球或行星表面的模型，并为它们拍照，然后在打印出的照片上直接绘制它们。另一位太空艺术的先驱是卢西恩·鲁道——一位专业的天文学家，他在作品中准确地描绘了太阳系的景象。第一位对太空探索进行现实主义表现的艺术家是切斯利·博恩斯蒂尔。他既不是天文学家，也不是航天工程师，但他制作了逼真的图像。博恩斯蒂尔以前是电影行业的特效画师，他创作了火箭、空间站、月球基地和火星基地的画作，激励了在太空时代的前几十年成长起来的一代人。

可测试的预测

除主题之外，太空艺术和古生物艺术之间还有另外一个区别。虽然我们永远无法回到过去将古生物艺术作品与现实进行比较（除非我们像《侏罗纪公园》那样重新创造灭绝的物种），但有些太空艺术的主题可能或已经在现实生活中被呈现出来。例如，博恩斯蒂尔绘制的画作中展示了令人难以置信的土星环特写画面，而后来空间探测器真的拍摄到了类似景观的照片。未来的望远镜也许可以分辨出系外行星（围绕太阳系外恒星的行星，参见第 250~253 页）的细节，或者生成类星体的图像，这些类星体因为离我们太遥远，以至于目前看起来只是微弱且模糊的斑点。当然，如果没有艺术家的创作，有些场景我们可能永远都无法看到。例如，无论在多么遥远的未来，没有人能够从外部看到我们银河系真实的景象（参见第 260 页）。

早期太空艺术的两个范例

卢西恩·鲁道，20 世纪 40 年代（上）和
马克斯·威廉·迈耶，1885 年（下）

即使没有亲自到访过一个地方，艺术家也
可以凭借知识和理解制作出那个地方的逼
真场景。本页中的这两幅图像便是很好的
范例。第一幅图像展示的是如果我们位于
火星的一个卫星上，从那里望向火星时将
会看到的景象。这幅图不仅结合了美学感
受与想象力，同时也具有足够的科学依据，
因为它的创作者既是画家，又是一位严谨
的天文学家。第二幅图中呈现的是想象中
的位于月球的柏拉图环形山的近景，远处
还可以看到悬在天空中的地球。该幅图像
是天文学家马克斯·威廉·迈耶制作的，
他是早期向广大公众普及科学的推广者。
这幅特殊的图像收藏在他创办的天文剧院
中，该剧院位于奥地利的维也纳。

月球"红宝石圆形剧场"的艺术呈现

《纽约太阳报》，1835 年

有时候太空艺术家的创作可能会有意地进行误导。1835 年，也就是人类真正踏上月球的 134 年前，《纽约太阳报》刊登了一系列文章，据称这其中 6 篇文章描述了世界著名天文学家约翰·赫歇尔爵士的发现，而这幅详细的石版画便是其中报道中的一幅配图。尽管赫歇尔是真实存在过的人物，但这些文章的作者，安德鲁·格兰特博士却是虚构出来的。文章中所描述的奇异生物包括了毛茸茸的像蝙蝠一样的人形生物、直立行走的海狸，甚至还有独角的山羊。除此之外，文章中还描述了巨大的紫水晶、宽阔的河流、铺满暗红色花朵的地毯，还有海滩。最终不仅有很多读者，还有一些科学家也上当受骗，这家报纸的发行量也因此而飙升。

奥陌陌的太空艺术作品

马丁·科恩梅瑟，路易斯·卡尔萨，欧洲南方天文台，2017 年

2017 年 10 月，天文学家使用夏威夷大学的 Pan-STARRS1 望远镜发现了一个物体正以每秒 87 千米（约每秒 54 英里或每小时 313 200 千米/194 400 英里）的速度穿过太阳系。这个星际物体被标记为 1I/2017U1，并被称为"奥陌陌"，在夏威夷语中是"侦察兵"的意思。从"奥陌陌"的轨迹可以清楚地看出，它并非起源于我们的太阳系，它是有史以来发现的第一个来自另一个恒星系统的物体。通过多个设施（包括欧洲南方天文台超大望远镜在内）的仔细观测表明，"奥陌陌"是深色的细长形物体。这些特征都在这幅精美的图像中以令人惊叹的形式呈现了出来。

系外行星

　　天文学家长期以来一直认为，我们所在的太阳系之外也有行星存在，而且它们在围绕着其他恒星运行。在 20 世纪中叶，经过几次错误或未经证实的观测，1992 年首次探测到了一颗系外行星并得到确认。自那以后，天文学家又发现了许多其他的系外行星，截至撰写本文时，发现的系外行星总数已接近 5000 颗。迄今为止探测到的所有系外行星距离地球都不超过 3000 光年，这仅仅是我们银河系中的一小部分。几乎可以肯定，行星普遍存在于我们的银河系（包含大约 1000 亿颗恒星）中，而它们在其他星系中应该也很常见（天文学家的确在 2021 年宣布，在另一个星系中初步探测到一颗系外行星）。宇宙中行星的数量之多令人眼花缭乱，在所有可以想象到的行星中，必然有一些可以孕育出生命。

　　恒星距离我们极远，因此它看起来都是光点，只有那些最大和最近的恒星才会在强力望远镜中显示为微小的圆盘。相比之下，行星要小得多，而且自己不会发光。因此，天文学家不得不使用一些巧妙的方法来探测系外行星。迄今为止最有效的两种技术是多普勒光谱法和凌日光度法。第一种技术依赖于多普勒效应，当鸣响警笛的救护车向你驶来或离你而去时，这种现象会导致救护车警笛的音调发生变化。当行星在围绕恒星的轨道上运行时，两者之间的引力作用会使恒星"摇晃"，就像一个运动员在挥动锤子时会轻微摇晃一样。多普勒效应会导致恒星的光频在摇晃时上下移动，导致恒星光的频率在摆动时上下移动，天文学家可以根据这种移动计算出轨道的周期、距离以及行星的质量。使用这种方法的设备包括智利拉西拉天文台的高精度径向速度行星搜索器和美国夏威夷州威廉·凯克天文台的高分辨率阶梯光栅光谱仪。第二种系外行星探测技术被称为凌日光度法，它依赖于当行星从恒星前方经过（凌日）时，对恒星发出的光所做的测量（光度学）。根据恒星光度的规律性下降可以得到轨道周期，即行星完成一次轨道运动所需的时间，而根据光度下降的幅度则可以估算出行星的大小。开普勒太空望远镜使用的便是这种方法。

红矮星 TRAPPIST-1 的太空艺术作品

欧洲南方天文台 / 巴特曼 / 太空引擎网站，2017 年

2015 年，比利时天文学家在一颗暗淡的超冷红矮星周围发现了 3 颗行星，这颗红矮星于 1999 年在进行两微米全天测量（2MASS）时被发现，因此被命名为 2MASS J23062928-0502285。这一发现来自欧洲南方天文台的一个特殊设备——凌日行星和星子小型望远镜（TRAPPIST）。此后，天文学家又在这颗红矮星周围发现了 4 颗行星。这幅艺术作品展示了 TRAPPIST-1 星系中一颗行星表面的景象，前景是从行星表面俯瞰该行星的景象，而背景中可以看到另一颗行星正从 TRAPPIST-1 前方经过。

TRAPPIST-1 星系中行星表面景观的太空艺术作品

马丁·科恩梅瑟，欧洲南方天文台，2016 年

这幅太空艺术作品通过基于科学依据的想象力与艺术技巧的结合，呈现了 TRAPPIST-1 星系中一颗行星表面的景观。图中还可以看到另外两颗行星，其中一颗正在穿越恒星盘（这幅画创作于 2016 年，当时只发现了 TRAPPIST-1 星系中的 3 颗行星）。注意该行星表面固态水和液态水共存，同时水蒸气也会存在于大气中。另外，这是一颗岩石行星，目前大多数已知的行星系中的内行星是这种岩石质地的（包括我们自己所在的太阳系）。岩石矿物中存在的元素，加上液态水，以及大气层和来自恒星的能量，刚好可以孕育生命。

我们所在的银河系中存在着大量的太阳系外行星，估计数量在 1000 亿颗左右。据推测，在其他星系中应该也是如此，而且宇宙中至少有 1000 亿个这样的星系。在这些星系中，恒星的大小、组成、轨道距离和主星类型千变万化，具有无法想象的多样性。这是想象力的沃土，也是科幻小说和艺术创作的灵感源泉。例如，TRAPPIST-1 星系中的 7 颗行星，大小都与地球相似，这表明它们应该也是像地球一样的岩石行星。而且它们中大约一半都在"可居住区域"内，也就是说，它们与恒星之间的距离恰到好处，所以它们的表面有液态水存在。该恒星的温度比太阳要低得多，所以这个区域到该恒星的距离比太阳系的可居住区到太阳的距离要近得多。而且 TRAPPIST-1 和它的 7 颗行星之间的距离比水星到太阳的距离更近。最重要的是，这些行星的地表温度恰到好处，可以使生命在那里存活下来。迄今为止，TRAPPIST-1 周围的行星是在寻找太阳系外生命过程中发现的最佳目标。这颗恒星本身的直径只有太阳的十分之一左右，而且燃烧氢和氦燃料的速度非常缓慢。这意味着它应该有很长的寿命，可以提供稳定的条件，让生命有更多的机会发展和生存（尽管在其他一些方面，红矮星对于孕育生命来说并不理想）。

TRAPPIST-1 距离地球 40 光年，因此未来太空探测器或航天员访问它或者捕捉其行星真实图像的可能性都非常小。但是，凭借对行星系统形成背后的天体物理学、行星物理学、化学和许多其他相关科学领域的了解，艺术创作也可以具备充分的科学依据，因此可以更令人信服。在未来几十年中，天文学家将通过技术的改进（包括詹姆斯·韦布空间望远镜）计算出此类行星的大气成分。这将会提高在宇宙中其他地方发现生命的可能性，同时也可以使太空艺术创作更加准确。

类彗星小行星的太空艺术作品

马克·加里克，哈佛 – 史密松森天体物理
学中心，2015 年

当一颗中小型恒星到达其生命的尽头时，
它会坍缩形成非常致密、炽热的白矮星。
2015 年，开普勒航天器上的仪器检测到
WD1145+017 的亮度呈周期性下降，这是
一颗距离地球约 570 光年的白矮星。这种
亮度下降是行星或其他绕星运动的物体从
恒星前方经过造成的，这也是开普勒航天
器可以检测到如此多系外行星的原因（参
见第 250 页）。这颗白矮星光变曲线的形
状与众不同，这表明绕轨道运行的物体被
一个模糊的由漫射物质组成的光环包围着，
有点像彗星。这一观察结果正好与一个假
说相符合，该假说解释了为什么许多白矮
星的大气层中都存在钙、硅和镁等元素的
"污染"。这幅有趣的艺术作品巧妙地展示
了正在发生的情况，并逼真地描绘了我们
永远无法亲眼目睹的场景。

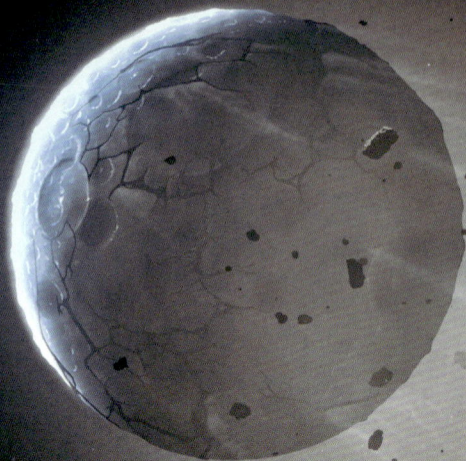

引力波的太空艺术作品

激光干涉引力波天文台（LIGO）/派尔，
2016 年

就像池塘中水的涟漪一样，引力波是从高能天体物理事件（如黑洞的合并）发生的地方向外传播的时空扰动。阿尔伯特·爱因斯坦在 1915 年发表广义相对论时便预言了引力波的存在。2016 年，激光干涉引力波天文台的研究人员宣布他们的仪器在 2015 年曾两次探测到引力波。此处显示的插图是根据 2015 年 12 月第二次探测结果所创作的艺术作品。这些仪器探测到的引力波是由两个黑洞螺旋合并产生的，它们的质量分别为太阳质量的 14 倍和 8 倍。合并的结果是一个更大的旋转黑洞，其质量是太阳的 21 倍，这相当于损失了一个太阳的质量。根据爱因斯坦著名的质能方程 $E = mc^2$，这些"损失的质量"应该被黑洞合并时发出的引力波的能量所替代。这些引力波在宇宙中以光速传播，需要 13 亿年才能到达地球。

类星体 3C 279 的太空艺术作品

马丁·科恩梅瑟，欧洲南方天文台，2012年

天文学家将 3 台射电望远镜的数据结合起来，对一个遥远的类星体（称为 3C 279，参见第 183 页）进行了详细的研究。这个类星体所在的星系距离地球 50 亿光年，而位于其中心的黑洞，质量约为太阳的 10 亿倍。根据射电望远镜数据构建的图像非常模糊，但我们对类星体的结构及其背后的物理学已经有了足够的了解，完全可以拼凑出这颗类星体可能具有的真实样貌的完整画面。

参宿四周围大量的气体羽流

路易斯·卡尔萨达，欧洲南方天文台，2012年

参宿四是猎户座中的一颗恒星。它是一颗红超巨星（参见第 134 页），其直径几乎是太阳的 900 倍。2009 年，天文学家使用智利的甚大望远镜拍摄到了迄今为止最好的参宿四的图像。这些图像显示了从恒星表面延伸出来的几乎与我们整个太阳系一样大的气体羽流。基于这些图像以及超巨星背后的物理学知识，路易斯·卡尔萨达创作了这幅令人惊叹的艺术视觉作品。

银河系的太空艺术作品

美国国家航空航天局 / 加州理工学院喷气推进实验室 / 欧洲南方天文台 / 赫特，2013 年

随着地面望远镜和太空望远镜的出现，天文学家已经记录了数亿颗恒星与地球之间的距离和空间运行速度，以及银河系中星际气体和尘埃的分布。测量结果表明，银河系正在旋转，而且它的尘埃 – 气体 – 恒星比率与其他螺旋星系和棒旋星系相似。此外，银河系还有一个明显的中心突起，这也是所有螺旋和棒旋星系的特征。我们所在的太阳系位于银河系一个旋臂中，所以当我们在一个晴朗的黑夜里仰望天空时，会看到一条模糊的带状物（也被称为银河），而此时我们正从银河系内部望向它的中央突起。只有借助此处展示的可视化效果图这样的艺术作品，我们才有可能从外部看到整个银河系的全貌。

图片来源

我们已尽一切努力寻找所有图片的版权所有者，但如果无意中忽略了任何版权所有人的信息，请联系我们补充信息。

缩写：上部 = t；底部 = b；左 = l；右 = r；中间 = m

7 Springer Medzin / Science Photo Library. **9** Wikipedia. **10** Royal Institution of Great Britain / Science Photo Library. **14** Science History Images / Alamy Stock Photo. **15** Wellcome Collection. **16** © The Royal Society. **17** Legado Cajal, Instituto Cajal (CSIC), Madrid. **18, 19** Library of Congress, Rare Book and Special Collection Divisions / Science Photo Library. **21** Wellcome Collection. **22-23** Flickr / Picturepest. **24-25** Royal Astronomical Society / Science Photo Library. **26-27** NASA, ESA, J. Dalcanton (University of Washington, USA), B. F. Williams (University of Washington, USA), L. C. Johnson (University of Washington, USA), the PHAT team, and R. Gendler. **28-29** NASA, ESA, G. Illingworth and D. Magee (University of California, Santa Cruz), K. Whitaker (University of Connecticut), R. Bouwens (Leiden University), P. Oesch (University of Geneva,) and the Hubble Legacy Field team. **30-31** NSO/NSF/AURA. **32-33** NASA/Johns Hopkins University Applied Physics Laboratory/ Southwest Research Institute/Alex Parker. **34** Wellcome Collection. **35, 36-37** © Harold Edgerton/MIT, courtesy Palm Press, Inc. **38** Lowell Observatory Archives. **39** Photos courtesy of Louis H. Pedersen (1917) and Bruce F. Molina (2005), obtained from the Glacier Photograph Collection, Boulder, Colorado USA: National Snow and Ice Data Center/ World Data Center for Glaciology. **40** © The Trustees of the Natural History Museum, London / Dr. Jeremy R. Young. **41** NIAID. **42** Science History Images / Alamy Stock Photo. **43** C. S. Goldsmith and A. Balish. **45** Mauritius Images. **46** Flickr. **50-51** N.A. Sharp, NOAO/NSO/Kitt Peak FTS/AURA/NSF. **52-53** NASA. **55-56** ESA/Planck/C. North, **58** Wikipedia. **59** Wellcome Collection. **60-61** RGB Ventures / SuperStock / Alamy Stock Photo. **62-63** NASA Earth Observatory image by Jesse Allen and Robert Simmon, using EO-1 ALI data from the NASA EO-1 team. Caption by Adam Voiland. **65** Wellcome Collection. **66** DR TORSTEN Wittman / Science Photo Library. **67** Sinclair Stammers / Science Photo Library. **68** National Institutes of Health / Science Photo Library. **69** Wikipedia. **71** Yon marsh Phototrix / Alamy Stock Photo. **72** Andrew Lambert Photography / Science Photo Library. **73** Prof. P. Fowler, University of Bristol / Science Photo Library. **74** Science Photo Library. **75** Stanford Linear Accelerator Center / Science Photo Library. **76** Matteo Omied / Alamy Stock Photo. **77** Nature Chemistry, DOI 10.1038/NCHEM.2438. **78** ORNL / Science Photo Library. **79** Stan Olswekski / IBM Research / Science Photo Library. **80** Courtesy of CERN. **85** King's College London Archives / Science Photo Library. **86m, 87t, 86-88b** Seismo Archives. **88-89** NCBI. **90-91** Wellcome Collection, Wikipedia. **92-93** NOAA Central Library Historical Collection. **94-95** Wellcome Collection. **96** NASA. **97** Image courtesy of the Edwin Hubble Papers, Huntington Library, San Marino, California. **98** Courtesy of Michael Mann. **99** Jack Challoner. **100-101** Aguasonic Acoustics / Science Photo Library. **104** Courtesy of CERN. **106** Thomas Schultz, University of Bonn, Germany. **107l** Patric Hagmann, Department of Radiology, Lausanne University Hospital (CHUV), Switzerland. **107r** Courtesy of the USC Laboratory of Neuro Imaging and Athinoula A. Martinos Center for Biomedical Imaging, Consortium of the Human Connectome Project, **108-109** NASA/NICER. **110-111** European Space Agency, Planck Collaboration. **112** NASA/JPL. **113, 114-115** Courtesy of Kate McDole, Ph.D. **117** Jack Challoner. **118-119** Wellcome Collection. **120-121** RAWGraphs / Project Tycho / (c) University of Pittsburgh. **122-123** Krzywinski, M. et al. Circos: An Information Aesthetic for Comparative Genomics. **124** Wellcome Collection. **125** Mary Evans / Natural History Museum. **126-127** NOAA Central Library Historical Collection. **128-129** Prof. Ed Hawkins, University of Reading and the National Centre for Atmospheric Science.

130-131 Jason Rowe / Flickr. **133** Middle Tempel Library / Science Photo Library. **134-135** Wellcome Collection. **137** ESO. **139** Photo © Christie's Images / Bridgeman Images. **140** Jack Challoner. **142-143** Wikipedia. **144-145** © Len Eisenberg 2008, 2017. **146** © Science Museum / Science & Society Picture Library – All rights reserved. **147** A. Barrington Brown, © Gonville & Caius College / Science Photo Library. **149** NASA Ames. **150** Wikipedia. **155** NASA. **156** Paul Falstad. **157** Jack Challoner. **158-159** Jack Challoner. **160** Amaro Lab. **162-163** David B. Wells, and Aleksei Aksimentiev. **164-165** Guillermo Marin et al, Barcelona Supercomputer Center, 2012. **166** Dan Roe, University of Utah; Antonio Gomez and Anne Bowen, Texas Advanced Computing Center. **167** Abdul Malmi Kakkada (Dave Thirumalai's group – Department of Chemistry at UT Austin) Visualization: Anne Bowen, Texas Advanced Computing Center. **168-169** Wikipedia. **170** Craig Reynolds / 3313 Haskins Dr. / Belmont, CA 94002 / USA. **171** NCBI. **172-173** Francesca Samsel, David Honegger Rogers, John M. Patchett, Karen Tsai. **174-175** Wendell Horton and Lee Leonard, University of Texas at Austin; Greg Foss, Texas Advanced Computing Center. **176-177** Cryosphere-Ocean Visualization Project 14. **178** Flickr / US Department of Energy. **179** NASA. **180-181** The Laboratory for Computational Science & Engineering (LCSE). **182-183** NCSA, NASA, B. Robertson, L. Hernquist. **184** Max Planck Institute for Astrophysics. **186-187** NASA/J.F. Drake, M. Swisdak, M. Opher. **188-189** Sownak Bose. **191** Marcel Ritter, Jian Tao, Haihong Zhao, Louisiana State University Center for Computation and Technology. **192-193** Francesca Samsel, Texas Advanced Computing Center. **194** USGS. **195** NASA's Ames Research Center, Patrick Moran; NASA's Langley Research Center, Mehdi Khorrami; Exa Corporation, Ehab Fares. **196-197** Jordan B. Angel, NASA/Ames. **198-199** NASA/Marian Nemec and Michael Aftosmis. **200-201** Alexander Blass, Physics of Fluids Group, University of Twente, The Netherlands Xiaojue Zhu, Physics of Fluids Group, University of Twente, The Netherlands Jean Favre, Swiss National Supercomputing Center, Switzerland Roberto Verzicco, Physics of Fluids Group, University of Twente, The Netherlands Detlef Lohse, Physics of Fluids Group, University of Twente, The Netherlands Richard Stevens, Physics of Fluids Group, University of Twente, The Netherlands. **203** Svenska Geografiska Föreningen. **205** NASA's Scientific Visualization Studio. **206-207** NASA. **208** Library of Congress Geography and Map Division Washington, D.C. 20540-4650 USA dcu. **211** © Science Museum / Science & Society Picture Library – All rights reserved. **212** Library of Congress Geography and Map Division Washington, D.C. 20540-4650 USA dcu. **213** Wikipedia. **214-215** John Liebler / Art of the Cell. **216-217** Library of Congress Geography and Map Division Washington, D.C. 20540-4650 USA dcu. **218-219** David Goodsell. **220-221** Wellcome Collection. **222-223** © Susan Aldworth. All Rights Reserved 2021 / Bridgeman Images. **224-225** Marcus Lyon. **226-227** Ela Kurowska. **228-229** Luke Jerram. **231, 232-233** Simone Marchi. **232-233, 234-235** Richard Jones / Science Photo Library. **236** Field Museum Library / Contributor. **237** Museum für Naturkunde, Berlin / MfN, HBSB, Zm B VIII 454. **239, 240** Wikipedia. **242** Wikipedia. **242-243** James Kuether / Science Photo Library. **245** Wikipedia / Neanderthal Museum. **247t** Wikipedia. **247b** Rijksmuseum. **248-249** Library of Congress Geography and Map Division Washington, D.C. 20540-4650 USA dcu. **250-251** ESO/M. Kornmesser. **253** ESO/N. Bartmann/spaceengine.org. **254-255** Scriven Bolton and Lucien Rudaux / NASA. **256-257** CfA/Mark A. Garlick. **258-259** LIGO/T. Pyle. **260** ESO/M. Kornmesser. **261** ESO/L. Calçada. **262-263** NASA/JPL-Caltech/ESO/R. Hurt.